本书是教育部人文社会科学研究一般项目"项目编号12YJA760017"的研究成果

现代建筑表皮认知途径与建构方法

Cognitive Approach and Construction Method of Modern Architectural Skin

过宏雷 著

U0376268

中国建筑工业出版社

图书在版编目（CIP）数据

现代建筑表皮认知途径与建构方法 / 过宏雷著 . —北京：
中国建筑工业出版社，2014.8
ISBN 978-7-112-17056-2

Ⅰ. ① 现… Ⅱ. ① 过… Ⅲ. ① 建筑物−外墙−建筑设计
Ⅳ. ① TU227

中国版本图书馆CIP数据核字（2014）第162314号

责任编辑：李东禧　陈小力
责任校对：张　颖　刘梦然

现代建筑表皮认知途径与建构方法
过宏雷　著
＊
中国建筑工业出版社出版、发行（北京西郊百万庄）
各地新华书店、建筑书店经销
北京锋尚制版有限公司制版
北京君升印刷有限公司印刷
＊
开本：787×1092毫米　1/16　印张：18¼　字数：460千字
2014年10月第一版　　2014年10月第一次印刷
定价：56.00元
ISBN 978-7-112-17056-2
（25855）

序

日本建筑史学家藤森照信把人类建筑的历史分为6个阶段，即从最初的石器时期、青铜时期、宗教时期、航海时期、工业革命时期至现代主义时期。藤森照信认为，世界各地建筑的样式从早期的"基本一致"，逐步分化，差异增加，又逐步共融，差异缩小，直到现代主义时期，世界各地建筑的样式又变得"基本一致"了。如同现在圈内外所热议的所谓建筑物的"在地性"问题，在农耕时期，"在地性"并不能成为一个问题，而在工业革命以后，尤其现代主义盛行以来，建筑物及其外观日趋呈现出制品化和同质化、工具化与理性化，地域性持续消退甚至几近丧失。当下建筑物的识别性与个性，城市乃至世界范围内的建筑物的多样性与差异性变得愈发重要了。同时，经历30余年的改革开放，包括城市与建筑形象在内的中国社会呈现出工业化与后工业化社会交融的图景，持续城市化仍将是21世纪中国发展的主要特征。建筑表皮的讨论及其学理的建构正当其时。

建筑表皮作为专门的概念来讨论并研究其相关问题的历史并不太长，建筑表皮的概念源自于生物学上对"皮肤"的定义，是包括传统意义上的建筑外观即建筑物的表面围护结构在内的建筑的表层构造。若把建筑表皮看成为一个艺术的形式系统，这个系统包含着形象即建筑外观形式；功能即区分建筑物的内外空间，控制外部气候影响，营造适宜的空间环境；结构即呈现的机制与方式；意义即传播或蕴含的文化内涵。可以看到的是，当今建筑表皮已经完全超越了建筑初始阶段仅有的功能意义的范畴。从人类建筑的发展史来看，建筑表皮的作用和意义是一个不断进化的过程。因此，从艺术的形式系统的角度来重新审视建筑表皮，对当下日益复杂多元的建筑现象，富有针对性与创新性，并具有很好的现实意义。

20世纪80年代末，国内外有关建筑表皮研究涌现了许多具有开创性的论述与重要观点，同时世界各地亦不断出现了着重于建筑表皮研究的实验性设计案例，这些理论与实践成果对后来的研究者有着十分重要的启迪与借鉴价值。然而，从设计学的基本观点为出发点，把建筑表皮看作为一个艺术的形式系统，并进行较为系统性的研究，其成果尚属鲜见。

过宏雷博士在视觉设计方面有着较丰厚的学术研究与设计实践的积累，在进行博士学位论文选题时，他希望能对城市建筑环境的视觉设计进行有深度的研究，故其选择了组成城市建筑环境形象的基本要素——建筑表皮为对象展开研究。尽管过宏雷自本科、继而硕士，及随后十多年的设计教学与设计研究都是围绕视觉设计及其相关问题，但是建筑表皮的主体是建筑与建造，故自开题以来，过宏雷博士不断补充学习有关建筑设计的基础知识与建筑学的理论，在达到能够全面准确地来认识与理解建筑的基础上，开始其长达5年持续的研究工作，期间质疑、困顿、艰辛，林林总总，可谓难以言表。好在功夫不负有心人，在不断取得阶段性研究成果的基础上，2014年的深秋，过宏雷终于圆满地完成博士论文。其博士论文的学术水平亦得到了国内同行专家学者的较高评价。呈现在读者面前的《建筑表皮认知途径与建构方法》一书，是过宏雷在其博士学位论文基础上修订而成的，亦是以跨学科的视野、感性与理性结合的方式研究建筑表皮的新成果。

《建筑表皮认知途径与建构方法》具有现实意义和重要的学术价值，作者对建筑表皮的视觉认知规律和系统设计方法进行了较为深入的探讨，为建筑表皮研究的认知途径与建构方法提供了重要的理论参考。作者借助于认知心理学、设计符号学、现象学、类型学、生物学等领域多学科交叉理论，并运用实证的方法，对建筑表皮展开了较为系统的研究，通过科学实验和演绎论证，探明建筑表皮的认知途径及其对认知结果的影响，继而提出了"营造与技术"建构和"视觉与文化"建构的两种方法。《建筑表皮认知途径与建构方法》一方面为建筑表皮的系统设计提供了新的工具，另一方面又拓展了传统建筑学的研究方法，本书既是有关建筑表皮设计的新著述，亦将是整合与改善城市建筑环境形象的指导书。

百尺竿头，更上一层楼。愿过宏雷博士在设计学的新研究领域不断取得更多新的研究成果。

2014 年春

前　言

　　建筑的认知模式和审美观念在当代已发生很大变化。建筑设计正从求得一个固定的功能空间和美的形式转向公共领域环境活力和体验多样性的开发。为此，建筑表皮借助理念、材料、技术的突破发展出许多新的体验价值与认知属性。它不但在应对气候、环境、能源问题方面发挥重要作用，而且还是当代社会最为活跃的景观元素之一。表皮已成为建筑学前沿探索的重要内容。"视觉文化"氛围、"景象社会"背景，以及高度发达的建造技术，使表皮成为当代设计师完善建筑功能和把握建筑形态的有力抓手，前提是正确把握其认知与设计的内在规律。本书运用演绎论证、实验分析和多学科交叉的方法，针对现代建筑表皮的认知途径和建构方法展开系统研究。

　　借助于生物表皮特征的相关性分析，将现代建筑表皮的基本职能归纳为"相对独立的表层构造"、"综合性的功能界面"和"表现性的视觉界面"。利用认知心理学、设计符号学理论建立建筑表皮的符号系统，阐明符号系统的构成要素和传达机制。结合眼动实验，利用建筑现象学理论推导出"直观表象"、"建筑样式"、"场所文脉"、"社会景观"四条建筑表皮的认知途径，阐明各条途径的认知特点。结合认知途径分析，提出了"营造与技术"建构、"视觉与文化"建构两种表皮建构方法。

　　将建筑类型学理论导入对表皮样式营造策略的思考。探明建筑表皮的原型和分类原则，建立其分类网架，提取"面罩"、"显露"、"复合"三种表皮类型。确定表皮类型的"转换"模式，提出基于"类型演化"、"类型并置"、"类型穿插"、"类型合成"四种转换模式的营造策略。阐明"表皮元素技术转型"对整体建构的影响，确立"墙的分解"、"柱的变形"、"立面开口的演化"、"顶面的重构"四种表皮构造的转型模式。归纳出"适宜技术"、"高技术"、"生态技术"的建构策略。

　　在"视觉与文化"层面提出"构成文法"、"材料表现"、"图形演绎"三条建构策略。提出"点的变异、组合、聚散"、"线的张力、穿插、流动"，"面的转折、起伏、组合、叠加"和"摺叠"的构成手法。针对天然材料、烧土制品、近代材料、现代新型材料，提出"返璞归真"、"形色变幻"、"自由塑形"、"诗意建构"四种材料建构方法。分析表皮界面的图形要素，确立"符号象征"、"表面装饰"、"肌理图案"、"动态图像"四种表现手法。

　　本书通过认知途径和建构方法的研究深化了对现代建筑表皮设计理念和表现策略的系统思考。通过"营造与技术"层面和"视觉与文化"层面的建构，建筑表皮可及时转化与整合来自技术、艺术、文化、传播、社会服务等领域的创新成果，针对复杂、多元的认知诉求，积极改善单调、贫乏、混乱和缺乏归属感的建筑面貌，有效提升城市环境的品质和公共空间的活力。

　　关键词：建筑表皮　认知途径　符号系统　建构方法

PREFACE

Cognitive models and aesthetic ideas of contemporary architecture have changed greatly. Contemporary architecture design is now seeking a development which can be transformed from a form with fixed use value and beauty to an environmental vigor and diversified experience of public sphere, and to this end, architectural skin need develop new functions and properties with the help of new materials and technologies. It will not just play an important role in solving problems of climate, environment, and energy, but also become active elements for delivering visual information and building cognitive experience. The skin has become the important content of architecture exploration. The premise is that visualized and landscape-oriented city environment and highly developed building technology will make skin become a powerful tong for the modern architects to improve the building function and seize the future architecture forms if correctly grasp the idiographic rules of cognition and design. This thesis studies cognitive approach and construction method of modern architectural skin by using methods of deductive argumentation, experimental analysis, and multidisciplinary association.

With the correlation analysis of biological skin features, this thesis sums up the basic functions of modern architectural skin in three points——"relatively independent surface structure", "comprehensively functional surface", and "expressively visual surface". With the help of cognitive psychology and design semiotics theory, it builds a symbol system of architectural skin and expounds the composing elements and conveying mechanism of the symbol system. Combined with eye movement experiment, the paper deduces "visual representation", "architectural style", "location context", and "social landscape" these four cognitive approaches of architectural skin and expounds cognitive characteristics of each approach. Combined with the cognitive characteristics, this thesis establishes "building and technology" and "vision and culture" these two levels of construction methods of architectural skin.

This thesis leads architectural typology theory into the thoughts of the building strategy of skin style, establishes basic structure of "skin typology", ascertains prototypes and classification principles of architectural skin, and extracts "mask", "display", "combination" these three skin types. This paper also sets the "conversion" mode of skin types, presents the building strategy based on "type evolvement", "type apposition", "type alternation", and "type synthesis" these four converting mode, expounds the impact of "technical transformation of skin elements" on whole construction, establishes "decomposition of walls", "transformation of columns", "evolvement of façade openings", "reconstruction of top surfaces" these four transformation modes of skin structure, and summarizes the construction strategies such as "appropriate technology", "high technology", "biological technology".

From the level of "vision and culture" this thesis puts forward "constituent grammar", "material performance", and "graphic evolvement" these three construction strategies and constitution approaches such as "variation, combination, and accumulating and disseminating of points", "tension, alternation, and flow of lines", "transition, fluctuation, combination, and superposition of planes" and "folding". Aimed at natural materials, burnt-clay products, modern-times materials, and modern new-type materials, this paper respectively presents"returning to the original nature", "changing the shape and colors irregularly", "molding at liberty", and "constructing with poetic flavor" these four construction methods of materials. Through analyzing the graphic elements of skin surface, this paper establishes"symbolism", "surface decoration", "texture design", "dynamic image" these four kinds of deductive methods.

Through the study of cognitive approach and construction method, this thesis deepens the systematic thinking of creative idea and performance strategy of modern architectural skin. Through the construction of "building and technology level" and "vision and culture level", architectural skin transforms and integrates the innovation from fields of technology, art, culture, communication, and social service, improving the architectural appearance which is dreary, poor, chaotic and lacking in sense of belonging, and thus, enhancing the quality of city environment and vitality of public space according to the cognitive demands with complexity and multiplicity.

Keywords: Architectural skin; Cognitive approach; Symbol system; Construction method

目　录

第 1 章　绪　论

第 2 章　现代建筑表皮的概念与职能

第3章   表皮语言的符号系统

第4章   表皮语言的认知途径

第5章   营造与技术层面的建构

第 6 章　视觉与文化层面的建构

Cognitive Approach and Construction Method
of Modern Architectural Skin

第1章 绪 论

1.1 背景

建筑表皮是建筑的表层构造，它区分内外空间，控制外部气候影响，营造适宜的居住环境。表皮也是建筑最为直接的感知界面。它不但客观反映功能、形态、材料等建筑本体信息，而且还对社会人文、思想观念作出表征。虽然建筑表皮在近代才作为一个专门概念进入理论研究的视野，但表皮相关问题在建筑实践中自古受到重视。表皮彰显传统建筑的历史风貌与地域特色。古罗马建筑的石刻与壁画、中世纪教堂的马赛克与彩玻、我国传统土木建筑中的彩绘与木雕都从表层显示了建筑语言的魅力。建筑需要依靠一种外在机制传达信息和体现价值。作为建筑思想的"物质外壳"，表皮能深刻影响建筑形态和城市景观。

现代主义运动从功能理性出发将空间确立为建筑的核心价值，对空间、结构、体量的片面追求使表皮成为无关大局的配角，反对装饰的功能理性导致了对表皮的漠视。表皮认识的缺位与新材料的涌现形成强烈反差，混凝土、金属、玻璃等工业化材料被以几乎雷同的形式机械地完成对建筑框架的包裹。查尔斯·詹克斯（Charles Jencks）在其《后现代建筑的语言》（The Language of Post-Modern Architecture）中指出，现代派片面强调纯净的建筑语言已陷入绝境，建筑受到了虚假的功能主义的束缚。现代建筑在追求理性价值时忽略了人的多层次需求。野性主义、典雅主义、历史主义、建筑电信派、新陈代谢派、新乡土派、晚期现代主义、奇异建筑等以批判、修正、补充现代主义理论与方法为目的的新学派纷纷涌现，这些流派不约而同地将注意力转向建筑的表皮建构。第二次世界大战以后，随着西方建筑思潮向多元论（Pluralism）方向发展，单一纯净的外观受到冲击，建筑表皮的形式与风格逐渐趋于自由和开放。

20世纪60年代以来，建筑思想的多元化发展呈现出一些共同的趋势：从重视建筑生产转向重视建筑接受、从重视物质功能转向重视精神价值、从重视技术文明转向重视人类文化、从重视形式效果转向重视体验与感受，这些趋势反映出当代建筑活动更需契合人的情感需求。作为空间的外部构造，表皮具有交互的性质与显性的特点。利用表现、传达方面的优势，它能将抽象的意义转化为具体的形象，营造空间和环境氛围，使建筑以更加活跃和丰富的表情满足当代人的情感需求。20世纪70年代，表皮因能自由、灵活地参与文脉建构和隐喻象征而成为后现代建筑师们关注的热点。同时，相当一部分仍然秉承现代主义理念，设计师将技术与材料科学领域的最新成果应用于表皮建构，塑造出令人震撼的高科技形象。随着当代建筑理念日益走向开放，表皮研究出现许多跨界思考。20世纪90年代以后，"可持续发展"成为解决环境生态问题的全球共识。建筑师根据生态化要求积极推进"绿色设计"。当代高科技建筑表皮能像生物皮肤那样自我调节，在提高环境舒适度的同时有效降低能耗，实现建筑的生态效应。在以"图像化"、"景象化"、"信息化"和视觉消费为特征的后工业时代，建筑不但是营造功能空间的实体，而且还是由社会文化与特定事件衍生出的符号和现象。表皮利用其显著的视觉效应，对建筑的社会角色塑造起着无可替代的作用。

　　建筑艺术能够以巨大的空间形象反映社会的重大主题，表现现实生活的某些本质方面，体现一定时代的理想、情趣、精神面貌。[①]作为显著影响建筑形态的外部要素，表皮在中国当下城市环境面貌急速改观的过程中充当重要角色。对建筑外观的审美需求随经济发展迅速增长。20世纪七八十年代大量方盒式混凝土建筑因无趣、冷漠的外表逐渐为人厌弃。自20世纪90年代起，城市建筑迫不及待地披上"洋装"。一时间，柱饰、山花、拱券争奇斗艳，欧陆风席卷大江南北。金属百叶、外墙贴面、玻璃幕墙成为流行时髦。表面的随意装扮伤害了建筑的真实性，使其外观陷入混乱和失语，成为城市肌理中的败笔。2010上海世博会提出了"城市让生活更美好"的城市发展理想。建筑综合品质的提升和城市整体环境的改良有赖于表皮的合理建构。

　　从一系列重大国际赛事和各国新近建成的标志性建筑中可以看出，表皮效应正受到众多明星设计师的青睐和公众审美的追捧。国家大剧院、2008北京奥

---

① 刘叔成，夏之放，楼昔勇．美学基本原理[M]．上海：上海人民出版社，1987：163.

林匹克运动会体育馆主场馆、CCTV新总部大楼、广州歌剧院等项目，通过国际招投标分别采用了保罗·安德鲁（Paul Andreu）、赫尔佐格和德梅隆（Herzog & Demeuron）、雷姆·库哈斯（Rem Koolhaas）、扎哈·哈迪德（Zaha Hadid）等明星建筑师的方案。这些方案虽然手法与形态各异，但无一不在建筑表皮上做足文章，表皮建构成为屡试不爽的竞争策略。表皮已成为建筑学前沿探索的重要内容。

综上所述，在现代社会日益硬化的生存环境里，人们需要建筑表皮在实现其功能价值的同时承载更多的情感体验与精神内涵。表皮能灵活整合来自艺术、技术、文化、传播、社会服务等领域的创新成果，改善单调、贫乏、混乱和缺乏归属感的建筑面貌，有效提升城市环境的品质和公共空间的活力，前提是设计师正确把握其认知规律和设计方法。以此为背景，本文针对现代建筑表皮的认知途径和建构方法展开系统研究。

1.2　研究基础

从20世纪80年代末开始，国内外建筑理论刊物和学术会议频频出现建筑表皮议题。经过戈特弗里德·森佩尔（Gottfried Semper）、托马斯·舒马赫（Thomas L. Schumacher）、吉迪翁（Sigfried Giedion）、珍妮特·伍德（Janet Ward）、彼得·埃森曼（Peter Eisenman）、珀热拉（Stephen Perrella）、伯纳德·屈米（Bernard Tschumi）、大卫·勒斯巴勒（David Leatherbarrow）、莫森·穆斯塔法（Mohsen Mosttafavi）、阿维荣·斯特尔（Avrum Stroll）、格雷戈·林恩（Greg Lynn）等人的不断思辨和修正，建筑表皮概念趋于清晰。国外学者围绕这一概念提出种种表皮设计理论和表皮建构思想。建筑表皮的国内研究方兴未艾。谷歌搜索引擎可以找到与"建筑表皮"词条相关的结果276万条。《建筑师》杂志第110期集中了国内专家近10年来对表皮问题的主要观点，从设计方法、历史发展、技术演绎、社会文化等多个角度汇总了"表皮热潮"所引发的思考。建筑表皮在近几年也成为国内高校建筑专业和艺术设计专业的热门课题。根据中国知网全文期刊数据库提供的搜索结果，"建筑表皮"相关期刊论文达298篇，硕博士学位论文达93篇。

1.2.1　国外研究

1.2.1.1　表皮视觉认知的研究

一批当代西方学者将建筑表皮把握为一种后现代场景或景观社会中的视像。借助于包迪里亚（Jean Baudrillard）关于"仿真"和"幻影替代本体呈现另一真实系统"的理论，以及费瑟斯通（Mike Featherstone）关于"代码系统在消费文化环境中成为消费核心"的理论，珍妮特·伍德（Janet Ward）在《魏玛的表皮》中得出"表皮无可避免地在后现代建筑潮流中呈现'幻象'特征"的结论。詹姆士在《后现代主义的文化逻辑》中指出：建筑以其视像而非实体参与后现代社会的消费；建筑可以像图片那样表达某种纪念性，并且这种精神功能的视觉表达是即时的，是对某种现场感的体验；建筑表皮的使命是通过脱离体量的视觉表达完成旨在实现精神功能的仿真。

屈米认为表皮利用其视觉效应在建筑空间与社会事件之间建立联系。建筑表皮因其特有的视觉性成为演绎社会事件的最佳载体，并且这种演绎可以围绕与建筑本体并无直接关联的主题，根据表皮自身对奇幻意境的表现需要自由展开，即在追求奇幻体验的观景模式中，表皮替代实体成为建筑形象识别和空间内涵认知的主要依据。屈米等国外学者提出的"奇观表皮论"准确把握了景观社会中建筑表皮视觉化现象背后的本质，为研究当代建筑表皮的认知属性和传达功能提供了新的视角。

另有一些表皮认知研究是从反映建筑文脉和精神内涵的角度展开的。罗伯特·文丘里（Robert Venturi）在其《建筑的复杂性和矛盾性》一书中指出，由于建筑日益演化为一种具有媒体功能和社会功能的文化要素，建筑学正呈现前所未有的复杂性。文丘里主张以包含历史文脉的文化符号来表现建筑的多样性和城市空间的生命力。表皮可以作为与其内部截然不同的"幻象"被认知，以充实建筑和环境的文化内涵。文丘里的另一著作《向拉斯维加斯学习》，强调了外部视觉元素对于建筑文脉的认知作用。他使建筑的表层构造与文化符号建立联系，使表皮在后现代场景中演化为文化符号的主要载体。

卡尔·弗里德里希·辛克尔（Karl Friedrich Schinkel）指出，建筑应该在不同层面上表达文化含义：它不仅应该通过建构形式表达建造的逻辑，而且应该有图像化地（iconographically）表达文化意义的功能。鲍尔·维瑞里欧（Paul Virilio）针对建筑表皮的界面化趋势发表了《感光过度的城市》（*The*

Overexposed City）一文。他认为以图像为主要内容的信息载体是当代城市中最重要的环境界面。透明性、界面化、信息化在消解表皮"空间阻断"特性的同时赋予其文化层面的认知属性。景象化的建筑表皮以传播媒介或信息界面的形式参与到社会事件中，成为一种文化符号。珀热拉将界面功能确定为超级表皮的基本属性，他指出表皮既具有物质真实性的一面，又具有信息化、现象化的非物质特征。珀热拉认为建筑表皮的界面化与当代社会的文化转型密切相关：后现代社会环境中的大众传播、视觉消费和种种政治、经济诉求使表皮在建筑内涵的生成和文化意义传达过程中承担了主导性角色。表皮是建筑积极应对后现代文化环境的外部结果，也是表征种种社会事件和价值诉求的文化符号。库哈斯在其理论研究与建筑实践中均将表皮与体量、外形一起看作对当代消费文化的应景。亨利·李福贝尔（Henri Lefebvre）则在其著作《空间的制造》中强调当代建筑在社会学层面的文化意义，指出社会空间与社会阶层须由特定的环境界面来组织，建筑表皮即是承载、组织、传播各种社会信息与文化符号的认知界面。

1.2.1.2 表皮建构方法的研究

一批学者基于现代主义的理性原则看待表皮的功能属性和建构问题。20世纪初，苏玛索（August Sohmarsow）把建筑定义为对特定空间的围护。随后，巴拉杰（Hendrlk Berlage）提出"平整的表面"才是墙体的本质。现代主义大师阿道夫·路斯（Adolf Loos）在反对装饰的过程中强调了墙体作为几何面在塑造空间过程中的技术本质。他指出装饰层并非真正的墙体表面，而是与"纯粹的面性"无关的附属物。现代主义大师密斯认为，建筑的本质即是"空间的创造"。表皮和结构一样，是生成空间的技术手段，本身没有独立价值。托马斯·舒马赫（Thomas L.Schumacher）在其《封顶与覆面——现代主义中建筑表皮的困惑》一文中通过对建造逻辑的分析解释了表皮去除装饰干扰回复其技术本质的重要性，指出添加装饰既与讲求效率的机械化生产技术不符合，也与工业文明的理性原则不符合。勒斯巴勒和穆斯塔法结合具体的建造工艺和新型材料分析了建筑表皮在工业化时代的形态演化。他们在《表皮建筑学》（*Surface Architecture*）一书中指出，基于工业技术的框架结构消解了墙体在承重方面的意义，使表皮可以完全脱离承重功能的制约获得自由。

怡情化的形式感知——19世纪德国学者提出的"形式感受"（Formgefuhl）

概念，促使肯尼斯·弗兰姆普顿（Kenneth Frampton）提出了超越技术与建造层面的"建构"思想。他试图重新发现在技艺创造者（artificer）和技艺本身（artifice）之间，以及在设计者最初构想和创造结果之间的文化关联。在《建构文化研究——论19世纪和20世纪建筑中的建造诗学》一书中，弗兰姆普顿将装饰性表皮诠释为"一种书写"，一种"文化创造行为"而非形式的模仿和再现。他通过梳理建筑的近现代发展，归纳出"织理性"、"古典理性主义"、"现代化与纪念性"、"跨文化形式"、"节点崇拜"等建构思想。

在实践方面，美国建筑师朱蒂·A·朱瑞克（Judy A Juracek）的《建筑表皮——设计师与艺术家的设计元素》（Architectural Surfaces Details of Artists, Architects and Designers）、德国建筑师克里斯丁·史蒂西（Schittich，C）为《建筑细部》（Detail）系列丛书撰写的《建筑表皮》（Building Skins）等一批著作从材料、结构、装饰等角度对表皮的建构方法展开研究。赫尔佐格&德梅隆、库哈斯、哈迪德、伊东丰雄等明星设计师和FOA建筑事务所等国际先锋设计团队均从他们的新近案例中归纳出表皮建构的技术策略。

1.2.2 国内研究

1.2.2.1 表皮视觉语言的研究

刘先觉教授在其主编的《现代建筑理论》第十三章"当代西方建筑形式设计策略"中，对表皮在文艺复兴、现代主义、后现代主义，以及信息时代背景下的属性、功用、意义进行了概括，在发展脉络整理中突出了"表现目的性"及技术手段带来的影响，描述了当代建筑表皮视觉语言多元、复杂、开放的基本状貌，归纳了"传统立面的理性再现"、"象征性技术修辞"、"非再现性的深度演绎"三类表皮语言的形式风格。哈尔滨工业大学俞天琦的博士论文《当代建筑表皮信息传播研究》将建筑表皮的信息传播体系确立为"本体需求—媒介表现—受众认知"[①]三个方面，指出表皮在充当建筑构成要素的同时承载视觉信息，表达建筑意义与情感体验。清华大学卜骁骏的硕士论文《视觉文化介入当代建筑的阐述》，结合大众消费与图像信息认知环境的分析，揭示了"表皮化"

① 俞天琦. 当代建筑表皮信息传播研究[D]：[博士学位论文]. 哈尔滨：哈尔滨工业大学建筑学院，2011.

与"视觉化"的内在联系。

季翔所著《建筑表皮语言》从"艺术语言"、"材料语言"、"生态语言"三方面较全面地归纳了建筑表皮的视觉元素和表现方法。杨希文发表于2004年第10期《工业建筑》的《建筑表皮在建筑造型中的视觉印象》一文，分析了建筑"重表皮"与"轻表皮"形式特征。唐圆圆发表于2005年9月《高等教育》的《绘画对建筑表皮的影响》一文，指出绘画、雕塑等艺术形式所蕴含的形式美的基本法则可以通过材料转换使表皮这一城市公共界面变得富有美学意义和情趣。胡春芳的《表皮形的不确定性研究》一文，从"表皮的独立"、"基本形的突破"、"界线的增减"、"皮的断裂"几方面分析了建筑表皮的"形"随着技术和材料的发展从消极、无机朝积极、有机及互动方向发展的趋势。王大可等发表于2006年第5期《建筑学报》的《材料的意志与建筑的本质》一文，探讨了如何利用表皮材料的可塑性实现其诗意的视觉表达。

1.2.2.2　表皮设计方法的研究

刘先觉教授在其主编的《现代建筑理论》第十三章中总结了当代西方建筑表皮设计的新策略：分离与整合、构造的极端重复与相似、电子图像的复制、轻盈与临时。重庆大学甘立娅的硕士论文《建筑外表皮材料艺术表现研究》提出"表现元素组合"的设计方法，主张以木、石、砖、钢材、玻璃等传统材料通过组合设计的"全新语法"传达建筑表皮的"多样表情"。重庆大学魏晓的硕士论文《现代建筑表皮的材料语言研究》提出了材料建构的"协调性原则、可行性原则、适用性原则、人文性原则"。沈小伍的硕士论文《建筑表皮情感化研究》在材料、色彩和细部三个环节提出了表皮设计的情感化策略。

鲁安东发表于2004年110期《建筑师》杂志上的《拟表——空间现象与策略设计》一文，将表皮看作一种与事件组织与行为引导相关的空间策略和操作媒介，主张在表皮建构中导入社会学、传播学方法。王晓发表于2007年第3期《新建筑》上的《放逸建筑论》一文提出"散乱、奇绝、突变、残缺、动势"等解构主义文法，形成了"自由表皮形态"的设计思想。胡庆锋2005年6月发表于《热带建筑》的《建筑表皮现象初探》，提出将"信息符号与建筑表皮一体化"和"信息符号虚拟化"作为建筑表皮媒体化和信息化的实现途径。胡幼骐的《论类比建筑的形式语言和表皮的关系》一文阐述了以建筑类型学方法指导表皮设计的宏观构想，通过对罗西若干代表作（威尼斯剧场、摩德纳墓地）

Cognitive Approach and Construction Method of Modern Architectural Skin

的分析，指出历史文脉对表皮形态的影响。该文注意到建筑类型学方法可以为表皮建构方法研究提供启示，但在简略分析了两者联系后，未针对其结合契机与具体建构策略展开深入分析。

1.2.3　研究现状总结

　　建构功能的日益凸显以及形式混乱引发的疑虑使建筑界对表皮的关注度逐渐上升。进入21世纪以来，国内外建筑表皮研究尤其活跃，内容趋于开放和细化。相对而言，国外研究更注重基础性和探索性，形成了"表皮演化论"、"表皮自治论"、"奇观表皮论"、"图解表皮论"、"界面表皮论"等若干对表皮认知和建构方法后续研究具有借鉴意义的理论模式。国外现代建筑理论虽不乏与表皮认知和建构方法的相关内容，但尚未形成完整的理论体系和专门的方法论。国内学者的研究多集中于对建筑表皮"视觉化"现象、视觉元素、形式风格的客观分析，以及从"物质本体"和"精神表现"的宏观层面探讨建筑表皮的设计策略。

　　总体来看，许多对表皮认知问题的现有研究采取了"静观"的视角，即将表皮语言当作一种独立于认知主体之外的对象来考察，孤立地探讨其视觉认知和形式表现的问题，忽略了认知主体的作用和认知系统的完整性。一些对表皮语言和视觉认知问题的探讨局限于感性描述，演绎论证和结论推导缺乏基础理论和实证环节的支撑。由于建筑表皮问题本身的复杂性，以及当代建筑理论、风格流派的多元共生、难以协同，对表皮建构方法的现有研究虽然比较活跃，但多集中于探讨特定的设计问题，而在具备普遍意义的建构方法的系统思考方面留有较大的空间。

1.3　本文的研究意义与目的

　　当代建筑设计正从求得一个固定的功能空间和美的形式转向对公共领域环境活力和体验多样性的开发。为此，建筑表皮借助材料、技术的突破，发展出许多新的体验功能与认知属性。它不但在应对气候、环境、能源问题过程中发挥重要作用，而且成为当代社会最为活跃的景观元素之一。现代建筑表皮一方面要借助日益发达的技术、不断丰富的材料及形式多变的风格追求人性化的自由表达，另一方面也需遵循认知规律，秉承理性法则，明确表现的目的和路径，避免语言的无序与混乱。

　　建筑的认知模式和审美观念在当代已发生很大变化。第二次世界大战以后，自然科学、社会科学的快速发展和相互渗透使当代美学研究的重点从原来对美的本质和形式的思辨转移到对主体审美经验的探索上来。建筑与一切领域的艺术创造均需将研究的注意力转移到认知主体本身和整个认知系统，着重研究人的认知规律和体验过程。本文的表皮认知研究将突破传统的"静观"的视角，注重对全新观看模式下的认知机制和认知系统诸要素的分析，从意识本源上揭示当代建筑表皮的认知规律。本文还将结合认知途径从多个角度系统地探寻表皮建构方法，使形形色色的表皮语言能围绕明晰的建构逻辑有序演绎，从而避免技法、材料和形式的盲目拼凑。

1.4　研究框架与研究方法

　　从技术、视觉、文化和设计方法等方面梳理、融会建筑表皮的既有研究成果，结合建筑理论发展和设计实践领域的需要凝练课题方向和创新点，确立"认知途径"和"建构方法"两大中心论题。

　　借用"表皮"这一来源于生物学的概念说明设计物表层构造的复杂性和表皮设计的实质，在此基础上解析现代建筑表皮的基本概念、属性特征与认知内涵。探究建筑表皮在定义空间、发挥功用、传达信息、表达情感、营造体验等方面的作用与意义，从"构造"和"界面"的角度归纳其基本职能。

　　依据表皮语言的视觉属性将符号学和建筑现象学理论引入其认知途径研究。分析表皮语言的符号特征和表皮符号系统中的构成要素，探明表皮符号的传达机制。梳理表皮语言在"物质本体"和"精神表现"层面的传达诉求，使其表意结构呈现清晰脉络。结合语义类型和特定语境分析表皮语言的认知规律。借助建筑现象学理论从微观、中观、宏观层面探明建筑表皮的认知途径。

　　表皮建构方法研究分"营造与技术"和"视觉与文化"两个部分展开。在表皮营造样式的策略思考中导入建筑类型学理论，通过对表皮原型的思考建立建筑表皮的分类网架。依照类型学原理对建筑表皮进行分类，提炼具有典型意

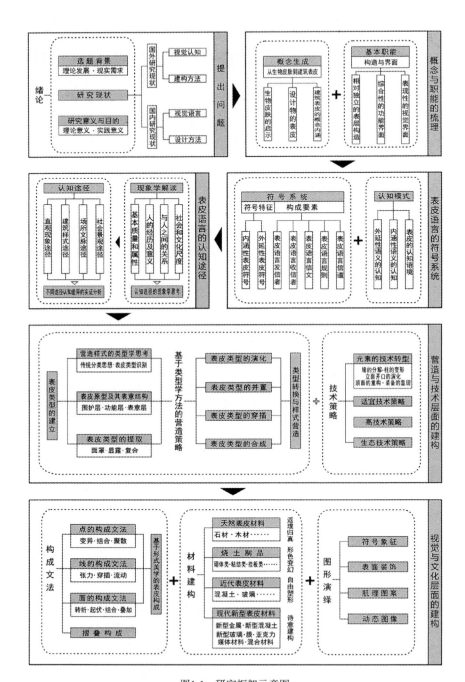

图1-1　研究框架示意图
Fig.1-1　Framework of this paper

义的表皮类型。依托类型转换探寻表皮形态的生成机制。提出有效的转换模式，作为兼具逻辑性、发散性的建构方法和设计工具。分析各构成要素的技术转型对表皮建构的影响。阐明表皮语言在技术层面的类属特征，提出表皮建构的技术路线。

"视觉与文化"层面的表皮建构策略研究以"构成文法"、"材料表现"、"图形演绎"为突破点。综合基于传统形式美学和全新摺叠模式的构成法则，探索现代建筑表皮的视觉秩序和审美规律。梳理活跃于近现代的表皮材料，阐明天然材料、烧土制品、新型材料的表现潜质和建构功能。探讨怎样发挥图形元素在表皮界面的象征作用、装饰作用和肌理效应，以及如何以动态图像活跃建筑"表情"，赋予其信息传播和交互功能。论文在以上各阶段均形成小结，最后得出结论并对建筑表皮相关课题的后续研究提出展望。本书研究框架如图1-1所示。

书中所用的主要研究方法如下：

1. 文献整理与归纳。针对建筑表皮视觉表现、认知、建构等主题梳理现有理论和国内外研究成果，在诸多分散的观点和活跃的表皮现象中发现符合课题研究需要和有益于创新点凝练的知识与信息。

2. 系统分析与系统综合。运用系统思维方法，对建筑表皮视觉认知所涉及的主客观要素及环境要素展开全面分析。将宏观、中观、微观层面的设计方法整合为系统性的建构策略。

3. 演绎与分析。根据设计学科的特点，采取理论演绎与案例分析相结合的研究方法，注重设计理念、设计方法、设计实效的关联。寻求解析建筑表皮的多维视角，避免过于机械地或概念化地看待表皮认知与表皮建构问题。

4. 多学科交叉。以建筑学理论为主，借鉴社会学、符号学、设计学、类型学、艺术学、传播学、美学、现象学、认知心理学等其他学科领域的理论、观点、方法，对建筑表皮认知和建构问题展开综合研究。

5. 实证研究。以眼动实验的理性方法支持设计理论的演绎论证。

第2章 现代建筑表皮的概念与职能

表皮作为一种与功能、构造密切相关的设计概念全面渗透到人造物中。除了最基本的结构和围护功能，当代建筑表皮还通过各种功能组件起到遮光、隔热、聚能、"呼吸"、视线控制、信息交互等作用，体现出类似于生物表皮的环境应变能力。如果将建筑立面看作人体的"第三层皮肤"（在人体皮肤和衣服之外），设计目标的相似之处就变得清晰了。[1]从产品到建筑，从实体到虚拟，表皮这一相对独立的设计有机体日益显现出构造、功能和认知层面的潜在价值。

2.1 建筑表皮的概念生成

建筑表皮的概念来源于皮肤。皮肤是一个多层次、多功能的组织，或厚或薄，或紧或松，或润滑或干燥，覆盖整个身体表面。皮肤也是一个收集、感知信息的器官，能感受冷热等外界刺激并作出反应。[2]它又是一个界限不定的对象，从身体的暴露表面到内部腔体连续地形成一个整体。其整体和局部都具有生命特征，是一种能够自我修复、自我更新的材料。皮肤表面看似无意识，而其内层布满神经、腺体和毛细血管，具有完备的功能。当代设计师从生物皮肤中获得灵感，在产品和建筑的表面创建类似皮肤的肌体组织，通过复杂的设计和制造技术赋予其丰富的功能和表情。

2.1.1 生物皮肤的启示

在生命第一阶段的细胞分化过程（即卵到胎儿的转变过程）中，皮肤先于其他器官出现，复杂的身体系统再从皮肤层中产生。细胞从一个空心球（裂殖

---

① 赫尔佐格，克里普纳. 立面构造手册[M]. 袁海贝贝译. 大连：大连理工大学出版社，2006：10-11.
② Ellen Lupton. Skin [M]. London: Smithsonian Institution，2002. 28-29.

细胞）分成三个真皮层：外胚层、内胚层和中胚层。这些层产生神经、皮肤、内部器官、骨骼、结缔组织、肌肉以及其他系统。人类文化学家泰勒（Mark Taylor）认为，身体是皮肤层在内部和外部卷曲的结果。真皮处于脂肪、静脉、动脉和肌肉上方（图2-1）。①

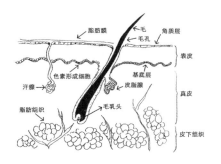

图2-1　皮肤的基本构造
Fig.2-1　Basic structure of skin

皮肤是人体的容器、屏障和生化工厂。它容纳肌体，保持体温，阻挡疾病传染和有害辐射，在一定程度上抵挡机械外力。由真皮层生成的表皮细胞从最底层向上移动、老化、死亡、压缩和脱落。能够触摸到的皮肤（表皮层）由角化细胞构成。这些死细胞与脂质粘贴在一起变成一个隔水层。生物皮肤既包括活的成分，又包括死的成分。它的最外层是由细胞代谢物紧密结合而成的一层无生命但具有保护作用的稳定物质，构成生命体与物质世界的接触界面。与皮肤相似，头发和指甲从深部的真皮层向上推挤逐渐成为失去生命的叶片。皮肤传达复杂的身体状况和微妙情感变化。它可以因寒冷而发青，因愤怒而发红，可以产生鸡皮疙瘩和汗水。鼻孔里的特殊表皮细胞能够辅助嗅觉接收荷尔蒙信号。皮肤还是身体的信息界面。遍布于表皮的神经末梢使皮肤敏锐感知外界刺激。急诊医生通过在挤压手指后观察肤色变化，迅速了解患者的身体状况。

不同部位的皮肤具有各异的生理功能和形态。与充满神经细胞和毛细血管的一般部位不同，脚掌和手掌的皮肤没有汗腺，但建立起较厚的死细胞层（老茧）以应对机械压力。皮肤围绕弯曲和龟裂处生长，比如肘部的皮肤比其他地方具有更好的伸缩性和弹性。皮肤将身体的内表面和外表面联系为一个整体。在五官和肚脐的开口部位，它以由表及里的转折体现出肌体构造的连续性。皮肤越过内外侧的转折点进入鼻腔内部，其中的一部分表皮细胞分化成对温度反

---

① 活的皮肤包含多层组织，每层都处于合成和转化的动态平衡中。内部的真皮层比表皮厚，占身体重量的15%到20%，有毛囊和腺体两层。其组成部分包括神经细胞、胶原蛋白细胞、淋巴液、汗腺，毛囊、线状蛋白质以及产生胶原蛋白的成纤维细胞和提供氧气的血管。神经和血管主要分布在真皮的上层，下层由较厚的胶原蛋白和弹性纤维组成。弹性纤维使皮肤能够在受到挤压后反弹。一些皮肤成分合成生长因子和维生素，另一些清理细胞代谢物。皮肤中包括含有天然色素的黑色素细胞、具有免疫反应的朗格汉斯细胞以及用来清理细胞代谢物的巨噬细胞。

Cognitive Approach and Construction Method of Modern Architectural Skin

应灵敏的鼻腔功能细胞。皮肤、软骨以及肌肉紧密连接，使鼻子这一较易受外界影响的身体凸起部分具有很强的灵活性和再生能力。软骨组织支撑起鼻子和耳朵的外形，它具有与皮肤类似的特征：细胞类型单纯和对毛细血管需求较低。它们由此成为器官工程学研究和实验的首选对象。

20世纪90年代末期，对于非手术皮肤治疗和皮肤护理的需求迅猛增长。脂肪或胶原蛋白注射用于填补凹陷和痤疮疤痕。"化学换肤"去除表皮最外层，通过揭露新的细胞层来去除晒伤和其他瑕疵。功能化妆品通过低浓度酸和其他化学物质以生物方法修复皮肤。注射肉毒杆菌毒素在可控范围内造成肉毒杆菌中毒从而使局部肌肉瘫痪，以减轻皱眉和提眉等习惯性面部肌肉运动所造成的皮肤皱纹。为了避免皮肤损伤可能引起的严重后果，关于伤口涂剂、移植、修复手术、替代皮肤的研究很早就受到重视。①

人工皮肤的发明是当代高分子化学的重要应用成果，它能够无接缝地覆盖大面积创口。皮肤的胶原蛋白是一种高分子。人造高分子胶棉在20世纪50年代被发明，到60年代被用来覆盖和保护伤口。液体状的胶棉在伤口上形成固体薄膜，薄膜在伤口治愈后脱落。同时期，可被人体吸收的伤口缝合线获得专利，直到如今仍在广泛使用。20世纪七八十年代，人造皮肤研究取得了一些关键成果。除了运用某种胶原蛋白可以阻止伤口周边皮肤向外围收缩，研究者们还发现将胶原蛋白敷到伤口可以使残存的真皮细胞继续生长。最显著的成果是在体外的胶原蛋白里培养皮肤细胞并成功移植到白鼠身上。这些实验证明，只要获得适宜的生长条件，皮肤可以在不同的环境中存活和生长。

"皮肤产品"有两种基本类型：第一种是引入含有活体皮肤细胞的产品；第二种是利用无生命材料作为临时支架固定在伤口上，使其迅速接受新的皮肤细胞。第二种途径不直接提供细胞，而是引导身体培养本身的细胞。将胶原蛋白和聚合物合成人工皮肤的实验中运用了两层无生命的临时替代品：胶原蛋白合成的外层阻止传染和调节液体损耗；内层则提供一个有助于皮肤细胞生长的

Cognitive Approach and Construction Method of Modern Architectural Skin

---

① 具有治疗作用的伤口遮盖物可以追溯到公元前1500年。许多修复皮肤的手段借鉴了建筑行业的方法。仅用于修复鼻梁的材料就包括橡胶、赛璐珞、铁、铜、象牙、白金、黄金。公元6世纪出现于印度的皮肤自体移植法沿用至今。今天的"网状移植"技术能用面积较小的移植皮肤恢复较大的创口。网状穿刺工具在移植皮肤上穿孔形成数排小切口，以使皮肤拉伸从而能覆盖更大的创面。虽然新愈合的皮肤会留下网状疤痕，但该技术利用皮肤的再生能力提高了移植皮肤的利用率，使由于满足移植需要而造成的新的创伤降到最小。

支架，同时防止伤口胶原蛋白沉淀。研究人员探索出了一套从牛腱和猪肠中提取胶原蛋白，并在不破坏其成分的情况下对其进行杀菌和提纯的方法。理想的支架是使人工皮肤存活的关键成分，自然聚合物和人造聚合物都可以作为人工皮肤支架的来源。像制造建筑物部件那样，通过计算机辅助设计可以确立聚合物结构原型，为人工皮肤构建合成的聚合物微型矩阵。

　　人工皮肤昭示一系列可能性：假如聚合物可以用来传导电荷，人工神经将有可能被创造出来；快速凝固的聚合物也许可以用来填充受伤的骨头；人造组织或将被用来输送药物。如果复杂的人体器官可以通过技术手段还原为有序的机体组织，那么具备生理功能的人造器官将有可能被标准化地生产。从包皮环切术到多次划破法再到化妆品和脱毛剂，如今的皮肤科医师和美容外科医生已经可以熟练应用皮肤再生和移植技术。在人工皮肤的启发下，可以大胆想象人体在未来能够不断被器官工程修复和替换。皮肤还因为包含部分器官的DNA信息而被冷冻或保存在一定存活条件中，将来的基因技术甚至可能由此克隆出消失的生命。

　　人造皮肤可以含有取自于人类皮肤之外的胶原蛋白和支架。它打破了我们原先对生命体含义和属性的认识局限，以一种全新的方式建立起不同生命之间，以及生命体和无生命体之间的联系。建筑师苏兰·科勒登（Sulan Kolatan）和威廉·麦克唐纳（William MacDonald）为康涅狄格州的一个老建筑设计了扩建部分，形成一个移植到既有景观上的流动物体。如同皮肤从身体表面连续延伸进鼻子和耳朵内腔中一样，这座楼的外表皮自然地生长进室内空间（图2-2）。DB-1 AND DB-2是由层压玻璃和亚克力纤维构成的桌子，材料包括半透明聚氯乙烯表层、粉末涂层钢、橡胶和尼龙滑轮。一层柔软的、半透明的皮肤包裹着刚性骨架材料，像生物切片一样，桌的边缘显露出不同材料的层叠构造（图2-3）。由山毛榉、铝制成的胶合板家具Taino椅采用新颖的表皮式构造：椅子的金属腿穿过围绕着它们的胶合板层。金属不必依靠螺丝等附件固定在木材上，而是靠外皮结构自身固定（图2-4）。这些成果表明，人类造物活动可以在技术和设计层面借鉴生物器官的内在结构与功能模式。

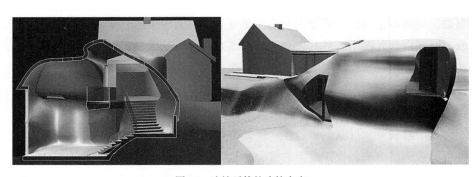

图2-2　连续延伸的建筑表皮
Fig.2-2　Architecture skin continuously extended

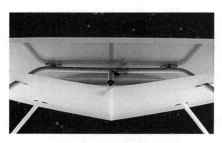

图2-3　层压玻璃和亚克力纤维构成的DB-1 AND DB-2桌子　　　　图2-4　Taino椅
Fig.2-3　DB-1 AND DB-2 table made of laminated glass and acrylic fiber　　Fig.2-4　Taino chair

2.1.2　表皮作为新的设计有机体

　　皮肤是生物体面积最大的器官，对生物起到保护作用的同时，使生物体感知到外界环境的变化，并且具有一定的调节作用。[①]但是，皮肤对身体的保护与调节作用是有限的。为了抵御不适的气候，原始人以动物毛皮制成最早的衣物，用植物枝叶搭建原始建筑。如今，内含冷却系统和水分排泄系统的防护服应用于军事、航空与航天领域，成为具有极端环境耐受性和复杂功能的高技术表皮。意大利Corpo Nove公司开发出内含云雾状轻质气凝胶的绝缘护套，它可以在超低温环境中保护人体。

　　20世纪80年代科幻电影《异形》梦境般地展示了机械、电器、人和诡异生命体的混合生物，使人对可能充满人造杂交生物的未来世界充满好奇和不安。

---

① 俞天琦，梅洪元，费腾. 生态建筑的表皮软化研究[J]. 工业建筑，2010，40（10）：37-40.

受电影与科幻小说启发，设计在生命和技术的融合中找到了突破点。各种当代人造物和空间被精心装扮和有意设计的表面掩盖，而表面的状貌往往与内在实体相异。在内部功能大体一致的情形下，产品的表皮成为个性化的重要始发领域。[①]软硬、轻重、质感等表面观感多是为了满足消费需求有意制造，而非内容物本质属性的真实反映。由于表皮现象的存在，虚拟和真实混杂交织于当代的各种人造物和人为环境中（图2-5~图2-7）。[②]根据流体介质的运动状态确定造型的设计方法在20世纪二三十年代十分流行。雷门德·罗威（Raymond Lowey）在民用产品的表皮设计中借鉴了舰艇和飞行器外壳设计中的工程学原理，符合空气动力学原理的曲面壳体使船舶和飞艇在空气或者水中所受阻力大大减小。工业设计师在机件之外封上平滑的流线型外壳，一方面是为了保护机械装置不受水、尘土和使用者干扰，以提供操作使用的便利性和安全性；另一方面是为了传达充满技术感和现代感的商品形象。这种平滑表面成为用户和产品之间的友好界面，符合人机工学和使用者的心理需求。罗威之所以成为早期工业设计师中的杰出代表，很大程度上是由于他能像一个美容外科医生一样赋予产品功能部件一层恰当的表皮。罗威设计外壳是为了隐藏内部，然而当代产品的外壳经常是透明的或者半透明的。iMac的透明外壳在起到防护罩作用的同时提供了内部构造和电子元件的可视性。相对于早期产品的坚硬外壳，许多现代产品拥有柔软的表皮，具备更丰富的触感和生命体验（图2-8、图2-9）。[③]

　　表皮不但是功能体的外壳，而且本身可以直接转化为功能组件。弗兰克·盖里（Frank Gehrg）设计的弯木椅由细长的轻质复合板材制成（图2-10），它的完美功能和坚固结构来源于薄板材料的编织。表皮状的薄型材料和与之匹

---

① 陈志毅．表皮在解构中觉醒[J]．建筑师，2004，110（8）：16-19．
② 凝胶在20世纪70年代被安置到轮椅或者医院病床上，用于在光滑表面制造摩擦。这种柔软的聚氨酯材料凝固后的质地酷似人类的肌肤和脂肪。沃纳·艾斯林格（Werner Aisslinger）设计的Soft躺椅网状尼龙带中填塞了一块无缝平板凝胶，目的是让使用者的皮肤不会留下压印，同时感到舒适（图2-5）。伊丽莎白·佩姬·史密斯（Elizabeth Paige Smith）设计的"方形桌子"是一种表面覆盖了一层厚树脂的轻质积木。凝胶表皮提供了一个保护层，也传达了一种特殊的界面体验（图2-6）。Timothy McLonghlin于2001年设计的Ottoman凳是一个外观奇特的纯白色体块。该凳子表面出现一排挖空的脚印。以橡胶模铸成的脚印通过缝合方式嵌入泡沫垫并留下缝合纤维的痕迹（图2-7）。不一般的表皮处理使这些作品令人印象深刻。这些产品显示，来源于生命表层构造的设计灵感在改变生活方面具有重要意义。
③ 储藏柜模型"磁铁"以磁性橡胶和钢板为材料，使用者可以通过剥下门的外皮打开这个有着磁性橡胶门的储藏柜。一个通常被认为是硬质的表面出其不意地表现出柔韧性（图2-8）。柔性家具"乳胶橱柜"以钢和木材为结构，门却是一层半透明的乳胶膜，其中的物体通过挤压乳胶膜得以隐现（图2-9）。

图2-5　Soft躺椅
Fig.2-5　Soft deck chair

图2-6　Elizabeth Paige Smith设计的"方形桌子"
Fig.2-6　Square table designed
by Elizabeth Paige Smith

图2-7　Ottoman凳
Fig.2-7　Ottoman stool

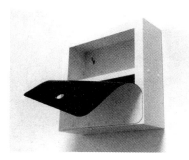

图2-8 储藏柜"磁铁"　　　　　　　图2-9 柔性家具"乳胶橱柜"

Fig.2-8 Storage cabinets named Magnet　　Fig.2-9 Flexible furniture named Latex Cupboard

图2-10 弗兰克·盖里设计的曲木椅

Fig.2-10 Bent wood chair designed by Frank Gehry

图2-11 皮肤色橡胶键盘

Fig.2-11 The rubber keyboard with skin color

配的特殊结构使弯木家具从笨重和僵硬的形态中解放出来。[1]马瑞欧·柏力尼（Mario Bellini）早在1972年为意大利Olivetti公司设计了拥有肉色橡胶键盘的计算器（图2-11）。在2001年，IDEO设计公司发布了一款用"电子织物"制作的试验产品，样品表面具有传感功能，可以感知触摸位置和外部压力。各种软件界面中的图标、按钮、导航、控制器、对话框组成另一种类型的产品表皮——

---

① Frank Gehry. Bentwood furniture [J]. Folding in architecture，2004, 17 (1)：82-83.

图2-12　Skinthetic Chanel时装设计
Fig.2-12　Skinthetic Chanel fashion design

基于视觉的数码虚拟表皮。在数码产品领域，具有交互功能的虚拟表皮在使用者与产品之间建立积极关系。①通过上色、编码、拟定主题、添加图标和上传、下载等指令，用户可以根据需要，迅捷地编辑数码产品的表皮语言，并便利地体验它所提供的交互功能。

　　技术发展将会使现代人的身体、用品、环境乃至文化出现更多的移植和交融现象。2001年时装设计作品Skinthetic Chanel将Chanel品牌中的缝制样式延伸到躯干，织物肌理与身体皮肤的质感融为一体。这一系列关于"移植和外移植"的设计提出极为大胆的设想：未来可以把消费品牌扩展到人体肌肤（图2-12）。器官的概念已从自然生命体延伸到越来越多的人造物中。生物、机械、医疗和计算机领域共同推进人体工程学研究并促使其成果在其他领域中的共享和链接。身体和产品之间、自然和科技之间、个体与环境之间的界限正在模糊。除了产品表面的创新，表皮概念还应用于大尺度的环境景观营造。托马斯·希思瑞克（Thpmas Heatherwick）通过表皮设计，使英国泰恩河畔纽卡斯尔市的Lang广场从原先的杂乱老街变身为一个充满艺术氛围和时尚气息的城市广场。这条老街被两边的众多岔道打断，显得很不规整。由于不可能变动街道两旁的建筑物，设计师只能通过改造路面来建造广场。然而主干道像长满脚的蜘蛛一样延伸到两边的岔道中，众多的末端和边缘处理成为难题。为此，设计师在路面铺设了一层"不完全合缝的地毯"，这层特殊的表皮在道路边缘以及与建筑物接触的地方

① Ellen Lupton. Skin [M]. London: Smithsonian Institution，2002：39-40.

Cognitive Approach and Construction Method
of Modern Architectural Skin

呈现许多局部的开口、翘曲和摺叠，开口处用黄铜封闭和镶边。设计师还结合道路设施对地毯式的铺地进行塑形，营造能强化其表皮特征的细节变化。覆盖整条道路的蓝色地毯不但时时呈现被剥开的情形，而且在开口处透出光亮，或者通过电子显像装置显露绚丽夜空的景象。通过与谢菲尔德海默大学研究人员的合作，设计师研发了一种新的铺地材料。混合了法国香水玻璃瓶和Harvey's碧霜玻璃瓶碎片骨料的树脂地砖拼成一条优雅的"蓝色地毯"，树脂表皮在此被用作组织和重塑城市环境空间的连续界面，它能将人的注意力从混乱的周边环境转移到广场中心，并在不需要延伸的地方自然终止（图2-13）。

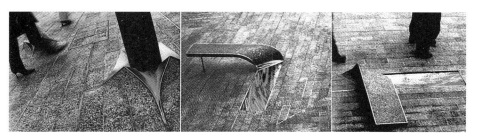

图2-13　Lang广场的表皮化设计
Fig.2-13　Skin design of Lang Square

2.1.3　现代建筑表皮的概念及其内涵

在建筑领域中，围护（Enclosure）、立面（Facade）、界面（Interface）、表面（Surface）、外观（Appearance）与表皮有着相近的含义，在许多场合可以相互替代。围护是一个对应于承重结构的概念，其内涵侧重于生成内部空间和隔离、控制外部环境的影响；立面是指在重力方向上决定建筑整体形态的围护组织，其内涵侧重于平面化的几何构成和视觉秩序；界面是相邻对象之间的交互工具，其内涵侧重于连接、过滤、控制等功能；表面的原意是物体表层一个或数个原子层的区域，在建筑中泛指一切处于外层的对象；外观指建筑的外在形象及给人的视觉印象。表皮的原意是动物体和植物体的最表面被覆层。当代哲学家阿维荣·斯特尔注意到，普遍存在于自然生命和人造物中的表层组织之间具有某种相关性和许多共同特征。他在1988年出版的《表皮》（Skin）一书中分析了"抽象的表皮、物理的表皮、日常的表皮、科学的表皮"四种已有的概念解释，而后从哲学层面归纳出宏观的表皮概念：延伸于外部边界的、单层或多层的薄型构造。相对于其他表述，表皮这一概念更能准确反映现代建筑表层构造的基本属性和主要特征。建筑表皮（architecture skin）是针对近现代建筑的发展，借用生物学皮肤概念对其外部围护组织所作的类比。

皮肤修复较早地考虑了如何使外部物质与生命肌体融合生长的问题。虽然完整的心、肺、肾等器官还不能由活细胞产生，但皮肤已经是一个能在实验室中培育的医疗产品，生物学家们已经能够利用聚合物支架、表皮生长因子和细胞"种子"为无法自我修复的受损肌肤培养替代品。将实验室培育的皮肤用于移植是器官工程和再生医学领域令人鼓舞的初步成果，它不仅意味着可以人工制造具有生物机体功能的表皮以满足修复人体的需要，而且启发了其他领域对表层构造的创新。对于建筑而言，表皮指建筑和外部空间直接接触的界面，以及其展现出来的形象和构成方式。①位于丹麦布雷达附近的POPSTAGE MEZZ音乐厅犹如外形不对称的有机生物，建筑的骨骼是覆盖了四英寸厚现浇水泥的钢筋混凝土结构，胶合板等隔声、绝缘材料附着于壳体内层。铜板覆盖11000平方英尺的建筑表面，铜板表皮的连接处留有整齐排列的缝隙，使充满未来感和雕塑特征的有机外形呈现清晰的结构线。履带式的构造使人想起软体动物和腔肠动物，一些稍大的开口就像生物的呼吸器官。建筑的出入口嵌在金属外壳中，形似生物的口部（图2-14）。人造表皮材料与生物肌肤在有机形式上的相似性逐步显露：自然生命体与现象可以还原为众多技术，反之技术可以模拟出有机生命体的复杂功能。就像生物皮肤一样，设计物的表皮在生命体和非生命体之间，以及身体和产品之间发挥作用。

向生物的行为方式学习，可以模拟其活动过程开发相应的建筑技术。②人类的许多早期建造行为可看作是对身体皮肤这种天然保护膜所作的机能延展。皮肤像袋子一样约束身体的器官和组织，并且反映由结构和运动带来的形体变化，它是最能承受外力和变形的人体组织，这些特征使建筑师很自然地将建筑的表层构造与皮肤的机能联系起来。科幻小说中有着复杂机械、电子装置的人机杂交生物体提醒我们，人类自身原本就是一种受控机体。技术发达的今天，通信设备、家用电器、交通工具以及各种环境装置发展了这一受控机体的组成与功能。从合成材料到数控成型表皮，由生命中转化而来的技术演绎出自然的秩序和魅力。与产品一样，建筑的僵硬表面开始出现如同生物表皮一般的弯

---

① ②　俞天琦，梅洪元，费腾. 生态建筑的表皮软化研究[J]. 工业建筑，2010，40（10）：37-40.

曲、变形、褶皱、开合、呼吸、发光，体现出信息交互和能量交换的"生命特征"和对环境的可适应性。巴西建筑师马里克·高根设计的里约热内卢阿拉拉斯BR别墅占地700多平方米，这栋两层建筑的表皮由混凝土、合金、铝材、玻璃和木材构成。二层空间有4个套间和起居室，是主要的活动区。为了使二层空间具有灵活的功能以适应不同的使用需求，立面安装了由狭长木条构成的活动表皮。木质活动表皮可以根据需要自由开合，当它们完全开启时，二层套间变成了完全敞开的露天阳台；当夜幕降临，合拢的表皮成为半透明的"肌肤"（图2-15）。BR别墅的立面形态不是固定的，立面装置可以像皮肤一样皱缩和展平，具备调节功能的建筑表皮与外部气候和自然环境之间形成交互。

图2-14　POPSTAGE MEZZ音乐厅
Fig.2-14　POPSTAGE MEZZ music hall

图2-15　自由开合的活动表皮，BR别墅
Fig.2-15　Free opening and closing movable
skin, BR villa

　　表皮角质化形成哺乳动物特有的被毛（hair）。被毛、鳞等皮肤衍生物对生命活动具有重要作用，是表皮的重要组成部分。除了起到保温、防护、感觉与显示第二性征作用的普通毛发，一些动物的被毛还能特化成棘刺（如豪猪、刺猬的棘刺）和角（如犀牛角），从而增强表皮的防护和攻击能力。蝴蝶羽翼上的粉末状鳞片可以自如地张开与闭合，用以阻挡过强的阳光和调节体表温度。鳞片不但是维持大多数鱼类体形的外骨骼，还通过反射、折射光线模拟水面闪动的波光以迷惑捕食者。鳞能保护蜥蜴等爬行动物的身体，抵御敌害，防止体内水分过度蒸发。在蛇爬行时，它能像坦克履带一样运载身体向前运动。响尾蛇能通过摇晃由蜕皮形成的尾部角质环发出声响以吸引猎物。从爬行动物进化而来的鸟类在足部残留着鳞片，体表还具有多种从表皮衍生出的角质物：有防水、保温和飞翔功能的羽毛，以及用来防卫和捕食的爪、喙。就如功能各异的皮肤衍生物，一些添加于外部的功能性设施因其不

可替代的特殊作用而被视作建筑表皮的有机组成。例如希思瑞克在上海世博会英国馆表面施加了蒲公英绒毛般的亚克力杆件，表皮的最外层由60588根富有弹性的"绒毛"组成，顶端嵌有6000多种植物种子的透明"绒毛"在白天将自然光导入室内。随风摆动的巨大"蒲公英"俨然是种子的殿堂，表达了"将自然融入城市"的理念。夜晚自带光源的亚克力杆在计算机程序的控制下变幻色彩和亮度，连成一片的光斑使建筑表皮仿佛在蠕动和呼吸。再如西班牙馆在金属和玻璃幕墙表皮之外附加了藤条挂板（图2-16）。鳞片状的藤条挂板紧贴场馆的结构弧线，使人联想起西班牙骑士堂·吉诃德的古老盔甲。作为钢结构钛锌板和玻璃幕墙立面外部的功能性衍生构造，篮子造型的柳编表皮不仅具有遮阳降温的作用，还以粗犷的肌理和天然的质感隐喻了西班牙民族豪放不羁的气质。上海世博会中国国家电网馆入口主立面挂满风铃式的PC板感应片（图2-17）。悬浮于刚性结构之上的银色"鳞片"能轻柔地随风荡漾，白天犹如波光粼粼的水面，夜晚透出内层明亮清晰的LED影像。作为立面主体构造的衍生装置，这层"鳞片"赋予国家电网馆"流动"的外观，使建筑形象契合"电"的无形特征和非物质性。萨米宁设计的位于太湖之滨的无锡大剧院拥有类似的表皮衍生构造：

图2-16   上海世博会西班牙馆
Fig.2-16   Spain Pavilion at the Shanghai World Expo

图2-17   上海世博会中国国家电网馆入口主立面
Fig.2-17   The main entrance façade of State Grid Pavilion
at the Shanghai World Expo

8片巨大的遮阳板犹如展开的羽翼形成对主体建筑的庇护（图2-18）。独立于立面和顶面之外的表皮衍生构造不仅能有效调节建筑表面温度和降低能耗，而且使表皮形态呈现为灵动的仿生造型。通过高科技手段附加于外立面的功能性衍生组织，使建筑表皮朝向智能化的方向发展。正在设计研发中的MediaBIOSe系统以提高建筑表皮的节能与环保功效为目标，包含翻转装置的百叶板模块根据立面网格排列，构成能够自动调节角度的遮阳系统。百叶板的两面具有不同的功能：白天安装光电池的一面朝外收集太阳能；夜晚含有LED灯管的一面朝外展现彩色的影像和图文。MediaBIOSe系统是一种通

图2-18　无锡大剧院
Fig.2-18　Wuxi Grand Theatre

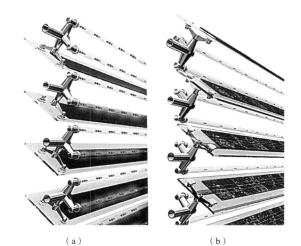

（a）　　　　　　　　　　（b）
图2-19　MediaBIOSe系统的百叶模块
（a）LED灯管朝外的状态　　　（b）光电池板朝外的状态
Fig.2-19　Shutter module of MediaBIOSe system,
（a）LED lamp outward　　　（b）Photocell plate outward

用的、相对独立的表皮衍生装置，可以添加于各种建筑物的立面。它兼顾业主和广告商的利益，拓展了建筑表皮的功能，使节能环保的建筑表皮同时成为绚丽多彩的都市荧屏（图2-19）。

　　皮肤可以变化自身状态以应对环境：变硬是对外物摩擦的反应，变厚是为了向运动中的骨骼和关节提供具有缓冲作用的填充物质，竖起汗毛是对寒冷的应激反应，眼皮的透光性能成为自然苏醒过程中的关键条件。类似的，建筑表皮也可以在主体构造和外部环境之间发挥其应变机能。研究生命体的感知、调整、控制等功能原理将其应用于建筑表皮，可以使建筑更好地顺应自然环境。勒·柯布西耶利用屋顶平台和百叶窗，使建筑表面适应不同季节的气候。这些

附加物被认为是大楼外部结构的一部分。一些构件比如遮阳百叶窗虽然在构造上具有独立性，但它们在表皮整体中是一系列各司其职的功能模块和难以剥离的"肌体组织"。阿联酋阿布扎比投资局总部大楼顶面的表皮结构分为三层，外层是抗辐射涂膜双层玻璃，内层是单层玻璃，中间为百叶装置。可以自由调节的微孔百叶在中央管理系统的遥控下由太阳能驱动，百叶的状态根据阳光入射角度调整。当阳光直射时，多层玻璃和关闭的百叶遮阳系统能有效降低u值，大大减少建筑的制冷能耗；开启的百叶在晨暮提供良好的自然采光。内外层表皮之间的空腔兼有通风功能，如同皮肤借助于汗液蒸发给身体降温，多层表皮通过从底部吸入凉爽空气降低立面对内部空间的热辐射。

如果说传统意义上的空间更多是指一种身体运动发生所在的物质性"容器"的话，那么当代建筑师则认为空间已经成为一个和其中所发生的运动或事件互动关联的"有机体"。[1]借助于哲学家基尔·德勒兹（Gilles Deleuze）的摺叠概念，林恩提出建立起个体与环境之间的平滑关系，主张建筑形式是其界面在参与事件和应对环境过程中的自然流露。这一界面即是表皮，它在与事件和环境发生关系的过程中需呈现积极应变的主体性。位于荷兰乌德勒支的WOS8换热站，用于收集一公里以外UNA N.V.能源公司大型电厂冷却水产生的巨大热能。建筑师突破工业建筑的一般模式，采用了一个类似于包装的构造，平滑的表皮包裹了热交换机形成一个紧凑、友好的公共广场。这个突破的关键之处是外层的聚氨酯薄膜表皮，这种以喷枪或油漆滚筒施工的简易材料最初用于覆盖屋顶停车场。它坚固、柔韧、防水、美观，拥有很好的化学稳定性，不会污染土壤和地下水。WOS8换热站的无缝聚氨酯表皮在消减内部机件热量和噪声的同时创建了一个"包裹机器的广场"，以一个类似于皮肤的、具有温暖质感的柔性界面，在建筑物和环境之间建立了平滑关系（图2-20）。无论是与手接触的物品还是包围身体的建筑，其平滑的外表都有利于消除技术带来的恐惧。[2]被设计的器具和空间充斥于现代社会这个迅速变幻的竞技场，设计物时刻反映和塑造着世界。它一方面依靠技术和商业进行机械复制，另一方面通过对表层的塑造迎合社会文化所提供的价值取向。表皮的认知属性由此趋于复杂多变，它在定义和描述建筑与外界关系方面显得越来越主动。

---

① 施国平. 动态建筑——多元时代的一种新型设计方向[J]. 时代建筑，2005（6）：126-132.
② Ellen Lupton. Skin [M]. London: Smithsonian Institution，2002: 63-64.

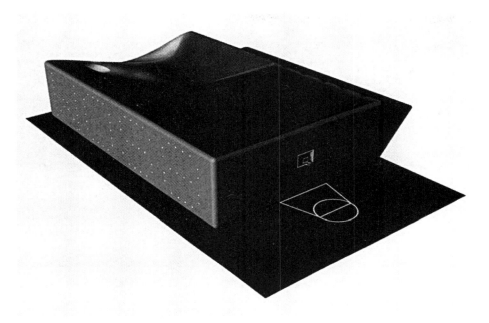

图2-20　WOS8换热站的聚氨酯薄膜表皮

Fig.2-20　Polyurethane film surface of WOS8 heat exchange station

　　建筑师杰格·林恩（Greg Lynn）提出"有生命的形式"理念——包括表皮在内的建筑形式是由建筑的封套和它所处的文脉相互作用的结果。表皮是一种"表演的封套"，应根据时间和事件的进展发生变化而非固定形态。波浪一般的曲面表皮在纽约Eyebeam艺术科技博物馆大楼入口构成一个具有现代雕塑特征的巨大电子屏幕。林恩预言，该建筑的表面将比其内部更有价值，表皮使整栋建筑成为令人瞩目的传播媒介。大楼外立面形成起伏较大的褶皱，褶皱所形成的空间容纳了博物馆入口通道（图2-21）。洛杉矶日落大道上的一家高端服装商店Lord's以连续的玻璃幕墙体系完成了对外立面的包裹，一系列贯穿大楼前后的渗透着摺叠曲面的玻璃箱体形成宝石一样晶莹剔透的靓丽外观，内部展示空间的摺叠形式反映到建筑外立面的造型变化中。在商业建筑中，玻璃幕墙表皮的叙述内容可以包括内部的商品、顾客、钢或混凝土骨架、立面填充物以及各种静态、动态的显像装置。玻璃幕墙不但可以显示或隐藏建筑的内部空间，而且可以折射外界环境中的场景与事件，成为与所处文脉积极互动的"表演的封套"（图2-22）。

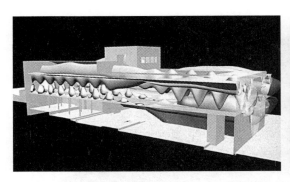
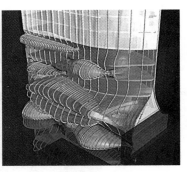

图2-21　穿透着摺叠曲面的玻璃表皮，Lord's服装商店
Fig.2-21　Glass skin Interspersed with folding surface, Lord 's clothing store

图2-22　起伏的表皮，纽约Eyebeam艺术科技博物馆入口立面
Fig.2-22　Undulating skin, the entrance façade of Eyebeam Museum of art and technology

　　纽约国家自然历史博物馆爬虫学家拉克斯沃斯发现，雄性变色龙在向入侵者宣示领地时表皮会发亮，而雌性变色龙在拒绝异性求偶时表皮会变暗并出现红色斑点。他指出，除了通过模仿环境色保护自身，变色龙变幻皮肤颜色的另一个重要目的是向同类传达信息。变色龙皮肤表层内的多层色素细胞在神经调控机制的作用下产生交融与变换，从而改变体表颜色。许多动、植物具备利用表皮传达信息的能力，当代建筑的媒体化表皮正通过技术手段模拟类似的应变和通信机能。在表皮界面实现高效而生动的信息传播成为建筑学前沿探索的一个重要方向。慕尼黑安联球场的媒体化膜结构表皮实现了智能化的信息交互功能，赫尔佐格和德梅隆通过红、白、蓝等色彩的动态组合使参赛球队信息在表皮界面一目了然。色彩暗示使慕尼黑1860队和拜仁慕尼黑队这两家本地的甲级俱乐部能在安联球场轻松地感受到主场球队的身份感。经过程序控制，2160组内藏式发光装置使42000平方米的弧形环状充气膜表皮以光和色的变化巧妙地传达比赛信息。光的色彩变化和运动节奏反映赛况，观众的心情跟随高亮光束的穿梭和巨型光环的闪烁而悸动、沸腾。安联球场立面的外部观感是其内部事件的真实反映，其建筑表皮具有根据信息内容随时调整表情的应变能力（图2-23）。The GreenEyl + Sengewald设计了具有交互和描述特性的"光圈"表皮系统原型Aperture Facade。含有快门叶片的光圈在建筑立面组成矩阵，光圈犹如瞳孔一般根据光的刺激放大、缩小，即时捕捉和呈现建筑内部人员的活动。光圈的开合使表皮外部形成动态影像。假如内部长时间没有人员活动，系统自

动回放一段时间内的视像记录。通过智能化交互系统，人的活动以黑白像素图的形式呈现于表皮界面，视觉信息由此从建筑内部传送到建筑外部。善变的表皮成为内外空间的信息界面，而光圈成为整体图像中的像素，犹如变色龙皮肤中的色素细胞（图2-24）。

图2-23　安联球场
Fig.2-23　The Allianz Arena

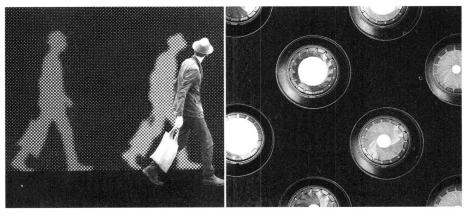

图2-24　"光圈"立面系统
Fig.2-24　Aperture Facade system

无论是东方的雕梁画栋、影壁窗棂还是西方的浮雕壁画、彩玻马赛克，传统建筑表皮的作用主要是被动地装饰美化。现代建筑表皮极大地拓展了自身的建构意义和认知内涵：许多新型表皮能通过自身的调节机制应对外界环境变化；透明、软硬、轻重等材料属性变得更加灵活、可控；被嵌入数字网络和机械系统的表皮组织日益智能化；计算机软件支持下的设计与建造技术使表皮呈现复杂的摺叠、翘曲直至完全突破传统承重结构的束缚。现代建筑表皮不仅是指表面材料，还指更复杂的建筑与环境接触的部分。[①]表皮在传统模式中的僵化形式和被动身份业已发生改变,它从外部赋予当代建筑前所未有的复杂功能和丰富体验，强化其有机特征。现代建筑表皮虽然仍以工业化方式建造，但全新的观念和技术已使它获得了类似于生命体的特征和活力。它使建筑师集中精力于整体结构，不仅是从技术的角度而且是考虑使用建筑的人的所有活动和感觉。[②]

2.2   现代建筑表皮的基本职能

现代建筑表皮从承重中独立出来，以灵活的形式围护和隔断空间，形成相对独立的表层构造。表皮担负着多样化的功能。随着人们对建筑功能要求的提高，现代建筑表皮日益发展成为综合性的功能界面，表皮还是审美的对象和信息的载体。在景观社会和视觉文化背景中，现代建筑表皮被用作传达情感体验和表现审美意象的视觉界面。

2.2.1   相对独立的表层构造

生物表皮因在功能和构造上明显区别于肌体和骨架而具有相对独立性，建筑表皮有着类似的特点。建筑的表皮概念是在其表层构造走向独立的过程中逐步形成的。森佩尔在1851年出版的《建筑四元素》一书中，将原始居所的构成要素归纳为土方基础、火塘、屋顶、围护。用植物材料编织、覆盖而成的围护即为最初的建筑表皮。从原始的枝叶、挂毯、灰泥发展到较为精细

①   海鲁尔. 自然、建筑和外表：生态建筑设计[M]. 武汉：华中科技大学出版社，2009：15.
②   Zevi, Bruno. Towards an Organic Architecture[M]. London: Faber & Faber, 1947: 75-76.

的彩绘、雕刻，墙体表面始终具有衣饰般的覆层。森佩尔的"衣饰"理论认
为，建筑表皮在原始时期就发生了从单一空间围护结构到包含覆层的复合墙
体的转换。这一转换赋予建筑表皮精神表现与物质本体两方面的属性。直接
影响空间建构的是围护的覆层（即"衣饰"），而非其后的支撑墙体。从森佩
尔的研究中可以发现，依附于表皮实体的独立的、抽象的"面性"才是生成
建筑空间的真正原因。

　　阿尔伯蒂的"二元论"为我们理解古典时期建筑表面的构造特征提供了
启示。他认为建造首先是"裸身"的，而后再披上装饰性的外衣。表皮处于
从属地位，是结构的结果。它以"派生物"的方式表现出与结构"主角"的
身份差异。这种表层与结构两分的构造形式在哥特建筑和巴洛克建筑立面中
表现得尤为明显。古典建筑立面虽然拥有专门的装饰层，但并不具备独立的
表皮。通常以雕刻、线脚形式出现的饰面虽然具有一定厚度，但仍然属于由
内部结构支撑的覆盖物，它们与"裸身"的基底具有一种分而不离的关系。
由于古典时期技术、材料的限制，以装饰为目的的表层构造厚重而封闭，它
必须直接附着于承重体而无法在空间上与结构上的得到彻底解放。英国伦敦
圣保罗大教堂穹顶体现了建筑师对独立表皮的早期探索。穹顶内部两层仍为
传统的拱券砌筑结构，顶部采光亭的荷载由连接这两层穹面的桶状墙体承
担。由骨架券转化而来的支撑体系更加稳固、轻盈，一层铅皮包裹在其外部
形成轻型的独立表皮。18世纪，具有典型帝国风格的玛德琳宫的穹顶已经是
以铸铁骨架为支撑构件的、脱离于砌体构造的曲面屋顶。19世纪上半叶，金
属构件与玻璃的结合加速了表皮与结构的分离。1851年万国博览会水晶宫的
钢框架玻璃立面和拱顶已是现代意义上的建筑表皮。建筑借助于工业技术拓
展空间功能，趋向于更高、更宽、更轻。与伦敦水晶宫一样，格罗皮乌斯于
1911年设计建造的法古斯工厂和德意志制造联盟大楼以轻薄的表皮替代厚重
的墙体。密斯在此基础上提出"皮包骨"的结构，使钢构玻璃幕墙成为脱离
建筑主体结构的"皮肤"。

　　直到巴洛克时代，砌体承重结构都是围合空间的主要手段，而巴洛克以后
的建筑就开始大大减少墙体厚度，最终转变为轻盈剔透的现代形式。帕克斯顿
曾经将水晶宫形容为一张覆盖着台布的桌子，而爱德华·福特（Edward Ford）
则将这一发展概括为建筑的整一性（the monolithic）让位于层状织理（layed
fabric）的过程，其中尤其以19世纪最后25年和20世纪最初20年的一段时期为

盛①。从19世纪末开始，建筑的表层构造开始从结构中分离。20世纪初的科技发展使现代建筑表皮构造进一步走向独立，显现出与古典时期的本质差异。表皮借助工业化的技术、材料和建造工艺摆脱了承重功能的束缚，突破重力主导的传统构造模式获得了自身的形式逻辑。随着古典正立面的取消，表皮以连续、自由的延展完成对结构的围护和空间的营造，显现出与结构若即若离的独立姿态。倡导功能理性的早期现代主义建筑师普遍认为，外表应由功能和构造自然生成，表皮需要淡化以消除外观对功能和构造的干扰。早期现代主义在强调"空间"和"功能"的同时，将"表现"和"外观"剥离在外。这一剥离客观上使表皮从结构中分立出来，并逐渐发展为一个不可替代的、相对独立的建造环节。在密斯设计的1929年巴塞罗那博览会德国馆中，十字形承重钢柱使表皮完全从结构中解脱，成为具有自身构成规则的空间界面。在赖特、阿尔托等现代主义大师的作品中，表皮显现出与结构截然不同的建构意义。柯布西耶同样注意到了表皮的独立价值并将之纳入理论思考。他在《走向新建筑》中将表皮（surface）与体量（mass）、平面（plan）一起确立为建筑的三大基本要素。柯布西耶强调，表皮不能因为自身利益而把体块吃掉。现代主义早期，以空间营造为目的的建筑表皮仍有一定的从属性，但它在技术上和构造上已颇为独立。现代建筑有独立的外壳，外壳被用来填充各种内容，结构、设备、电器和管线被遮盖在内部②。

对建筑内涵丰富性的当代探索使表皮的独立价值不断显现。后现代主义摈弃密斯"少就是多"的格言，认为"少"使人厌烦，主张建筑向大众的、世俗的情趣开放。重现古典符号和装饰元素的表皮不再是承重体的派生物，也不是对功能和空间的简单包裹，而成为利用现代技术在大众文化语境中自由表达历史文脉和人文精神的舞台。作为后现代建筑展现其风格和传达象征意义的外衣，表皮无需依附于结构。经由后现代主义的解构，表皮可以游离在建筑功能之外，在呈现建筑复杂性方面独立地发挥建构作用。

在现代工业文明经过二战后的发展到达巅峰之际，以计算机互联网技术为特征的信息革命成为继伟大的农业革命和工业革命之后影响人类社会形态的第三次浪潮。潮头所到之处，一切为之改观。它催生了以多样化为基础的

---

① Edward Ford. The Details of Moden Architecture [M]. Cambridge: MIT Press, 1990: 351-352.
② Gregory Turner. Construction Economics and Building Design: A Historical Approsch [M].New York:Van Nostrand Reinhold, 1986: 34-35.

全新生活方式和迥异于传统流水线的生产方式。资本以智能化的无形之物为基础，财富源于创见和信息。第三次浪潮中的机器是智能化的。从外部环境吸收信息的传感器能观察变化，从而相应地调节机器运行①。当代建筑同样呈现出向智能灵活技术的转变。建筑的价值观、审美观以及时空和逻辑问题由此进入了全新的范式，建筑成为承载丰富社会生活和演绎多元文化的复杂系统。作为这一复杂系统的表层构造，当代建筑表皮能够感知外部信息并通过调节自身对周围环境变化作出应对，独立自主地发挥其界面效应。虚拟技术和数字化建造使表皮的形状与材料不再受制于空间结构的束缚。表皮形态空前自由和独立，同时呈现多元复杂的局面。由于能直接传达真切的感受，表皮在各种媒介中代表建筑全貌。以图像为主导的信息传媒放大了表皮在建筑感知中的独立作用。面对雷诺汽车展览中心这样的流体形态，可以深切地感受到表皮超越了空间、功能独自成为景象社会中的关注焦点，而它与空间、功能的严格对应关系也不复存在。

2.2.2　综合性的功能界面

　　柯布西耶将房屋看作"居住的机器"。现代城市就像一个巨大的、忙忙碌碌的码头。建筑就像一台台大型机械。电梯不再需要像虫子似的躲在墙里，而要像一条条玻璃和铁制成的蛇那样地盘旋在立面上。水泥、铁和玻璃的房子没有雕刻和涂料的装饰，仅仅依靠自己的线条和形体而富有内在的美，从其机械般的简单性中显出特别的粗野性。②机器工业时代的建筑推崇能动的、功能性的构造和工业化组件的应用。现代建筑表皮由此发展为具备可适应性和可调节性的功能界面。"新陈代谢论"代表人物黑川纪章在其著作《从机器原理时代到生命原理时代》中指出，作为一种功能性、服务性、过程性的人造物，建筑和城市一样始终处于发展变化之中。因此其结构必须是开放的，必须对功能需求和技术条件的变化作出积极响应。他在《从新陈代谢到共生》一文中强调，建筑需要面对机器时代的挑战强调生命形式。美国建筑师巴克敏斯特·富勒于1927年用工业化组件设计建造出戴梅森住宅。"戴梅森发明"

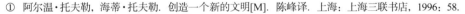

① 阿尔温·托夫勒，海蒂·托夫勒. 创造一个新的文明[M]. 陈峰译. 上海：上海三联书店，1996：58.
② Banham，Reyner.Theory and Design in the First Machine Age[M]. New York: Praeger，1960：104.

Cognitive Approach and Construction Method of Modern Architectural Skin

　　的意义是"用最小的能源输入实现最大的受益"。①他利用轻钢结构设计的维契塔样板住宅于1946年在比奇飞机公司的装配线上被当作样品批量生产。富勒的实验性建筑已接近工业产品，其表皮构造显露出仅关注功能需求的"非文化"品质。活跃于20世纪六七十年代的"建筑电信派"（Archigram）受到当时航空科技发展的激励和启发，发展出许多富有想象力的建筑构想，从功能创新的角度突破现代主义的僵化教条。罗杰斯与皮亚诺设计的巴黎蓬皮杜艺术与文化中心体现了"建筑电信派"的思想。钢结构、楼梯、雨篷、支架、通风管道、空调等服务设施和功能组件不加修饰地暴露于立面，使建筑表皮成为纯粹的功能界面（图2-25）。

　　建筑表皮不但是围护空间的实体构造，而且是在生理、心理层面保障良好建筑体验、舒适度和活动便利性的功能性组织。面对自然环境中阳光、降水、空气与风的作用，建筑会产生保温、散热、采光、防水、通风等方面的

图2-25　蓬皮杜艺术中心
Fig.2-25　Pompidou Center for the Performing Arts

---

① K·弗兰姆普顿. 20世纪建筑学的演变：一个概要陈述[M]. 张钦楠译. 北京：中国建筑工业出版社，2007：125.

要求。表皮不但能削减和控制自然力的影响，而且还在调节建筑内外空间物质、能量交换、有效利用被动能源方面发挥重要作用。通过开合方式的设定，保温隔热系统构件与通风系统构件一方面以较低的能耗维持建筑内部热量，另一方面尽可能促成空气的自然流动以改善其质量。根据各地气候、季节和太阳高度的不同，遮阳系统构件与采光系统构件以固定或活动的构造，采用透明、半透明或不透明的材料调节光线强度，同时控制表皮辐射热量的摄入和建筑内外的视觉流通。

工业经济与消费的高速发展使能源、资源与环境问题日益严重。过度消耗能源导致的温室气体效应使全球气候迅速变暖。罗马俱乐部于1973年发布的《增长的极限》和美国生物学家卡尔逊1962年所著《寂静的春天》揭示了自然生态被严重破坏后人类所面临的灾难性危机。1972年斯德哥尔摩人类环境宣言的发表和1987年"可持续发展"被写入联合国环境法，反映出国际社会对全球资源环境危机的重视。面对这一危机，当代建筑师积极探索可持续发展设计的理念和方法，以求在完善建筑各项功能的同时做到减少污染和降低资源、能源的消耗。风格迥异、流派纷呈的当代建筑虽然日益开放多元，但各国实力派建筑师在设计建造中均以各种形式不同程度地体现绿色生态理念。表皮是内外空间能量与物质交换的媒介。功能性的表皮建构对生态建筑具有特殊意义。当代建筑需要兼顾舒适程度和生态效应引入最新的技术、材料和工艺来完善其功能。在表皮界面可以实现的具有生态意义的功能包括：为满足人体舒适及健康的要求而自动调节适宜的室内温度和湿度；为减少人工照明能耗而尽可能获得自然采光；为减少空调能耗而充分利用自然通风和遮阳系统；借助太阳能光伏电板等装置积极转化被动能源等。

20世纪60年代，西方的"技术乐观主义"思想受到"阿波罗"登月计划等一系列现代科技成果的激励而发展到顶峰。在斯坦斯梯机场的树状钢管立面和香港汇丰银行的超尺度钢构架立面中，"高技派"的代表人物诺曼·福斯特（Norman Foster）将建筑表皮与功能性的立面构造完美融合。随着能源、资源和环境危机的加剧，新一代"高技派"建筑师不再盲目炫耀工业成就，而将建筑的生态效应和自我调节的灵活性作为新的关注点。他们对立面和表皮的处理超越了对先进工艺技术特征的形式表现，转向以现代化的结构和先进的设备朝"可持续发展"和"绿色建造"的目标拓展建筑的全新功能。通过与表皮界面的整合，先进的工艺构造和技术设备在营造宜人、健康的建筑微气候和节能减排方面发挥重要作用。不光是"高技派"，当代其他建筑风格的表皮构造均普遍地超越浅层的形式表现而担负起"应变"和"调节"的功能使命。具备"高技术"特征的当代建筑表皮结合各地区气候条件，利用大跨度轻型结构、太阳能光电板、透明绝缘材料、自动采光系统、自动遮阳系统、自动通风系统、多层空腔等技术，形成有能效改良建筑微气候和生态环境的综合性功能界面。

2.2.3　表现性的视觉界面

人类建造活动始终体现出对单纯居住功能的超越和视觉层面的自由构想。大卫·勒斯巴勒（David Leatherbarrow）和莫森·穆斯塔法（Motion Mostafa）在2002年出版的《表皮建筑学》中指出，建筑中始终存在"结构"与"表现"、"功能"与"外观"之间的内外对应关系。原始人和古埃及的壁画、雕刻证明，建筑的表层自从诞生以来就是人类展现视觉信息的重要媒介。古典时期，宗教和世俗主题的装饰大量出现在从古希腊罗马到巴洛克古典主义时期的建筑立面中。文艺复兴时期的立面雕刻，拜占庭建筑的马赛克拼贴，哥特式教堂的彩玻、窗棂表明，建筑的文化功能很大程度上依赖于其外露的视觉界面——表皮。通过对传统装饰精神的重温，工艺美术运动、新艺术运动和新古典主义利用表层提升建筑的视觉品质。即便在摈弃装饰的工业化时代，建筑也通过其外部构造表现出符合当时审美心理的、以抽象构成和功能理性为特征的视觉秩序。密斯虽然主张通过抛弃传统和否定形式来实现建筑的工业化，但"少就是多"的理念最终还是赋予表皮一种视觉性极强的"极简"形式。现代主义建筑排斥的仅是视觉形式中的烦琐、矫饰的部分而非视觉形式本身。表皮界面的视觉性在此期间不但没有被削弱，而且因为形式的提炼和集中得到加强。文丘里将杂糅的视觉元素看作建筑表皮的有机组成，从表层的视觉界面入手拓展了建筑的社会功能和文化内涵，还原了建筑的复杂性和矛盾性。许多后现代建筑采用碎片式的、偶然的图像拼贴，以及象征和隐喻的视觉语言对消费社会的大众文化作出响应。现代社会进入视觉文化阶段之后，视觉体验固有的欲望法则促使原本就蕴含美学意义的建筑表皮进一步向能充分发挥审美效应的视觉界面演化。建筑从来就不是面无表情的物质存在，当代建筑更是需要通过表皮这一视觉界面提供全方位的信息交流和情感体验。

　　学术界普遍将人类文化的演进宏观地划分为三个阶段：以口耳为载体的口语文化阶段、以文字为载体的印刷文化阶段和以图像为载体的视觉文化阶段。根据麦克卢汉等西方学者的研究，15世纪西方开始引进和发展印刷术之前的人类文化属于口语文化。这一早期文化形态以人的身体作为载体，采取最为直接的"口耳相传"的交流方式。"口耳相传"属于典型的"窄播"，具有浓重的主观色彩。它虽然形象鲜明，但流于概念化，信息传播的准确度和客观性都很差。储存信息的主要载体是人脑，人们通过博闻强记来感受和传播较为原始、单纯的信息。口语文化所围绕的中心故事文本由少数人才能读懂的手写文字构成，其价值核心是伦理。只有经过少数具备读写能力的牧师、教士等精神官僚的解释后，大众才能领会其内涵。15世纪以后，印刷术的普及推动了科学观念和文化领域的变革，主要的信息传播媒介由口语转变为能够批量复制的印刷文字。印刷术使信息传播突破了实时性、私人性、偶然性。它通过在人脑外部储存信息建立起一种更为客观、准确的间接交流方式，提高了信息传播的效率。人类文化在20世纪又经历了从印刷文化向视觉文化的转变。随着具象的、可感的画面重新成为信息载体，以印刷文字为主的间接交流逐渐被以图像为主的直接交流所替代。作为印刷文化主要载体的文字语言虽然比口语更为客观、准确，但用它所抽象出的概念仍然只具有十分局限的内涵。据统计，在所有可以感知的信息中，文字语言最多只能传达7%，其余93%的信息传达需要依靠动作、形象等非文字语言来完成。电子媒介所提供的由大量图像、符号构成的视觉体验带来了崇尚"超理性"的视觉文化，它既不被动地反映特定理念和服务于权威价值观，也不局限于呈现客观真实，而成为一种可以制造和输出审美观感的现代工业。通过对视觉机能的全面开发，视觉文化使描述信息和感知意义的过程重新回到人本身。

　　海德格尔认为，人类社会从20世纪二三十年代开始开始进入"世界图像时代"。当今世界正被"把握为图像"。美国视觉文化理论家尼古拉·米尔佐夫（Nicholas Mizoeff）将视觉文化看作研究后现代生活谱系的重要策略。视觉不仅能在最基本的感知层面建立个体与对象之间的联系，而且还能使认知过程打上社会心理和文化属性的烙印：贡布里奇指出观看行为是视觉有选择的"主动的投射"；阿恩海姆证明了视知觉是包含了组织、推理、完形的"解悟过程"；福柯发现"权力的眼睛"，将视觉看作权力意志对社会施加影响和控制的手段；梅洛·庞蒂的"自我投射"理论揭示出图像意义中所包含的认知主体的文化身份。看的能力就是一种知识的功能，或是一种概念的功能，亦即一种词语的功能，它可以有效地命名可见之物，也可以说是感知的范式①。

通信和图像变成了都市环境的重要内容，界面（interface）成为传统的空间围护的替代品。②当代视觉文化从审美泛化、消费性、技术性三个方面促使建筑表皮向表现性的视觉界面转化。

2.2.3.1　审美化

在视听科技和媒体的催化下，观看状态所提供的精神动力使视觉文化获得极大的发展空间。视觉和图像在当代文化形态中占据了主导地位，它跨越艺术、传播和媒体的范畴，向经济、文化、生活、消费、娱乐、环境等领域全面渗透。视觉文化所提供的图像感知是瞬间的、直接的，因此被称为"短路符号系统"。它激活人类的右脑，使认知过程摆脱理性的、释义的负担，以生动的形象唤起丰富的感觉体验。这导致审美化、愉悦化的认知倾向：感性的"愉悦"开始取代理性的"判断力"，"过瘾"的享受开始取代"纯净"的感悟。当代视觉文化创造的视像与以往的审美对象具有不同的性质。审美和艺术的传统价值及权威性不复存在。在视觉文化环境中，艺术和审美逐渐向通俗化、大众化、社会化和生活化转变。丰富而生动的感知所带来的愉悦促使人们逐渐减弱或放弃长久以来对理性思想及抽象概念的依赖而转向追求直觉体验。面向视觉文化，当代建筑通过其外表的变化作出了积极应对。随着当代文化从理性主义走向非理性主义，建筑形象的价值取向也逐渐从"可读"演变为"可视"，从"理解"演变为"审美"。视觉文化带来的审美泛化导致了当代建筑形象的生成方式、作用方式、观照方式、认知方式、传播方式、评价方式的转型。越来越多的建筑表皮由此演变为满足审美需求的、具有丰富表情的时尚外衣。

较早提出"日常生活审美化"概念的德国哲学家威尔什指出，"日常生活审美化"首先反映在"表层的审美化"：从购物中心到咖啡馆，从办公室到居家生活，旨在使日常生活充满活力，服务于体验需求的表层装饰和美化成为普遍潮流。在这个文化环境中，设计师不再把艺术作为看作与世俗生活和公众相间隔的独立领域，而是设法促使艺术向人们日常活动的各个环节和现实环境的所有场景融合。随着物质生活质量的提高，人们对工作、生活、娱乐、休闲、

① Pierre Bourdieu. Distinction: A Social Critique of the Judgement of Taste[M]. Boston:Harvard University Press, 1984: 2-3.
② 冯路. 表皮的历史视野[J]. 建筑师，2004，110（8）：6-15.

Cognitive Approach and Construction Method of Modern Architectural Skin

文体、社交活动场所的审美诉求趋于强烈，并且努力追求审美趣味的多样化。"表层的审美化"正在将现实生活包装为一个"体验的世界"，其本质乃是满足内心对形式感的本原需求。通过文化产业和娱乐业法则的广泛运用，体验与娱乐成为当前文化的主导倾向，闲暇和体验的社会所需要的是不断扩张的节庆和热闹，而这一文化最为显著的审美价值就是浅表的愉悦。城市的审美化空前激发着视觉体验的欲望。利用表皮追求不断变化的漂亮外观，强调新奇多变的视觉快感已成为建筑体验的核心内容之一。赫尔佐格和德梅隆将时尚化的审美体验作为建筑思想发展的原动力。他们从流行音乐、时装、大众艺术中吸取材质、构造、肌理、色彩等方面的灵感并巧妙组织，别出心裁地建构出具备崭新美感与现代感的时尚表皮。水晶般玲珑剔透的衍射玻璃表皮使他们设计的东京PRADA旗舰店在灯光照射下宛如一件美轮美奂的艺术品，散发出时尚、浪漫、脱俗的气质。

　　通过审美层面的视觉建构，希思瑞克将一座老旧的13层混凝土办公楼改造成高价值的住宅楼——诺丁山住宅楼。设计师将围绕窗户的立面想象成长条形的"丝带"。它们通过起伏、穿插编织成篮子一般的表层结构。其中一些"丝带"抽出整体，成为阳台和花园。希思瑞克在保留混凝土框架结构的基础上建立了一个全新的表皮系统。这个系统不会与原有的立面结构（例如窗户配置）产生任何冲突。由波特兰石材覆盖的条状表皮组成了富于编织特征的、波浪起伏的建筑立面，减弱了建筑材料的坚硬感。虽然仍保持了矩形结构，但建筑借助于互相穿插、压合的"柔软"表皮获得了全新的审美趣味（图2-26）。

2.2.3.2　消费性

　　活跃的市场经济、发达的第三产业、充裕的商品生产、旺盛的消费需求和不断提高的消费水平表明一种新的社会形态——消费社会的到来。消费社会是工业化、都市化和市场经济的产物，同时与视觉文化密切关联。德波在其《景象社会》中指出，"景象即商品"。在景观社会中，视觉化的商品和消费成为经济、生活和文化活动的原动力和发展主线。随着财富的增长，消费者对商品的价值理解发生了变化：个别的用途被整体的意义所取代，文化成为商品的核心价值，商品逐渐从提供特定的使用价值转向满足基于内心幻觉的消费欲望。消费行为指向的并不一定是商品，它可以是一种文化、一种价值观或一条寻找或建构社会认同的途径。视觉形象因具有强有力的象征功能和符号表意功能而成

图2-26　诺丁山住宅楼
Fig.2-26　Notting Hill residential tower

为消费的主要内容。当代消费越来越注重文化和社会意义层面的交换价值和象征价值，而意义的产生和流通需要依靠视觉化的表意过程。

在以形象为基础的社会中，消费行为不再局限于传统的以交换行为展开的直接购物行为中，而是广泛地发生在各个领域和场所。在消费社会中，商场、娱乐中心、展览馆等都市建筑成为视觉表演的前台和勾引消费欲望的场所，观看成为一种消费行为。视觉消费的本质是体验式消费，消费对象需要超越生理、物理层面提供认同感和愉悦感，以视觉快感求得心理满足。"以形象为基础的经济"必然导致"以形象为基础的环境"。消费的快感不仅来自对商品的拥有，还依赖于观看过程和包括建筑在内的环境所提供的种种视觉体验和心理满足。以视觉为导向的消费不仅针对商品和服务本身，还包括对与之相关的其他视像的关注。建筑和琳琅满目的商品以及影视作品、旅游景观这样的纯粹视觉对象一起，成为视觉性的产品和视觉消费的对象。因此，对建筑表皮的视觉观照亦是一种消费价值的产生和流通。雷姆·库哈斯专门研究了消费对现代都市生活的影响。他在得出"消费现象已充斥了世界每个角落"的结论后指出："要理解当代设计师所做的事情，就必须先了解市场经济"。在他设计的纽约 SOHO PRADA 等项目中，视觉效应极强的表皮建构使建筑成为消费符号的散发的和传播载体。

2.2.3.3　技术性

景观社会需源源不断地提供丰富的、新鲜的图像以满足视觉消费和推动消费运转，这就推动了视觉形式的创新。虚拟技术给视觉文化带来全新的模拟（simulation）和仿像（simulacrum）。弗兰克·巴奥卡认为，虚拟技术展现了未来景观，改变了人类社会的交流方式和有关交流的思考方式。虚拟技术所提供的人造环境使视觉文化变得更为复杂。视觉文化平台依靠数字技术构筑而非传统的真实性原则。计算机技术通过混淆虚拟与现实否定了追求纯粹客观性的幻想。现实与想象世界的交叉融合使它们之间的界限越来越模糊。《数字化生存》一书指出，数字技术可以轻而易举地加工任何对象使之满足视觉的需要。在数字化的文化环境中，一切感觉都可以模拟，一切现象都可以被复制和重构。电子媒介包装的现实就像幻影般迷离，而高技术所描绘出的视觉景象又宛如真实。

波德里亚认为，在经历了近代的模仿阶段和生产阶段之后，当下的西方社会和文化已经进入了一个新的模拟阶段。这一阶段的文化特征是符号能指与所指的脱离，图像与现实无关。符号和图像为其自身而存在，按照自身的技术逻辑来表征。再现是对现实存在之物的表征，而模拟是臆造事实上并不存在的对象。与忠实客观对象的古典式模仿不同，模拟和仿像本质上是一种形象的自我复制和变异。今天，整个系统在不确定中摇摆，现实的一切均已被符号的超现实性和模拟的超现实性所吸纳。如今，控制着社会生活的不是现实原则，而是模拟原则[①]。随着景象社会中大量虚拟视像取代传统的再现性模仿描绘出未来的幻境，建筑也逐渐演化为呈现审美幻境的视觉载体。虚拟现实是一个去物质化的、流动的、轻盈的世界，它以可塑性和虚拟性赋予当代建筑及其表层构造"深层的审美化"特征。许多当代建筑已不再根据过去的样式来设定表皮形态，而是根据想象中的未来图景来描述它。数字化技术使当代建筑表皮演变为表现新奇仿像的视觉界面。

本章小结

现代技术使自然与人工之间的差别越来越小。在创造技术的同时，人自身已经变成一种受控机体，一种依靠科技不断加强其包被机能的现代物种。电影、产品和建筑中受生物肌体启发而产生的创造理念和设计方法加快了我们对自然规律的系统吸收。设计物可被看作身体和大脑机能的延伸。所有器物、建筑、环境的设计必定体现生命机能的基本逻辑。人体从出生开始就处于一个能够供给和控制食物、水、光、气候、危险警示和娱乐消遣的包被结构中。正如挪威建筑理论家克里斯琴·诺伯舒兹（Christian Norberg-schulz）在其《场所精神》一书中所说，任何包被都由边界所界定。界限并不是事物

---

① Mark Poster. Jean Baudrillard: Selected Writings [M]. Standford: Standford University Press, 1988: 137-138.

被停止的地方，而像希腊人所认识的，是事物由此开始存在的地方。^①数字技术已经可以生成与改变具备复杂功能和自由形态的包被结构，其过程犹如器官的生长和变异。"表皮化"成为一种全新的造物理念和流行的文化现象，它触及当代建筑和其他设计领域的观念变革与方法创新。表皮化标志着人改造自然、利用自然的程度和能力大大提升，人、自然、科技三者之间的关系变得更加紧密。

现代建筑表皮不但昭示建筑存在的意义，表明建造者的意图、立场和个性主张，还以其特有的传播效应促成社会信息的沟通与交流。表皮同时也反映建筑物同周边环境的关系，呈现它如何根据环境条件在空间的内外边界作出应对。这种建筑表皮携带信息的设计理念彻底打破了现代主义推崇的纯粹、统一、独立和静态的所谓"理想模式"，使当代建筑师在不断变化的社会文化背景中重新认识到生活中各片断、变异和非稳定要素之间的内在关系，并以一种更加关联、交互和动态的思路来探索当代建筑。^②顺畅的交互、自由的流动、平滑的连续、隐现的图像——表皮的这些印象折射出文化、商业和生活的当代特色。研究建筑表皮的认知途径和建构方法需关注其认知属性的重大变化：它不再是意味着限制和停滞的空间边界，而成为演绎全新功能与表达丰富内涵的舞台。它在定义和描述建筑与外界之间的关系方面显得越来越主动，在表达建造目的、身份归属、价值立场方面的能动性日益增强。表皮在现代建筑中担负着重要职能，它不仅是相对独立的表层构造，而且还是综合性的功能界面和表现性的视觉界面。

---

① David Farrell. Basic Writings from Being and Time[M]. New York: Harper & Row, 1977: 54.
② 王育林，王丽君. 从玻璃幕墙到媒介空间的建筑设计演进——论轻薄表皮建筑[J]. 辽宁工学院学报，2005，25（6）：166-169.

第3章　表皮语言的符号系统

　　如果建筑被看作语言，它就必须具有语言的结构。[①]认知是包含感觉、知觉、注意、推理、判断、记忆等一系列过程的复杂心理活动的。作为现代心理学的一个分支和认知科学的重要组成，认知心理学已经在以知觉、注意、判断、决策和语言为主要内容的纯智力活动研究基础上拓展出广阔的应用领域。认知心理学在描述心理活动过程、探索意象、信念、态度的产生和变化过程中体现出科学性和实用性，它能向表皮建构这一包含丰富心理内容的设计过程提供方法上的启示。符号系统的建立可以在建筑师的设计语言和受众认知之间架起意义的桥梁，使表皮建构更符合受众的认知特点和潜在需求。

3.1　表皮语言的符号系统

　　20世纪50年代以后，心理学开始从不同角度阐释"认知"概念。1979年，美国心理学家豪斯顿（Houston）等在《心理学导论》中分别从信息、符号、问题、思维和关联性活动五个方面提出对"认知"概念的解释。这些解释从不同方面揭示了"认知"行为的内在规律，对设计学领域的认知研究具有参照价值。本文将"信息加工"和"符号处理"作为建筑表皮认知研究的理论切入点。

　　态度、想法和行为都基于对外部信息的认知。1967年，奈赛尔（Neisser）在他的《认知心理学》（Cognitive Psychology）一书中将认知定义为：感觉输入的转换、增减、解释、贮存、恢复和使用等所有过程。感觉器官将以光能、声能等形式呈现的物理刺激转换成神经能或神经反应。经过选择和转换的刺激信息在更高级中枢神经系统的处理下形成对意义的解释并在大脑留下记忆。从奈赛尔对信息的定义中可以看出，认知是人对感觉的加工过程。这个过程与计算机处理信息的过程十分相似。感知觉从最初发生到最终促成行为和体验的过

---

① 邓位. 景观的感知：走向景观符号学[J]. 世界建筑，2006（7）：47-50.

程，本质上就是信息在人的感受器官和大脑中流动的过程。信息既包括那些来源于外部的能够引起个体心理反应的视觉、听觉、触觉等刺激样式，也包括产生于大脑的知识、经验、意识等精神内容。信息的内容是抽象的，但它在被接受和处理过程中需要获得一定的载体形式，这种载体形式就是符号。认知是在心里进行符号处理。①人类文明史也是创造符号的发展史，结绳记事是远古时期人类为了记录和传达信息通过创造某种特殊物象的形式建立的实物符号。随着技术和文明的发展，信息的载体——符号在形式上不断突破时空条件的限制，逐步走向复杂化和多元化。人类通过大量的建造活动创造了丰富的建筑符号。这些符号既记录了建筑个体的功能信息与技术信息，也呈现了所处时代的社会信息与文化信息，是认知与理解建筑语言的基本线索。

3.1.1　表皮语言要素的符号特征

Cognitive Approach and Construction Method of Modern Architectural Skin

西方哲学20世纪初发生了语言哲学转向，在此基础上的符号学以能指与所指间的关联研究为建筑的符号象征功能奠定了哲学基础，使建筑成为一种可供多重解读的表意符号。②随着20世纪中期后现代思潮的流行，当代建筑的价值诉求趋于复杂和多元。进入信息社会以来，一些具有特殊身份的大型公共建筑对历史文化、地方传统、技术特征、时尚体验和个性风格的表现诉求愈发强烈。从大量国际竞赛和重大项目的评选、中标结果来看，那些脱颖而出的方案无一例外地将表皮作为表现外在形式风格和传达建筑精神内涵的关键符号。随着当代建筑越来越多地夹杂进经济、文化、社会甚至政治的潜在因素，其存在意义和身份已经发生了改变。建筑不但要表现自身，而且还作为一种重要的景观元素参与社会生活与公共事件。"符号"是景观类语言体系中的基本单位。建筑对社会身份的强调促使表皮形态进一步走向符号化。现代建筑表皮成为一个内涵丰富、要素健全的符号系统（图3-1）。

符号形成于对特定形式的意义赋值。建筑师在创造表皮的整体形态和局部构造过程中使形式载体和内容意义相结合，构成能指和所指合二为一的象征物。这一过程有两个关键环节。首先是确立恰当的表皮意指。像其他语言一样，建筑语言的传达必然遵循特定的意向和目的。传达是一种针对"抽象意

① 乐国安，韩振华. 认知心理学[M]. 天津：南开大学出版社，2011（11）1.
② 郑少鹏. 时尚文化逻辑下的建筑观察[J]. 建筑论坛，2007（9）：77-80.

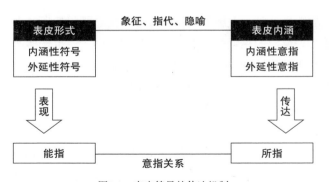

图3-1　表皮符号的传达机制

Fig.3-1　Communication system of skin symbol

"指"的授受行为。表皮符号的"抽象意指"来源于建筑的整体理念和自生的建构策略。表皮符号首先要完成建筑本体层面的意义传达，在这一层面，它既受到功能、空间等建造逻辑的制约，也受到其精神内涵等表现意图的驱使。

其次，是形成可感的表皮信文——表皮符号系统中的任何元素都需通过实体建造的形式得以显现。反映在实体建造中的结构、材料、技术等符号都是构成表皮信文的语言要素。

除了建筑本体意义的传达，表皮的符号功能还体现于广义的文化象征层面。表皮在用具体可感的实物信文传达信息意指（意义）的同时，还对建筑信息的发出者、观察者和他们所处的环境作出潜在定义。符号对信息的转译是以特定的语言规则为基础的，没有语言规则，转译就无法完成或出现错译。而语言规则是既存社会秩序和文化特征的重要部分。掌握它就是掌握一种意识形态、一种思维模式，乃至行为模式。所以表皮的符号价值还表现在它是能够反映某种语境或潜在价值观的超越个体信息传达的文化象征。建筑表皮在这一过程表现出语言的文化性，也即符号的文化性。例如古埃及神庙的柱饰就是一种具备文化象征功能的立面符号：柱头造型有棕榈树形、莲花形、纸莎草捆束形、花冠形以及倒钟形。柱头根据这些基本造型在图案、排列、密度方面自由变化。柱饰的造型词汇具有丰富的象征意义，承载着情感和精神的内涵，并与使用的场合及建筑的等级有关：棕榈树柱头象征上埃及；捆扎的纸莎草是古埃及人曾经使用过的立面支撑构件。使用石柱后，这种捆扎形式保留下来成为一种延续历史记忆的符号。包括建筑语言在内的社会综合语言环境决定表皮符号的文化属性，反之，不断生成的表皮符号也为综合语言环境增添新的文化内涵。

表皮符号的所指具有外延和内涵两方面的意义。外延性意义是指表皮符号明确传达的功能意义，这种意义是和建筑结构及表皮构造的客观规律相符合的，是稳定的和不受人的主观意志影响的。例如表皮上的某种具有活动功能的开口样式形成意指"窗"的符号表达。尽管窗的形式可以千变万化，但作为一种功能和基本形态相对固定的表皮构件，"窗"的概念是清晰的，可以在词典或建筑学中找到确切解释的。每种表皮符号都与实体构造相对应，因此，在表皮界面乃至建筑整体中都具有明确的功能含义和身份属性。任何与智力相关的活动都需要认知功能的支持，不论是一般行为、社会生活，还是情感、情绪活动，都在认知心理学的研究范围之内。[①]表皮符号的所指还包括不受符号规则的支配的、具有不确定性的内涵性意义。内涵性意义更多与表皮符号所关联的价值观、美学观、情感、趣味等主观因素有关。例如，奥古斯都·佩雷（Auguste Perret）将竖向落地长窗视为一种具有特殊文化内涵的窗户形式。在佩雷看来，法式落地窗向内开启的一对铰链门扇就是人类存在的见证。传统长窗融合室内外空间，在限定场所的同时形成竖向窗景，创造出视觉和想象的"领地"。[②]就如亨利·布莱斯勒（Henri Bresler）所言，它以绚丽多姿的方式折射出资产阶级文明世界的高贵典雅和彬彬有礼。窗这一极为平常的建构元素被建筑师赋予神圣的象征意义，成为一种人文精神的载体。再如丹尼尔·里伯斯金（Daniel Libeskind）设计的柏林犹太人纪念馆，通过"伤痕累累"的清水混凝土表皮表达了第二次世界大战时期犹太人遭受迫害的历史主题。窗户在这层特殊的表皮中表现得尤为突出。采光、通风的功能意义不言自明，此外，倾斜的细长窗显然意在利用经过特殊处理的符号形式表达某种与主题相关的深层内涵。细长窗不规则地嵌在冰冷的表皮中，它可以被想象成苍白肌体上划出的累累伤痕。但类似的充满情感色彩的意义感知必定是因人而异的，因为它并不属于"窗"的符号所指中需要形成确切理解的那部分外延内容。"窗"这一表皮符号在表现建筑主题和塑造情境氛围过程中承载了丰富的精神内涵（图3-2）。

　　作为客观存在的建造实体，表皮符号的所指具有双重性，它可以指向具有确切含义的外延意义，也可以指向没有规定内容的内涵意义。根据意指内容的倾向性，表皮符号可以分为外延性表皮符号和内涵性表皮符号。原始建筑的表皮只具单纯的围护职能，其所有的价值和意义都囿于结构和功能范

①　丁锦红，张钦，郭春彦. 认知心理学[M]. 北京：中国人民大学出版社，2010：3.
②　Bruno Reichlin. The Pros and Cons of the Horizontal Window: The Perrt-Le Corbusier Controversy [J]. Architecher Daidalos, 1984 (6): 74-77.

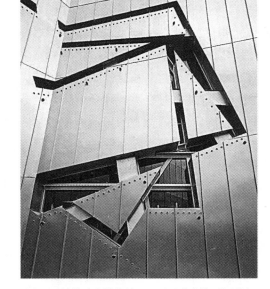

图3-2　柏林犹太博物馆立面开口形成的不规则点
Fig.3-2　Irregular points shaped by the facade
openings of the Jewish Museum in Berlin

畴。随着人们在建造活动中逐步注重精神表现，表皮被赋予越来越多的意义象征。即便是强调建筑严肃性的柏拉图，也为想象中的亚特兰蒂斯城市建筑设想了能带来精神愉悦的感性的表皮："在平常而简单的建筑物旁边是其他一些建筑，其精心挑选的石头呈白色、黑色和红色，使你想起漂亮的编织品，从这个游戏中能得到扎根于该游戏自身性质中的特殊的乐趣。"在古典建筑中，外延性表皮符号和内涵性表皮符号之间既有区别，又有联系。这是因为古典建筑立面中用于表现内涵的表皮符号通常以装饰元素的形式添加于墙体构造的表面，它虽与作为外延性符号存在的墙体结构分别建造，但需紧密附着其上合为一体。

　　从两者区别的角度看，在古典建筑表皮中很容易分辨出哪一部分着重表达建筑立面的构造关系，哪一部分主要负责意义象征或装饰美化。例如在巴黎圣母院正立面上，砖砌立面和墙柱极为理性地传达出建筑立面的构造特征，形成清晰的外延性表皮符号。表现性的装饰构件也在立面的各个部位独立呈现。底层大门两侧和门上尖拱部位、二层的大圆窗、三层的密集墙柱装饰和处于一层与二层之间的人像雕刻带，均以生动的艺术造型和精湛的雕刻工艺表达了宗教主题和精神信仰，形成了富于感染力和想象空间的内涵性表皮符号。正门的"贞女玛利亚门洞"对宗教主题的内涵性表达最为充分。大门的中分柱雕刻着圣母和圣婴，上部用三个层次的平行组雕展现圣母的生平故事。门洞两侧和尖拱部位布满圣徒和天使雕像。这些表现性元素所传达的含义、描述的情境和营造的氛围完全是主观的、情感性的、内涵性的（图3-3）。

　　从两者联系的角度看，古典建筑中的另外一些表皮元素将象征寓意和功能构造完美结合。例如我国传统民居中的隔扇门，以隔心、裙板、绦环板等组

图3-3　巴黎圣母院贞女玛
利亚门洞
Fig.3-3　The virgin Maria
lintel of Notre Dame de Paris

成的稳定结构明确传达出门在功能层面和构造层面的外延性意指。此外，它还以多变的构成、精美的雕刻和富有寓意的装饰承载文化内涵：直棂、正交棂、斜交棂、回纹棂、万字棂、冰裂纹棂构成的错落有致、富于美感的图案可看作儒家文化内在秩序的象征；以神话传说、戏文情节、生活场景、珍禽异兽、亭台楼阁、山水花鸟，以及吉祥文字为内容的装饰雕刻能表达丰富的精神寓意。再如我国古典建筑中的屏门不但具有沟通和隔断空间的使用功能，而且以满月形、叶形、瓶形、花形等装饰造型传达符合环境氛围和建筑理念的内涵性寓意。

符号的外延性意指和内涵性意指在古典建筑表皮中既有区分，又有交融。现代主义思潮终结了这种既符合建造逻辑，又具备丰富情态的传统模式。在强调空间体块和凸显结构逻辑的过程中，早期现代主义对建筑表皮采取了消极的角色定位。表皮被认为是附属性的，甚至是可有可无的。早期现代主义大师们强化了表皮符号的外延性意指。柯布西耶在《走向新建筑》中强调不能让表皮成为影响空间体块的寄生虫，因为他认为表皮是为体块服务的。密斯在强化空间秩序和结构逻辑的同时使表皮从承重中解脱出来。但"去物质化"的哲学倾向和"少则多"的设计理念使表皮简化为无法承载丰富内涵的形式单一的轻薄幕墙。由此可见，早期现代主义把表皮的认知属性几乎全部限定在功能、空间、构造层面的外延性意指上，而内涵性符号的象征作用被完全否定。

后现代主义重拾并强化了建筑表皮的符号象征。随着古典的和世俗的符号在表皮界面大量涌现，表皮元素的文化内涵和象征意义得到充分彰显。除了借用历史元素，后现代建筑还通过地方性元素的融入丰富表皮符号的意指内涵。保罗·鲁道夫（Paul Rudolph）设计的达马拉办公大楼在建筑立面采取了特殊的造型处理。他模拟当地的木柱支撑单面坡屋顶和双面坡屋顶的民居样式，在各层立面添加了深浅不一的悬挑。11根钢筋混凝土立柱穿过形态各异的坡屋顶贯通整栋大楼。在形成有效的遮阳系统和气候缓冲带的同时，别具一格的表皮方言丰富了达马拉办公大楼的立面效果，对印度尼西亚传统建筑文化和地方文脉作出积极回应（图3-4）。在充分运用象征、拼贴、隐喻等后现代手法的同时，当代设计师更注重借助新技术与新材料使表皮符号演绎出全新的视觉感受。20世纪90年代以来，赫尔佐格和德梅隆、卒姆托、伊东丰雄等设计师均通过足以激发丰富遐想的"诗意建构"创造出使人完全沉浸其中的愉悦体验，极大地拓展了内涵性表皮符号的象征作用。

Cognitive Approach and Construction Method
of Modern Architectural Skin

3.1.2 表皮认知系统的构成要素

表皮语言的认知系统包含一系列构成要素。它们是表皮语言的发信者与收信者、表皮语言规则、表皮语言信文和表皮语言信道（图3-5）。

3.1.2.1 表皮语言发信者

表皮形态决定于建筑主题和建筑理念。建筑主题和建筑理念分别形成于两个环节：项目提出环节和项目实施环节。这两个环节中都含有表皮语言的发信者，发信者是传达的始端。项目方或决策方在

图3-4　达马拉办公大楼
Fig.3-4　Damara office building

项目提出环节主导建筑主题的确立。建筑主题一方面由客观的使用功能和建筑类型决定，另一方面反映项目方或决策方的主观意识，它是进一步确定建造理念和建筑形式的基本依据。无论业主是谁，建筑都是公共空间中的环境要素。尤其是那些具有标志性意义和形象传播作用的重点项目，通常需要从

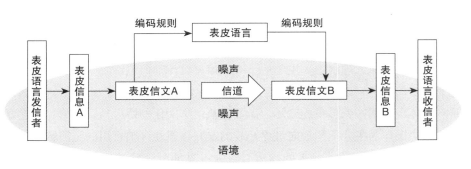

图3-5　建筑表皮认知系统及构成要素
Fig.3-5　Cognition system and factors of architecture skin

公众期待、文化象征、身份表达、精神感召等方面传达复杂、多元的内涵。标志性建筑的决策者主要是各级政府部门。综观历史，营建重大"标志性建筑"的主要动力并非来自现实需求而是源于权力意志。比如教堂和神庙是宗教权力的象征，王宫和政府大楼是世俗权力的象征，摩天大楼是经济权力的象征，剧院和博物馆是文化权力的象征，陵墓和体育场则是以上几种权力的综合体现。建造者希望通过标志性建筑将一个国家、一个时代的艺术及技术状态纳入其中，并综合反映当时当地的政治、经济和文化面貌。形成于项目提出环节的建筑概念必须综合各方面的诉求，做到既具有现实性，又具有前瞻性。这一层面的概念决策虽然考虑因素很多，但并不是直接针对建筑语言和表皮形态的。它不对具体设计问题作出规定，而是提炼出能够用于设计招标的指导性原则。虽然形成于项目提出环节的总概念对设计建造方案的要求是宏观的、间接的，但作为"对设计的设计"，也作为发信的首要环节，建筑主题的确立和表述是方向明确、立意鲜明、有利于进一步阐发设计理念的。它将对包括表皮在内的所有建造元素的设计决策过程产生决定性影响。建筑主题的确立为表皮语言认知系统提供了信源。

项目实施环节的表皮语言发信者是建筑师。建筑师在将总概念转化为具体建筑形式的过程中需要使其复杂、多元的内涵诉求得到全面落实。表皮为建筑师实现这一目标提供了重要的操作界面和语言工具。建筑师在落实总概念的过程中必须先形成设计理念。设计理念与建筑师的个性特征和语言风格有关。围绕具体的设计理念，建筑师综合社会、人文、经济、美学等方面的信息利用表皮符号进行编码，形成表皮信文和表皮语言。建筑师是表皮语言的直接发信者，他们将表皮用作演绎建筑概念的手段和展现个人风格的舞台。2010年上海世博会中国馆以别具特色的表皮构造传达了丰富的文化信息和鲜明的民族风格。2007年初，上海世博会组委会为中国馆确立了"城市发展中的中华智慧"这一主题。在深入理解这一主题后，中国馆总设计师何镜堂院士将设计理念确立为"中国特色，时代精神"。这一理念蕴含着三条基本信息：第一，中国馆是一个体现中国国家形象的载体，需要反映中华文化的博大精深；第二，它要表达出中国作为主办国积极向世界开放的友好姿态和海纳百川的宽阔胸襟；第三，它要彰显中国蒸蒸日上的国运与自强不息的豪迈精神。在这一理念指引下，以斗供为蓝本的"东方之冠"被确定为中国馆的基本构造。中国馆的表皮形态既像斗栱，又像粮仓。层层出挑的结构和向上扩张的造型既饱含张力又不

过于张扬。其表皮语言是组委会和建筑师对中国馆主题信息共同酝酿、阐发和
转换的结果。

3.1.2.2　表皮语言的收信者

在所有的建筑感受中，对于它的完全理解都需要观看者的主动参与。[①]表
皮的视觉建构和符号编码都以终端的信息认知为目标。作为传达的终端，收信
者在形成视觉认知的过程中不但要感知表皮信文，而且还要重建信文的意指内
涵。因此，了解收信者的认知规律十分重要。建筑处于公共环境之中，建筑表
皮的认知主体不是某个特定的人，而是面广量大的社会公众。受众人群的身份
属性、潜在需求、认知特点和文化背景是表皮认知系统中的重要变量。

表皮语言从方案阶段开始即面对不同身份的收信者。其一，由权力层和专
家组成的决策机构掌握评价的基本原则和标准，负责决策过程的组织和最终方
案的选择、修改与审定。决策机构具有操作经验和专业权威，充分了解项目情
况，既能从不同专业角度深入思考具体问题，又能切合实际综合协调整体关
系。因此，决策机构是对表皮语言产生决定性影响的认知主体。其二，一些重
点工程项目方案向社会公众发布、公示，在达到宣传目的的同时了解公众态度
和征求公众意见。社会公众通过各种媒体形式的模拟效果获得建筑概貌和表皮
形态的初步认知。社会公众特别是将与建筑发生频繁接触的那部分受众（例如
项目周边区域民众）的认知态度具有重要的参考价值。其三，业主、开发商、
运营机构等与建筑已经存在或可能建立权责关系的利益主体是表皮形态的重要
认知群体，他们对表皮的关注度要超过普通公众。通过使用、占有或者经营，
这一受众群体将在接触和使用中对表皮这一建筑的重要部位形成更为切身的体
验和提出更高的要求。因此，他们对表皮语言的认知方式和认知需求应该得到
特别关注。

对建筑表皮认知问题的重视起源于经济发展之后民众改善环境的迫切需
求。政府权力的宏观调控和市场经济的自身规律同时决定着城市建设的发展
和城市建筑的面貌。从20世纪80年代改革开放以来，我国城市化进程不断加
快，民众对城市建筑基本功能和综合品质的要求及评价能力也不断提高。随
着计划经济模式逐渐向市场经济体制转轨，许多公共事务的决策从政府部门

Cognitive Approach and Construction Method of Modern Architectural Skin

① 罗杰·斯克鲁顿. 建筑美学[M]. 刘先觉等译. 北京：中国建筑工业出版社，2003：68.

一手包办逐步转向在政府部门主导下实现多方意愿的收集、汇总和协调。决策层的指导意见和公众意愿既有互通，又存在矛盾。对于那些传播面广、影响力大的公共建筑应该采取何种表皮形式乃至整体外观这类问题，决定权主要在政府层面的决策机构手中。在以民主法治和市场经济为基础的开放型社会中，任何一个来自政府层面的公共项目决策不但要有足够的专业性、前瞻性和先导性，而且必须首先尊重它日后所要面对的主体受众——公众的潜在意愿和认知规律。然而从目前状况来看，许多以表皮语言为主导的设计方案并未充分考虑社会公众的意愿和认知特点。近年来，一些耗资巨大、有着奇特表皮的标志性建筑非但没有得到预期的好评，而且普遍遭遇公众的误读、调侃和质疑。这从反面证明了，决策层对概念的主导和设计师对理念的阐发应该建立在取得广泛社会认同的基础上。只有这样，建筑最重要的界面——表皮才能以切适的、令人满意的情态面对公众。鉴于社会运行机制日趋开放、民主、有序，更多的社会因素和公众意愿应该被整合到由权力层和专业机构主导的对建筑形态的方案论证和决策过程中。只有这样，对建筑整体状貌具有重要影响的表皮形态才能在准确把握收信者认知特点和充分体现公众意愿的条件下被成功建构。

3.1.2.3　语言规则

信息的形式通过编码和译码的加工过程得以转换。编码和译码的基础——语言规则是一个包括语义学规则和语构学规则的语言学概念。人类用于传达信息的所有语言系统和符号系统都具有自身的编码规则，建筑表皮语言也不例外。语言词汇的内在含义和词汇间的连接规律是形成语意传达的基本条件。辞典和语法分别为文字语言建立了语义基础和语构基础。在非文字语言系统中，符号能指与所指的对接形成语义规则；符号与符号之间的结构关系形成语构规则。无论采取何种形式风格，建筑表皮语言都具备符号内涵层面的语义规则和符号构成层面的语构规则。表皮元素在被当作语言符号使用时，它在建筑师的认识中必然建立起能指和所指的对应关系。符号意指不清晰或语构规则不严密都会影响表皮语言的传达。设计的理性原则要求作为发信者的建筑师按照一定的符号规则和编码逻辑建构表皮语言。但即便是建筑师做到了这一点，表皮语言认知中依然存在不确定因素。表皮认知系统的终端是需要对符号、信文、语言作出主观解读的收信者。如果收信者对表皮的语法规则不了解，那么发信者所选择的表皮符号和表达形式就得不到他们的认同，收信者与发信者之间就不能建立关于表皮语义的共知、共识。

语言规则的确立是建构表皮认知的关键。如果在发信者的规则设定与收信者的解读模式之间存在巨大差异，表皮语义的认知将受到干扰和阻断。现代建筑在我国起步较晚，国外建筑师从20世纪80年代改革开放起开始进入中国建筑市场。80年代只建成了建国饭店、香山饭店等少量真正意义上的现代建筑。90年代后期以来，尤其是加入世界贸易组织以来，中国在各个领域加快了与国际接轨的步伐。各种对国人来说完全陌生的或被称为"国际前沿"的建筑理念和流行风潮一时间蜂拥而至。从21世纪初开始，国家大剧院、中央电视台新办公大楼、北京奥运会体育场馆、广州歌剧院等一批重大项目无不以惊艳的表皮语言向国人展现了全新的建筑理念。面对这股国际化浪潮，公众一边啧啧称奇，一边对其中部分陌生的建筑造型和表皮形态表露出茫然和疑惑。显然，即便是当今世界顶级当红大师，如果缺乏对建筑表皮语言规则适用性的成熟考虑，也无法在求得广泛认同的基础上建构完美的表皮认知。安德鲁的方案中标国家大剧院之后，激烈的争论使国内建筑界和文化界意识到神州大地是否正在成为"国外建筑师的试验田"。这种忧虑是有根据的，因为以生搬硬套的方式移植或者强加一种语言规则不符合建筑文化发展的内在规律。激烈的争论证实，以"小康现代"为主流的西方建筑语言在中国遭遇不适。[①]由语言规则的落差带来的"不适感"和矛盾性首先表露在建筑表皮界面。"失语"的表皮与公众认知形成冲突。建筑表皮无论采用何种语言规则，都必须使它的符号意指和语构功效在以收信者为主体的认知系统中得以体现。

3.1.2.4　表皮信文

表皮界面所承载的信息既包括对实体构造的材质、形态、功能的客观描述，也包括发信者和收信者的意识、态度、理念、情感、需求、体验等主观内容。信息所授受的不是现实可感的具体物件，而是一种不可直接捉摸的"抽象物"，如一种主观的思想、情感或客观的信息，乃至一种文化价值。抽象信息需要通过可感的载体——信文（message）才能传达。信息通过信文载体被描述。信文是表皮的基本语言要素，它是由符号单元编织而成的具有信息内容的

① 汪克艾林. 当代建筑语言[M]. 北京：机械工业出版社，2007：343.

物理载体，具有可感性。表皮语言的信文一方面是发信者（建筑师等）的编码工具；另一方面是收信者用以解读意义、构建表皮认知的依据，主要以材料、结构、工艺、图形、色彩等设计元素体现于表皮界面。能提供某种形式的物理刺激即具备可感性是表皮语言信文的基本特征。通过对信文实体的加工，即对材料、结构、工艺、图形、色彩等元素展开设计演绎，表皮语言得以承载和传达各种信息。各类表皮信文具有不同的编码规则。例如在材料方面可以通过材料、肌理的选择搭配形成特殊的表面质感；在结构方面可以利用建造样式和构成手法的变化组建特定的空间关系和视觉秩序；在工艺方面可以借助各种技术手段彰显功能特点和文化特色；在色彩方面可以运用对比、调和等色彩规律营造契合主题的色彩氛围；在图形方面可以利用具象形态的易感性和抽象图式的构成张力提升视觉形象的感染力和传达性。

许多建筑师在建构表皮语言时特别注重对表皮信文的形式创新和个性化表达。赫尔佐格和德梅隆特别注重材料与工艺的挖掘，对石板、金属、胶合板、玻璃、彩色混凝土应用于建筑表皮的各种可能性进行大胆尝试。赫尔佐格认为，表皮材料不仅是围合空间的物质，而且还是携带和表现建筑思想的媒介。多米诺斯葡萄酒厂反映出他们以特殊工艺使用普通材料创新墙体构造的巧妙构思。位于瑞士巴塞尔火车站的沃尔夫信号楼则体现他们对金属材料的独到理解，缠绕的铜片严实地包裹方形体块实现屏蔽功能，使内部设备免受干扰。铜片在局部开口位置翻起以向室内引入自然光线，同时使表层构造在肌理和空间深度上显现微妙变化。平滑、均匀的表皮肌理和充满技术色彩的金属光泽使建筑外观既符合自身的功能属性和环境氛围，又以陌生感和神秘感吸引视觉的注意和兴趣。图形元素也是赫尔佐格和德梅隆热衷的表皮信文。从20世纪90年代起，他们多次运用丝网印技术在石材、玻璃、混凝土等材料中融入丰富的图形元素，使表皮语言更加艺术化和人性化。德国埃博斯沃德技术学院图书馆立面的混凝土、玻璃等材料表面印有连续的图形——德国艺术家托马斯·鲁夫（Thomas Ruff）收集的历史图片。通过与材料的巧妙结合和全新的构成形式，基于图形语言的表皮信文不仅使建筑立面获得视觉上的统一，而且承载了历史文脉与文化内涵。

结构语言被一些先锋建筑师用于组织体现个性风格的表皮信文。特殊的表皮结构是弗兰克·盖里前卫风格的魅力所在。盖里的重要作品多采取倾斜、多角平面、断裂、拼贴、错位、混杂、去中心化、不定边界、无向度、非稳定的表皮结构。异于常规的结构信文隐含其超前的建筑理念和意识形态，盖里因此被誉为"建筑界的毕加索"。他在洛杉矶迪士尼音乐厅、毕尔巴鄂古根海姆博物馆、美国Weisman艺术博物馆等项目中均用钛合金材料建造出以不规则曲面结构为特征的动感表皮。特殊的结构信文使建筑展现出抽象、超现实、开放、浪漫不羁的性格（图3-6）。受马列维奇、康定斯基、李西茨基等人的构成主义、至上主义构成形式影响，扎哈·哈迪德（Zaha Hadid）以高度抽象化、概念化、不规则的几何体块和充满动感与随机性的空间构成作为表皮结构信文的风格特征。哈迪德的思路不是采用一般设计师惯用的和周边环境延续的形式，而是主张一种具有挑衅性的破碎体量来打破现有的沉闷都市景观。[①]借助于数字技术，她自由地将平面、立体、空间元素通过切割、拉伸、穿插、摺叠、扭曲等变化组建复杂的结构信文，用个性化的表皮语言定义建筑的内外空间（图3-7）。她设计的广州歌剧院犹如安卧在珠江畔的两块砾石。通过充满流动感和曲面接驳关系的表皮结构，建筑与海心沙公园、珠江等周边景观建立联系和呼应。由大量斜面、曲面构成的混凝土异形结构成为在表皮界面传达建筑理念的关键信文。自然、随机的表皮信文使极具未来感的"圆润双砾"成为都市景观中的亮点（图3-8）。

　　从以上例子可以看出，有所侧重的、特色化的信文处理能使表皮语言更具个性。表皮认知具有整体性，表皮界面各个层次的信文组织需遵循系统化、协调性的原则。基于材料、结构、工艺、图形、色彩等设计元素的各类表皮信文不能脱离整体各自为政，而应协调地整合在统一的认知界面和传达语境中。

图3-6　毕尔巴鄂古根海姆博物馆
Fig.3-6　Guggenheim Museum of Bilbao

图3-7　香港理工大学创新楼
Fig.3-7　The Innovation Tower at the Hong Kong Polytechnic University

---

① 施国平. 动态建筑——多元时代的一种新型设计方向[J]. 时代建筑，2005（6）：126-132.

图3-8　广州歌剧院
Fig.3-8　Guangzhou Opera House

3.1.2.5　语言信道

　　表皮语言的信道是指表皮语言传达的通道和表皮信文呈现的载体。除了真实场景中的现场传达，表皮语言也可以通过静态或动态的信息媒介传达，进而形成间接的认知体验。在媒体技术和传媒文化高度发达的信息社会，建筑表皮的形象传播很大程度上依赖于媒体。人们对建筑表皮的认知、体验、评价往往早于建筑实体的落成。表皮形象借助于商业广告、文化宣传和社会事件，在不同时空环境的传播载体中影响受众的认知态度。信息媒体传达表皮语言和呈现表皮信文所凭借的介质虽然仍然凭借光波，但原始信文已经经过了复制、转换与再现。这一复制、转换和再现的过程需要经过工程技术处理。无论是在真实场景中还是在信息媒介中，表皮信文的传达都会受到信道噪声的影响，见图3-5。

　　传达和认知的关系也就是编码和解码的关系。在构成信文的编码过程中，发信者按照自身对信息意指和编码规则的理解将需要传达的抽象内容转换为一系列符号构成。在理想状态下，收信者按照同样的符号规则对发信者编制的信文进行解码，将可感的信文和符号构成准确地还原为发信者所要传达的信息。但在认知建筑表皮的现实过程中，收信者所接收到的终端信文与发信者所编制的原始信文不可能完全一致，收信者所感知到的信息意指与发信者希望传达的信息意指也不可能完全等同。语言信道中的噪声降低认知的质量，即降低信息传送的精确度。[①]信道对表皮认知的影响在于：第一，由于信道的隔离作用始终存在，信道终端的收信人在重建表皮信息含义过程中所采用的解码规则与信道起始端的发信者组建表皮信文时所使用的编码规则不会完全相同；第二，信道所包含的传达环境和传达方式的复杂性使表皮信文在传达过程中发生失真。

　　上海世博会瑞士馆拥有许多体现可持续发展理念和"城乡互动主题"的设计亮点。例如利用自然光源和风能随时变幻光线的智能帷幕；以观光缆车线路建立的充满空间变化的展示流程；使圆柱形空间中的"城市环境"和平坦屋顶上的"阿尔卑斯山绿茵地自然环境"相互呼应等。这些设计亮点都在技术语言中融入了环境理念，使瑞士馆兼具清新的自然气息和明快的时代特征。象征"未来世界轮廓"的顶部平台决定了瑞士馆的建筑全貌和表皮的基本形态，俯视角度的建筑效果图可以将"版图轮廓"表达得十分清晰，但真实场景中的参观者无法以类似的理想角度去认知"未来世界轮廓"的状貌。语言信道不同所造成的观察角度的差异使表皮信文在现实认知中产生失真，偏离了规则的信文认知使收信者难以准确还原建筑师设定的原初语义。在2009年的一次学术交流中，杨茂川教授向设计者提出了瑞士馆表皮轮廓的认知视角问题。巴塞尔建筑师事务所建筑师安德里斯（Andreas Brundler）的回答是，参观者感知建筑信息的渠道是多样化的，强大的世博会传媒将为每一个场馆提供完整的认知背景（图3-9）。建筑表皮的真实语境与设计师预设的认知模式不可能完全等同，始终存在于各种信道中的干扰因素会不同程度地影响表皮信息的准确还原。同时，视觉认知对信道中的干扰具备一定的应对能力。它可以通过发挥认知心理的主观能动性，结合信息的上下文和所处的语言环境对偏离规则的表皮信文和失真的符号意指作出调整和修正。

---

① 乐国安，韩振华. 认知心理学[M]. 天津：南开大学出版社，2011. 8.

Cognitive Approach and Construction Method of Modern Architectural Skin

图3-9   上海世博会瑞士馆模型

Fig.3-9   The model of the Swiss Pavilion at the Shanghai World Expo

3.2   表皮语言的认知模式

表皮信息一方面通过编码规则在认知中客观还原，另一方面也会由于信道中的干扰因素呈现出模糊性。假如语义层面和语构层面的规则都十分明确，且发信者的编码规则和收信者的解码规则吻合，那么收信者通过解码可以准确重建信息意指，从而形成"客观规则型认知"。这个信息重建过程将不会产生模糊性和歧义。从准确传达信息的角度看，客观规则型认知是一种理想的认知模式,许多科学信息的传达具有这样的特征。信息的意义在发信者和收信者两端趋于对等，发信者用信文机械地表达信息内容，而收信者只能严格按照既定的解码规则重建信息意义，双方都不具备主观解释的自由。假如符号系统不具备清晰的意指，或者信文的编码规则不明，那么收信者只能根据信文所处环境的提示和主观判断来建立信息意指，从而形成"主观语境型认知"。这种认知模式允许认知主体发挥自由想象，对信文作出个人化的理解。许多艺术语言的传达建立在"主观语境型认知"的基础上，对信文的理解更多取决于认知主体的主观态度和外界影响而非发信者的意图。建筑表皮的认知模式是"客观规则型"

和"主观语境型"两种认知类型不同程度的综合，其认知过程对信文规则和传达语境都有不同程度的依赖。表皮认知过程既需要遵循一定的规则，又可能超越已有规则，创造出全新的意指内涵。人的因素和语境的因素在表皮认知系统中作用十分明显，它们对建筑表皮的认知途径产生重要影响。

设计理念主要涉及实用和文化两个层面，包含功能价值和象征价值。关于功能价值和象征价值的信息意指蕴含于表皮信文中，需要通过编码和解码才能有效传达。对这两种价值的认知并不能直接从科学性编码和艺术性编码中取得。因为表皮语言的编码形式虽然包含科学性编码和艺术性编码，但不是两者的简单相加。从符号学角度看，表皮认知是认知主体对由设计符号构成的表皮信文所承载的综合信息的解读。发信者需要将包含功能价值和象征价值的综合信息传达给受众。表皮语言一方面必须传达它作为实体围护和空间构造的意义，对客观的功能属性作出指示；另一方面必须通过特定形式表达精神、文化和美学意义，形成对象征价值的隐喻。功能价值层面的信息和象征价值层面的信息分别由外延性质的符号系统和内涵性质的符号系统承载。前者的编码和解码具有严密的规则，后者则更多依赖于主观意识和认知语境。这两方面的信息可共存于同一表皮信文中，但却对应着两种不同的认知方式——基于客观构想的外延性语义认知和基于主观意识的内涵性语义认知。

3.2.1　外延性语义的认知

如果想正确地欣赏一座建筑就必须了解它的用途。在建筑中不存在未加思考的感受与乐趣。[1]以明晰规则展开的客观构想既是建筑师围绕功能意义的传达编制表皮信文的基本依据，又是收信者重建外延性意指、理解设计理念中的功能价值的必要途径。外延性语义的认知内容不仅包括反映表皮实用功能的信息，还包括体现表皮结构功能与建造逻辑的信息。

在表皮外延性语义的认知中，并不需要像解读科学信文那样完全依赖能指与所指关系的清晰约定，而只需要借助于对空间尺度和构造逻辑的直觉把握。虽然表皮认知最终落实于视觉，但其外延性语义的理解基础是人体的综合感觉。在每次观察中，外感受器、内感受器、本体感受器连同视觉一起全方位地

Cognitive Approach and Construction Method of Modern Architectural Skin

---

① 罗杰·斯克鲁顿. 建筑美学[M]. 刘先觉等译. 北京：中国建筑工业出版社，2003：68.

在主体意识中形成关于建筑的综合感觉。久而久之，综合感觉在认知中简化为仅凭视觉即可迅速把捉的一系列内在规律。罗杰·斯克鲁顿在其《建筑美学》中指出，通过建立数目和建筑部件的关系，可以感知一种内在规律和满足。古罗马建筑师维特鲁威（Marcus Vitruvius Pollio）最早将人体的固有特征（例如各个身体部位的尺寸与几何关系）纳入建筑设计研究，他提出人体各部位的尺度具有建筑可以利用的内在规律。达·芬奇根据维特鲁威的理论制作了"人体比例研究"图，将人体各个部位的比例关系进一步细化（图3-10）。格罗皮乌斯提倡在建筑中实现功能、技术、效益的结合，主张根据满足居住者实际感受的需要设置采光、通风，按照人的生理要求组织建筑元素的结构关系和空间布局，以及根据人体尺度来探究建筑元素及构成关系的内在规律。勒·柯布西耶提出"建筑与自然法则和谐一致"。人体机能和生理特点成为决定、影响建筑构造形式的潜在法则。人对建筑的感受与认知也必然会遵循这些潜在法则。柯布西耶通过"人的尺度图"

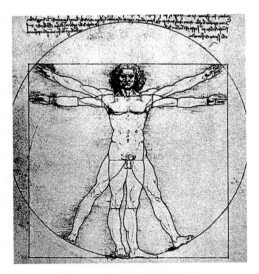

图3-10   达·芬奇的维特鲁威人
Fig.3-10   Da Vinci's Vitruvian Man

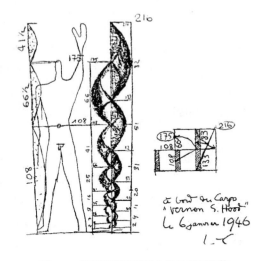

图3-11   柯布西耶提出的人的尺度与模数
Fig.3-11   The human scale and modulus proposed by Corbusier

进一步摸索如何将固有的人体尺度转换成恰当的模数，用于规范所有建筑元素的尺寸变化（图3-11）。这些研究意味着建筑形式的合理性与人的生理尺度有关。符合生理尺度的建筑元素具备良好的功能性，并且这种功能优势可以通过恰当的视觉秩序被表述、觉察和认知，形成"适宜感"。正是因为建筑元素反映了基于功能理性的视觉秩序，我们才看到"适宜"的建筑形式。视觉认知建基于由各种人体感觉汇集而成的综合感受。除尺度以外，重量、质感、温度等变量唤起的人体感觉也都会程度不同地反映在表皮的外延性语义认知中。表皮语言所传达的信息中有相当一部分指向"空间围护"、"结构维持"、"气候控制"、"界面生成"等功能意义。借助于通感、联觉等心理机制，视觉可以唤醒与行为体验和本体感受相联系的各种感觉，建立对表皮外延性语义的综合认知。

　　基于功能理性和建造逻辑的客观构想是建筑表皮外延性语义的认知基础，它为造型、结构、材质这三类设计符号提供了语构学层面的编码规则。表皮界面中的设计元素根据这类编码规则被符号化，承载表皮构造的外延性语义。罗杰·斯克鲁顿认为，理性理解是建筑艺术欣赏的必要组成。例如柱在表皮界面中的实际功能是承重和形成表皮骨架。那么它在造型、材质、结构等方面呈现的状态必须传达出能反映这种实际功能的外延性语义：它的体量是能够保证强度的；造型是与立面功能一致的；材料是适用于空间围合的；数量是符合结构需要的。再如，作为沟通内外空间的开口，窗具有通风、采光和控制视线等的功能。这样的功能属性使窗的构造必须符合一系列客观构想：窗洞大小适合建筑对通风量、照明度、私密性、视野等方面的需求；窗的布局符合建筑的空间结构；窗的造型匹配表皮的整体构造；窗洞、窗框、窗扇的材料相互协调。在建构外延性语义认知的过程中，对表皮元素局部造型和构成形式的选择都以是否符合功能性、结构性的客观构想为原则。客观构想同时也是认知主体理解表皮元素客观功能和构造逻辑的解码工具。

　　通过两个例子具体说明表皮外延性语义的来源与作用：第一个例子是位于上海浦东陆家嘴金融区的上海金茂大厦。金茂大厦的设计灵感来自杭州雷峰塔，共88层，高421米，如春笋一般拔地而起。立面从底部向上分成14段，楼体直径在升高过程中逐渐收缩。这样的表皮构造既形成了渐变的视觉节奏，又带来了稳固、安定的直观感受。它不但具有"芝麻开花节节高"的吉祥内涵，而且清晰传达了构造层面的外延性语义（图3-12）。美国SOM公司在前后20余次修改扩初图的基础上，委托日本大林公司、德国GARITNER分别完成钢结构和幕墙详图，通过一系列严密的质量控制最终建成了复杂、精致的幕墙表皮。高品质的表皮材料和结构工艺不但使体量庞大的立面显得通透、轻盈、时尚，而且彰显鲜明的技术特征和完备的调节功能。无论是渐次升高

图3-12　上海金茂大厦立面
Fig.3-12　The facade of Shanghai economic and Trade Building

的整体造型，还是精密复杂的局部构造，都以出色的工程技术语言理想地传达了表皮的外延性语义。

第二个例子是雷姆·库哈斯设计的中央电视台新办公大楼，其表皮构造传达出的外延性语义充满争议。位于方形平面对角线位置的两座塔楼与地面呈84°角相向倾斜。从两个基址上分别生成的楼体各自在底部方形平面的边长方向延伸出低矮立方体建筑并垂直相交。两座塔楼在空中伸出的悬挑楼体与地面建筑具有相同的结构，但方向相反。两段出挑长度达70米的悬挑楼体在空中垂直连接。这个扭曲的表皮结构对一般受众的认知习惯形成极大挑战。设计师对其钢网结构进行了特殊处理，以材料力学、结构力学的精确计算和严谨论证保证了这一建筑的结构稳定性。但这并不能解决认知层面的矛盾，反常的表皮构造如设计师所愿引起了与建筑内涵有关的心理张力，但同时也导致客观构想层面的认知困惑。无论它的内部构造如何处理，直观显现于表皮界面的结构矛盾无可否认地形成了负面的外延性语义：特立独行的夸张姿态违背了建筑的坚固性原则。表皮对空间的围合效率、结构稳定性、加固结构引起的造价攀升等诸如此类的疑虑将无可避免地成为表皮认知中的消极因素（图3-13）。

不同设计元素对外延性语义的表达能力有所差异。造型、结构能直接反映表皮的构造特征，在传达外延性语义方面作用较为突出。材质传达外延性语义的能力稍弱，但在与结构、造型紧密结合后可以增强对表皮物质属性的把握，使外延性语义认知更为具体、翔实。色彩对外延性语义的表达能力是最弱的。虽然色彩在视觉影响力方面不逊于造型、结

图3-13　中央电视台新办公大楼
Fig.3-13　CCTV New Building

Cognitive Approach and Construction Method of Modern Architectural Skin

构、材质等元素，但色彩反映的信息是物质属性中较为浅表的部分。根据惯常的经验，色彩是纯视觉的、表面的、决定于光环境的、易变的甚至是虚幻的。因此，色彩不能像造型、结构、材质那样直接触发与功能相关的综合感觉和本体感受。外延性语义认知的系统建构要求各类设计元素既遵循独立的语构规则，又相互配合，协同一致地传达表皮的构造特征和功能含义。例如，造型、结构、材质协调地传达了北京奥运会主体育场"鸟巢"表皮的外延性语义。抛开鸟巢造型的象征意义和文化内涵，单从体育场馆的功能性来看，巨型桁架交错编织而成的钢网表皮轻盈地围合出超大体量的场馆空间，而且显示出结构和功能上的合理性，既有凝聚力，又具通透性。钢网结构在立面和顶面各个部位自然形成大量开口。立面的网眼为人员密集的场馆空间提供了足够的出入口和疏散通道，同时最大限度地利用自然通风以减少空调使用，大大节约能源。顶面的网眼通过四氟乙烯（ETFE）膜的覆盖向场馆内部引入足够的自然光线。裸露的不锈钢材质使网状结构显得更加稳健有力。"鸟巢"钢网表皮清晰呈现了以功能为导向的建造逻辑。造型语言、结构语言、材料语言协同一致地传达了建筑表皮的外延性语义，而色彩元素在这一层面的语义建构中被有意地抑制和弱化。

不同类别的设计语言有不同的编码规则。表皮外延性语义认知的建构主要依赖于建筑语言系统自有的编码规则。这些建造法则还与工程学、材料学、人因工学、心理学原理相关。建筑设计中最困难的问题之一是将建筑物的周围处

理成人的尺度。①建筑师不但要从专业角度使用编码规则，而且要考虑含有这些规则的表皮信文的解码过程，使表皮外延性语义更容易被普通大众认知、理解与接受。除了明晰的语义学规则和语构学规则，那些不完全包括在专业知识体系以内的认知主体自发形成的综合感觉、经验常识和思维习惯也应当做表皮外延性语义的建构依据。

3.2.2 内涵性语义的认知

主观想象使表皮语言呈现多义性。多义性是艺术语言的特征，它体现在编码、信文、解码三个方面。首先，艺术创作的目的并不是向观众传达某种确切的、具体的信息，作品本身的形式才是艺术活动最为关心的对象。艺术语言是为艺术家宣泄和表达自身情感和主观价值服务的。艺术家的创作也是通过对符号的编码和对信文的处理来完成的，但这一过程不以传达明确的意指内容为目标，符号和信文所传达的语义完全是内涵性的，其内容充满主观色彩，具有多义性。其次，艺术语言所使用的符号和信文也都是内涵性的，它们不具有符合客观构想的编码规则，无法提供准确还原信息含义的客观依据。最后，收信方主要根据自身的主观意识在特定的语境中理解艺术语言的信文含义，这一受主体和语境变化影响较大的解码过程会使认知结果呈现多义性。

当意义与形式并不完全吻合时，对象征体的理解是模糊多价的。②艺术语言所传达的内涵性语义必然带有不确定性和模糊性，即便是那些举世瞩目的杰作也是如此。观众通过对内涵性语义的领会能形成一些"同感"，但在信文解码层面无法进一步形成"共识"。《蒙娜丽莎》的温柔笑容令世人倾倒，但500多年来，人们对于她神秘面容的解读始终莫衷一是：有人解读出贵妇的雍容气质；有人感受到女性的温良娴静；有人觉察出内在的哀伤忧郁；也有人感受到轻蔑的嘲讽和揶揄。研究发现，在不同的光线条件和观察角度下，蒙娜丽莎面部会呈现出不同的神态变化，使人们对这一微笑表情的感受各不相同。但感受的差异主要还是来自观众的心理，人们依靠自己对模特身份、画家创作意图的猜测或对其他相关历史信息的掌握来解释这个神秘表情中所隐含的意义。蒙娜丽莎的微笑成为"世界十大未解之谜"之一，尽管有很多人将揭开这一谜底作为课题来研究，但这种努

---

① Alec Tiranti. Alvar Aalto[M]. London:Phaidon Press, 1963: 81.
② 邓涛. 从现象到本义——界面的象征语境[J]. 四川建筑，2003，23（8）：15-17.

力基本上是徒劳的。原因是艺术语言的内涵性语义无法用基于客观构想的编码规则来还原，或者说在艺术家和观众之间根本就不存在严格意义上的编码规则。纯艺术作品中的内涵性语义如此，大众艺术品和经过设计的、带有艺术语言成分的大众消费品、工业产品、建筑景观中所包含的内涵性语义也是如此。

　　人的信息加工不像机器那样精确，它是跳跃性的，受内部情绪和外在环境的影响非常明显，容易发生变化。[①]类似于艺术语言，由于发信者编码和收信者解码都依靠感性、直觉、经验，又由于用于传达表皮内涵性语义的象征符号不存在严格对应的能指和所指关系，同一个符号在不同的认知主体面前和不同的认知语境中可以产生不同的语义。主观性的存在使表皮内涵性语义的传达方式和认知结果因人而异、因时而异。尽管如此，内涵性语义仍指向特定的象征内容，只是内涵性语义和对应符号之间的能指、所指关系显得相对模糊、宽松。现代主义对功能、结构的片面强调一度使建筑语言完全倒向外延性语义的表达。密斯·凡·德·罗（Ludwig Mies van der Rohe）的"少就是多"（Less is more）格言反映了现代主义建筑对内涵性语义的排斥，建筑表皮的表现力因此受到抑制。后现代主义大师罗伯特·文丘里主张建筑应该显现文脉，与历史、文化和社会生活相关联，而他提倡的手段就是通过象征符号的使用强化建筑语言的内涵性语义。文丘里认为"少就是乏味"（Less is bore），受大众欢迎的建筑应该具备充满象征内涵和精神内容的隐喻性元素。他通过在作品中加入与外延性内容并无直接关联的装饰性、纪念性符号来抵制建筑形式的简单化、无人性、枯燥，从而体现建筑意义的丰富性和"混杂性"。他设计的栗树山母亲住宅（Vanna Venturi House）结构简洁、成本低廉，建筑立面却传达了丰富的内涵性语义。这座功能简单的小房子拥有端庄的古典对称式山墙，表皮元素的形式表达显然已超越了建筑功能和结构的需要，这面典雅的山墙形式源于16世纪意大利建筑师帕拉第奥（Andrea Palladio）的作品。文丘里没有直接再现古典形式和古典主题，而是通过元素重构丰富表皮的内涵性语义。从经典样式转换而来的表皮语言既保留了传统意蕴，又呈现出后现代的拼贴趣味。例如山墙从中间分开；圆拱以细线条的形式展现于平面；横梁显得特别突出；对称结构中包含倾斜、错位和偏移的局部关系等。这些立面元素都似曾相识，但同时又具有出乎意料的变化，难以解释其形式规则。母亲住宅表皮符号所传达的象征意

Cognitive Approach and Construction Method
of Modern Architectural Skin

---

① 丁锦红，张钦，郭春彦. 认知心理学[M]. 北京：中国人民大学出版社，2010：6.

义具有开放性和模糊性。历史性象征符号的编码形式借用文丘里自己的话来形容是感性的、暧昧不定的，而对这些表皮信文的解码也可以是充满矛盾的或模棱两可的。它们所传达的内涵性语义必定随观看者主观理解的差异而有所变化，是随和的、包容的，而不是精确的、排他的。

艺术语言认知不是一个机械还原信息的过程，而是一个心理、情感层面的意义重建的过程，因此它与受众的个人经验和主体意识密切相关。心理、情感层面的意义重建是建筑表皮内涵性语义认知的关键环节。表皮的内涵性语义能唤起与客观意指内容无关的、类似于"欣赏"的内心体验。它不是建筑师通过编码规则严格制定的，而是收信者在内涵性符号和信文形式的"提示"下感悟的。受众感悟表皮内涵性语义的心理过程不是对既定语言规则的机械执行，而是充满审美愉悦的自由想象。希思瑞克于2007年设计的奥林匹克自行车赛车场形如蚕茧，缠绕的表皮整合了场馆的顶面和立面，并且与周围的步行道和绿化带相衔接。旋转的动感在场馆内外都十分清晰，甚至扩张到环境中。螺旋线形成既能有效围合空间，又极具开放性的结构。螺旋的表皮被有意拉开一定的间隙，以充分运用自然光线，并使之在晚间形成发光的动感图案。更衣室、医护室、办公室、设备间、连接赛道底部的运动员通道、四周的观众席等功能空间均依照螺旋形结构围绕场馆四周安排，螺旋形表皮成为演绎建筑主题和表达运动内涵的契机，表皮似乎是从赛场木地板跑道刮起的一阵强劲旋风。希思瑞克自我评价道："它是动感、能量、形式和手工技艺的综合体。"[1]它围绕自行车运动的特征建构了有利于激发形象联想和极具感染力的内涵性语义，准确而又生动地勾画出这一运动项目特有的审美意象（图3-14、图3-15）。

尽管同样依赖于受众的主观理解，建筑表皮对内涵性语义的传达与艺术创作中的自由表现还是存在本质区别的。设计符号编码与艺术符号编码不同，艺术编码允许艺术家主观地在信文中赋值、寓意，也允许认知主体根据信文提示自由地重建信息。在艺术创作中，艺术家既不受实用目的的驱使，也不受既定规则的约束，他对作品内容以及表现手段的选择是完全不受限制的。而观众对艺术作品的理解和感悟也是完全开放的。艺术家编制信文的目的在于吸引收信者的参与，并使其通过猜测编码规则赋予信文意义。因此，每个人可以对艺术信文作出自由理解，不必强求达成共识。这样，大众对艺术作品的内涵认知可以说是千人千面，

① Thomas Heatherwick. Thomas Heatherwick Making[M]. London: Thames & Hudson, 2012: 423-424.

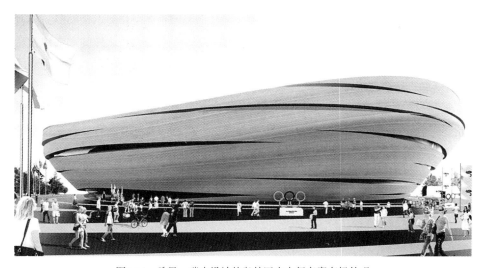

图3-14　希思·瑞克设计的奥林匹克自行车赛车场外观
Fig.3-14　External of Olympic Velodrome designed by Thomas Heatherwick

Cognitive Approach and Construction Method of Modern Architectural Skin

图3-15　希思·瑞克设计的奥林匹克自行车赛车场内部
Fig.3-15　Internal of Olympic Velodrome designed by Thomas Heatherwick

无法统一也无须统一的。内涵认知的多义性对艺术作品来讲非但不是问题，而且还是其语言的重要特征和魅力所在。在建筑表皮语言中，内涵认知的多义性虽然重要，但它要接受总体设计理念的控制，以它作为参照。设计语言必须采用目的相对明确、结果相对可控的编码形式，使认知主体有方向地而非完全随意地建立认知，使用户在使用中如实重建发信人（设计师）注入信文的文化价值并受之驱动。设计师的一切专业知识与技能也是围绕这一核心问题展开的。受众从设计信文中接受的诉述正是发信人所要传达的文化价值。

　　畅言网连续举办了三届"中国十大丑陋建筑评选活动"，一定程度上反映了民众对表皮语言的认知态度。入选建筑之所以虽然耗资巨大、外表"光鲜"却得不到民众认可，往往是由于其表皮传达了消极的内涵性语义。事实证明，发信者的主观意识和收信者的想象力在表皮语言内涵性语义传达中的作用都不能被低估。想象力是建筑感受中生机勃勃的部分。正因为如此，它允许争论和证明，也可以描述为对的或错的，恰当的或误解的，并能反映其对象的概念，而决不局限于在普通感觉上所寻求的实际意义。[①]表皮语言归根到底是一种表现既定建筑理念的设计手段。表皮信文所传达的信息中需要有一部分具有较大想象空间的主观性内容。但从总体看，这部分内容的存在不应扰乱和冲淡既定的建筑理念。在建筑表皮的视觉认知中，感性的乐趣和理性的乐趣是相辅相成的。内涵性语义和外延性语义的认知建构均以传达合目的性的建筑理念为目标。

3.2.3　表皮的认知语境

　　表皮的认知过程是将表皮信文构成的抽象图式转化为表皮语言所要描述的现实对象的过程，这一转化过程受到认知语境的影响。表皮建构需要兼顾两种相互区别又相互补充的认知模式。一方面，外延性语义认知要求表皮信文遵循既定的符号规则，清晰传达表皮功能、构造方面的意指；另一方面，内涵性语义认知要求一部分符号在形成表皮信文时摆脱基于客观构想的规则限制，提供关于表皮象征意义的感性体验。对于不能按客观规则重建意义的那部分表皮信文，受众将更多依据语境作出主观理解。现实中的认知环境比

---

① 罗杰·斯克鲁顿. 建筑美学[M]. 刘先觉等译. 北京：中国建筑工业出版社，2003：91-92.

设计预想中复杂得多。当收信者在表皮信文的意义解读中遇到解码困难时，密切联系客观世界的语境就会向认知系统及时补充意义重建的依据。这个依据不是为信文解码另外设定的新的客观规则，而是为其提供一种能够启发主观判断的现实参照。表皮信文的编码规则越不清晰，表皮语义对现实语境的依赖度就越高。

　　语境的存在使建筑表皮的语义认知不只局限于机械的逆向解码。它拓宽了认知主体的感知渠道，使其通过推断、猜测、假设等一系列开放性、自主性的思维活动，将被动的信息重建拓展为积极的语义再造。语境可以唤起个体的情感诉求和审美想象，使他们在各种信文的提示下自为、自发地"破译"出表皮语言的丰富内涵。"鸟巢"概念并非建筑师利用编码规则对北京奥运会主体育场作出的硬性定义。巨型桁架交错编织而成的钢网结构首先符合对大型体育场馆合理构造和良好功能性的客观构想，传达了理想的外延性语义。在此基础上，奥运会主场馆现实身份引申出的"承载人类希望"、"汇聚人类梦想"等文化属性为其钢网表皮提供了内涵层面的认知背景和语境。经过语境的提示，奥运会主场馆在观众的诗意想象中与鸟巢建立起"形意同构"的关系，而用来承担荷载和围合空间的钢网结构经过形象思维的转化俨然变身为交错编织的枝条。

　　"水立方"的寓意丰富了国家游泳中心的建筑内涵和审美意象。文化语境同样在其表皮语言的传达过程中发挥了重要作用。相距不远的"鸟巢"具有圆形建筑平面，"水立方"将这一既有的环境条件用作一种语境要素，以立方体造型和圆形"鸟巢"构成呼应和互补，隐喻中国传统社会规则中的纲常伦理与严谨法度。其宁静、祥和、带有迷人的情感色彩，轻盈并带有诗意的气氛，与国家体育馆"鸟巢"的兴奋、激动、力量感、阳刚之气以及图腾形象形成鲜明对比，更加衬托出"鸟巢"的阳刚之美。[①]环境要素和文化要素融汇而成的语境，赋予"水立方"天圆地方的文化内涵和"没有规矩、不成方圆"的哲学理念。"水"是国家游泳中心的场馆主题和核心理念，该建筑在赛时承担游泳、跳水等水上项目，赛后成为大型水上乐园，水的价值与文化将在这里被全面开发和展现。游泳中心的膜表皮在"水文化"的认知背景下展现出迷人的魅力。当观众将膜材料和泡沫结构的特殊观感与场馆主题及功能联系起来时，对表皮语言的认知扩展到精神内涵层面。"水文化"是设计师阐发国家游泳中心场馆主题的创意立足点，也是受

①　吴明. 从"水立方"看膜材料的非凡表现力——观国家游泳中心中标方案随笔[J]. 房材与应用，2003（5）：1-2.

Cognitive Approach and Construction Method of Modern Architectural Skin

图3-16　苏州科技文化艺术中心
Fig.3-16　Suzhou Science and Cultural Arts Center

众认知其表皮语言文化内涵的基本语境。在"水文化"语境中，晶莹透亮的几何体块就是放大的水分子，抑或ETFE膜的细腻表皮就是平滑柔和的水面，包括灯光亮化在内的一切视觉效果依托于"水文化"语境幻化为水的神采和意韵。

　　艺术语言在形式上是完全自由的，艺术语言的形式自由也意味着语境设定的自由。艺术家通常不需要为观众建构怎样的语境负责，观众依照主观设定的语境对作品含义进行自由解读。在建筑表皮语言的传达中，观众仍需通过猜测和虚构主观地构建语境，但建筑师也需对认知语境进行必要的预设，否则认知结果很容易偏离既定目标，干扰核心理念的表达。通过语境预设，建筑师使观众在领会表皮语言内涵时获得有效的背景提示和理解线索，使不同认知主体对表皮语言的含义理解在一定程度上形成"共鸣"。文化相对论认为特定的认知过程、能力或策略并不一定在所有的文化中都存在。[①]特定的文化语境决定着特定的认知过程。被称为"苏州鸟巢"的苏州科技文化艺术中心通过建筑表皮成功表达了建筑内涵，具有"高技术"风格特征的表皮语言充分考虑了语境因素。六边形双层铝合金挂板经过连续的几何排列构成如园林回廊一般沿墙体曲面自由延展的金属表皮。细密精致、微微泛光的表面远观犹如缠绕着银丝的蚕茧，近看又似苏州园林中雅致的窗棂拼花，同时也酷似青瓷开片纹样的肌理。其半圆形的主体建筑通过表皮处理呈现出珍珠般的质感。白天，幕墙彩釉玻璃的色泽随着视线的改换产生步移景换的丰富变化；晚上，内打光乳白色幕墙焕发出夜明珠般的光彩。在将这一系列表皮语言置入语境时，观众很自然地建立起基于地域特色和历史文脉的认知背景。受众领会表皮语言意指的方式和解读表皮信文内涵的角度与建筑师保罗·安德鲁（Paul Andreu）所预设的文化语境（包含珍珠、园林、墙等元素在内的苏州意象）很容易吻合（图3-16、图3-17）。

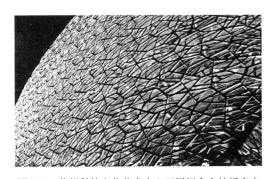

图3-17　苏州科技文化艺术中心双层铝合金挂板表皮
Fig.3-17　Double-deck aluminum alloy plate surface of Suzhou Science and Cultural Arts Center

① 乐国安，韩振华. 认知心理学[M]. 天津：南开大学出版社，2011：262.

本章小结

　　本章将认知心理学和符号学相关理论导入建筑表皮认知研究。建筑表皮在意义传达和文化象征两个层面体现其符号特征。表皮语言的魅力来源于外延性符号意指和内涵性符号意指的充分表达。外延性语义认知基于客观构想，内涵性语义认知基于主观心理。它们相辅相成地共存于表皮信文中。发信者、收信者、语言规则、信文、信道构成完整的表皮语言认知系统。密切联系现实世界的语境为表皮认知过程中的主观判断提供意义线索和价值参照。

　　德国现代著名哲学家恩斯特·卡西尔（Ernst Cassirer）指出，人类精神文化的所有具体形式都是符号活动的产物。建筑符号学（Semiology of Architecture）代表人物勃罗德彭特和詹克斯认为，建筑的一切意义都基于符号的表现。表皮符号与语言符号一样，具有表层结构（能指）和深层结构（所指）的双重属性。表层结构显现为外在的形式，深层结构蕴含符号象征的目的和意义。掌握符号的象征手法是驾驭表皮语言和建构有效认知的关键。

第4章 表皮语言的认知途径

除了受编码方式、语义类型、信文形式以及语境变化等语言因素影响，表皮认知的复杂性还在于认知主体"认知意识"的多元构成。罗杰·斯克鲁顿（Roger Scruton）指出，建筑带来的感觉既非常强烈又非常模糊。精神分析学家认为，对建筑感受的兴趣是很难表达的。建筑表皮的认知是由各个层面的视像感知综合而成的，面对建筑表皮所呈现的综合视像，认知主体到底看什么？以怎样的方式观看？表皮所传达的语义是通过哪些认知途径被把捉的？这些问题显然已经涉及现象学和认识论层面的思考。建筑现象学能为解答这一问题提供帮助。

4.1 表皮语言的现象学解读

建筑现象学所运用的方法就是现象学考察现象的方法，即直接面对事物本身，将意识与其所指向的事物作为一个整体进行考察。在表皮的认知研究中导入建筑现象学方法，目的是注重从内在的心理和精神而不是外在的物质现象角度考察和描述人的认知和建筑表皮，发现建筑表皮与人的存在和生活的本质关系，进而指导对建筑表皮的认知和创造。

4.1.1 建筑现象学与表皮现象

现代科学和哲学的危机产生了现象学，而现代环境的危机则引发了建筑想象学。抽象、中性、孤立的技术思维忽略在心理和精神上建立人与建筑的关系，从而导致了环境危机。为了从根本上认识和解决居住、场所和环境的危机，许多学者开始关注现象学观察现象的方法。现象学方法可以帮助人们从实质上把握表皮现象原初、本真的价值和意义，进而使设计师在尽可能完整认识和理解人与环境之间关系的基础上采取积极的建构方法。

广义的建筑现象学是指人们自觉或不自觉地运用现象学方法对人与环境关系的研究，狭义的建筑现象学则指由诺伯舒兹所创立的建筑理论。德国哲学家埃德蒙得·胡塞尔（Edmund Husserl）创立的现象学，以及德国哲学家马丁·海德格尔（Martin Heidegger）关于世界、居住和建筑之间关系的论述为建筑现象学提供了哲学基础和指导思想。这一理论对理解、研究和建构当代建筑表皮亦具有指导意义。

现代社会的阶层分化、生活方式的改变以及需求与价值观的多元化使建筑与人的关系趋于复杂。在人的意识中，建筑逐渐从一种有着稳定内容和性质的、客观、恒常的物质存在转变为一种能与人交流、对话的、不断发展变化的现象，或一种代表特定意义和事件的过程。建筑表皮形态日益自由化、多元化的格局引发意义解读、审美标准、价值取向、文化内涵等认知层面的冲突与矛盾。表皮现象与世界文化大环境的变化是密切相关的，对它们的研究需要突破传统方法，采取全新的视角。现象学方法不像传统的实证方法那样只注重从具体的事物中抽象出中性、客观、简单的科学事实，把经验事实中所包含的人类生存目的、价值和意义排除在外，而是通过人的出场，将事物同其在人们生活中的价值和意义紧紧联系在一起。①胡塞尔提出了具有目的、意义和价值的"生活世界"（Lebenswelt）的概念。包括建筑在内的一切认知对象均以"生活世界"为背景呈现为特定的现象，建筑表皮同样是置身于"生活世界"的现象。在经历的基础上，人们的意识活动赋予它意义和价值，这些意义和价值同人们在生活世界中的目的是紧密相连的。

4.1.2　表皮认知途径的现象学思考

现象学方法的核心理念是：人凭借直觉从现象中直接发现本质。现象是指呈现在人们意识中的一切东西，其中既有感觉经验，又有一般概念。现象的背后还是现象，并不存在着自在的实体，实体在现象学中也是意识活动的产物。直觉是指"看"或"领会"，意味着观察者对所意识到的现象和本质进行完整和准确的描述。从现象中发现本质的方法实际上是一个意识活动的过程。为了准确描述这一过程，胡塞尔提出了揭示"意识结构"的意向性理论：意识活动

① 刘先觉. 现代建筑理论[M]. 北京：中国建筑工业出版社，2008：111.

总是指向意识活动所构成的对象。①认识体验具有一种意向，这属于认识体验的本质，它们意指某物且以这种或那种方式与对象有关。②建筑现象学遵照"意识结构"的意向性理论确立了"基本质量和属性"、"人的经历及意义"、"与人之间的关系"、"社会和文化尺度"四个层面的基本内容，表皮语言的意指内容可以落实于这四个基本层面。

4.1.2.1　基本质量和属性

　　天然的结构、形式、特征和由此产生的原始而神奇的力量构成了意义世界最基本的部分，确立了人在世界中获得意义和经历的基本架构。人对世界和自身的认识很大程度上来源于环境或元素的自然特性所提供的直接体验和直觉感受。从原初意义上来看，建筑是自然启示和生活需要相结合的产物，因此它必然集合了物质的基本质量和自然属性。人们通过建立与物质世界微妙但根本的、必不可少的联系来认识世界，体验自身存在的意义。作为实体性的建筑元素，表皮必然在意识中显现客观、自然、本真的质量和属性。

4.1.2.2　人的经历及意义

　　建筑丰富人的生活经历，其空间、结构属性与人的生活体验及生活质量密切相关。人们通过"定位"和"确认"认识和理解建筑环境的各种尺度，与之建立心理和经历的联系。"定位"指在空间环境中确定自己的位置，建立自身与建筑环境的位置关系；"确认"是在明确认识和理解空间环境特征的基础上确定自身的空间归属感，分析和评价环境质量。"定位"和"确认"都是为了获得环境意向。环境意向是对环境状况的心理描述，这种描述集中了与人的经历和空间意义有关的环境特征，并且按一定规则将它们组织起来。表皮提供的视像必然受到认知主体的环境意向的组织，从而使其被当作建筑的表层构造来领会。

4.1.2.3　与人之间的关系

　　这方面的研究注重从整体和更为普遍的意义上把握诸多建筑现象中的本质现象。场所和建筑与人们的存在及其意义紧紧联系在一起，建筑环境成了人们

---

① 刘先觉. 现代建筑理论[M]. 北京：中国建筑工业出版社，2008：110.
② 倪梁康. 现象学的观念[M]. 上海：上海译文出版社，1986：48.

存在状况的一个基本而重要的方面，成了考察人们如何沉浸在世界中的一个基本内容。场所与物理意义上的空间有着本质上的不同，是人们通过与建筑环境的反复作用和复杂联系之后，在记忆和情感中所形成的概念。场所概念应该是特定的地点、特定的建筑与特定的人群相互积极作用并以有意义的方式联系在一起的整体。场所的本质意义在于使人感受到归属感。归属于某地意味着人们在经历和情感上对建筑环境及其文脉的深度介入，从而在更深刻的层次上感受到生活和存在的意义，同时建立与周围世界的积极而有意义的联系。[1]表皮是面向外部环境的界面，它能使认知主体意识到建筑与周围世界的意义的联系。

4.1.2.4　社会和文化尺度

这方面的研究，强调社会与文化因素对人的环境经历的影响和作用，文化在此被理解为特定人群所共享的生活方式。作为文化的产品，建筑环境所包含的特定文化的价值观念和风俗习惯微妙地规定了人们吸收、整理、解释和理解空间环境信息的具体方式和程序。文化是认知建筑意义的宏观视角。建筑环境以一种与文化相适应的方式参与到人的生活中而成为生活方式的一部分。[2]表皮亦是如此，它具有超越建筑本体和局部场所层面的意指内涵，是人的生活方式和社会总体文化景观的构成要素。

从微观到宏观，以上四个层面的意指内容系统、完整地考虑了"生活世界"对建筑环境认知的影响。在景观社会和视觉文化背景中，表皮现象呈现多义、复合的特征。在建筑现象学四个层面意指内容的启示下探索现代建筑表皮的认知途径，将有助于解析表皮语义的复杂内涵，揭示主体认知与表皮语言之间的内在联系。

4.2　建筑表皮的认知途径

海德格尔认为，物体的图像化即其视像的建立具有特定的层级结构。对物体的认知需要建立在视像意义的层级结构基础上。那么，建筑表皮视像意义的层级结构能否得到确证？它的具体构成如何？海德格尔指出：视像感知是一种

---

① 刘先觉. 现代建筑理论[M]. 北京：中国建筑工业出版社，2008：115.
② 刘先觉. 现代建筑理论[M]. 北京：中国建筑工业出版社，2008：114.

意识体验，而意向性是"体验本身的结构"。胡塞尔（Husserl）将"意向性"认定为人类意识的本质。意向（intention）的字面含义是"目的性地指向"。胡塞尔对"意向"一词的理解涵盖了感知主体的意指行为和被意指的对象，具有双重含义："形象地说，与瞄准的动作相对应的是射中（发射与击中）。与此完全相同，与某一些作为'意向'的行为（例如判断意向、欲求意向）相符合的是另一些作为'射中'或'充实'的行为。"①视像是表皮信文的基本形式，基于视像的表皮认知是一种"意向性行为"。在表皮语言的认知系统中存在着一个意向性的感知结构，这个意向性结构由若干条不同的感知通道构成，在每一感知通道的两端对应分布着"意向行为"和"意向对象"。"意向行为"是"意向对象"存在的前提条件；"意向对象"是"意向行为"作用的必然结果。综合性的表皮语言引发认知主体一系列不同的"意向行为"，"意向行为"将决定认知主体对表皮语言的观看方式。这些"意向行为"将在表皮信文中找到特定的"意向对象"。特定的"认知意向"和它所对应的"意向对象"共同构成表皮的认知途径。表皮的综合认知体验是多条认知途径共同作用的结果。

　　胡塞尔认为，无论我们如何完整地感知一个事物，它永远也不会在感知中全面地展现它所拥有的、从不同方面构成它自身的全部特征。梅洛·庞蒂（Maurece Merleau-Ponty）在胡塞尔的这一感知理论基础上进一步指出：建筑与几何物体不同，知觉的事物并不由先验存在的构造规律所限定，感知的事物通常是一种开放和不可穷尽的系统。既然没有哪一个单独视点可以为建筑提供全面、穷尽的整体认知，那么只有对表皮认知展开多种途径的分析和归纳。参照建筑现象学四个层面的基本内容，借助于海德格尔和胡塞尔关于视像表象方式的观点，以及梅洛·庞蒂的知觉现象学理论，再结合现实环境中认知主体对建筑表皮看视方式的分析，可以归纳出直观表象、建筑样式、场所文脉、社会景观四条基本的建筑表皮认知途径（图4-1）。

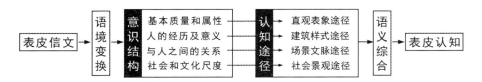

图4-1　意识结构与表皮语言的认知途径

Fig.4-1　Consciousness structure and cognitive approaches of architectural skin

① 胡塞尔. 逻辑研究第二卷[M]. 倪梁康译. 上海：上海译文出版社，1998：418-419.

4.2.1 直观表象途径

通过直观表象途径把握的是"对显现物的简洁的认知"。海德格尔将这种直观、简洁的认知途径称为"观审"。观审就是注视在场者于其中显现的那个外观，并且通过这样一种视看，观看者逗留在这个在场者那里。[①]表皮在认知主体的注视、观看、审察过程中显现自身的形状、质感、构造等视觉特性，加入到认知系统中成为一个具体而生动的"在场者"。表皮元素的材料特性和构造特征在视觉感知的第一时间将提供大量离散的、单纯的直观表象，这些直观表象的形成途径主要是直觉。直觉仅对表皮信文形式中作用于先天感受力的那部分刺激作出反应，而不理会形式寓意和信文所指涉的现实内容。通过这一途径得到的信息是从视觉的直接考察中得来，而不是通过复杂的心理意识建构的。表皮信文所提供的直观表象是原发的、朴素的、不被过多引申的，即认知心理对这些表象的处理和"作为"是十分有限的。然而，正是这个"作为"的缺乏造就了表皮信文的纯知觉的素朴特征。

直观表象途径对应的认知模式是纯粹的凝视和朴素的观看。在纯粹的凝视（朴素的看）之际，"仅仅在眼前有某种东西"这种情况是作为不再有所领会发生的。对上手事物的一切先于命题的、单纯的看，其本身已经是有所领会、有所解释的。[②]直观表象途径的认知是一种现象学式的观审。海德格尔对现象学的描述是：某种诉求，如其自身显示并且仅仅就其自身显示那样。认知主体通过直观表象途径简洁把捉表皮界面的有形显现物。这一过程不需要与客观构想和象征意义建立联系，而是直接从感觉中获得"主体心像"。直观表象途径虽然只提供朴素的、感性的"纯知觉"，但正是这样一种"质朴的观审"方式，使表皮认知能够牢固建立在生动体察构造物本源视觉特性的基础上。

直观表象途径的表皮认知通向一种纯粹的意识状态，在这种状态下，一切有关于功能、作用、意义的"成见"被搁置，象征和隐喻的"偏见"被剔除，从表皮元素所展现的纯粹现象中获得的直接经验成为主要兴趣点。感觉器官通过直观表象途径直接把握到的"独特和私密的体验"显得真切、实在、亲近、微妙和感人至深，是建构表皮整体认知的感性基石。丹麦哥本哈根皇家艺术学院教授拉斯姆森（Steen E Rasmussen）在20世纪50年代中期出版的

---

① 海德格尔. 演讲与论文集[M]. 孙周兴译. 北京：三联书店，2005：47.
② 海德格尔. 存在与时间[M]. 陈嘉映，王庆节译. 北京：三联书店，2006：174-175.

《体验建筑》中，强调了感觉对建筑和空间的直接体验能力。美国城市理论家凯文·林奇（Kevin Lynch）在20世纪70年代提出重视"直接感觉"和"感观质量"；耶鲁大学教授查尔斯·穆尔（Charles W.Moore）于同期出版的《身体、记忆与建筑》同样强调了身体感知的重要性。哥伦比亚大学教授斯蒂文·霍尔（Steven Holl）在1994年与帕拉斯马（J.Pallasmaa）、佩雷斯·哥迈斯（A.Perez-Gomez）合著的《知觉的问题——建筑的现象学》、帕拉斯马于2005年出版《肌肤之目——建筑和感觉》，以及卒姆托于2006年出版的《氛围》都将知觉现象学研究引入建筑设计理论。这些著作在强调感觉、知觉体验的同时，也间接说明了直觉表象在表皮认知中的重要作用。赫尔佐格和德梅隆（Herzog & Meuron）、卒姆托（Zumthor）等善于在直观表象层面运用建构手法的设计师们通过对表皮材质、光影、构造、肌理、色彩、工艺的演绎，使观者直接在感觉经验中获得独特的认知体验，使人在静思冥想中把捉亲近的感觉记忆和超然的审美体验。

柏林索布鲁赫·胡顿（Sauerbruch Hutton）建筑事务所设计的慕尼黑艺术区布兰德霍斯特博物馆，运用了以当地原料制成的陶瓷表皮。博物馆以简洁、平整的立面呈现了微妙的色彩效果和精细的表皮肌理。截面矩形边长为4厘米的36000根施加釉彩的陶管以相隔6厘米的间距垂直排布于立面最外层，在其内部作为底衬的穿孔铝板饰有红蓝相间的水平色带。密集排列的陶管相隔一定间距覆盖在穿孔铝板前，仿佛为建筑罩上了一层彩色纱幔，陶管在铝板上留下的投影随着阳光入射角度的变化慢慢移动。内外两层表皮用色均十分鲜艳、活泼，叠加在一起借助于细密的肌理和丰富的层次产生了印象派风格的空间混色效果。表皮散发出的饱满而又柔和的光色笼罩了整栋建筑，立面在不同光照条件和观察视角下呈现出色彩变化。观察者在行走过程中会发现这层富于光感和透明性的表皮在不停闪烁、跳跃。彩色陶管和穿孔铝板所营造的直观效果引起游人的强烈兴趣，对独特现象的好奇心驱使他们将注意力集中于表皮本身。独立于建筑结构的、呈现奇妙直观表象的表皮语言凸显布兰德霍斯特博物馆作为整个艺术区"门面"的重要身份（图4-2、图4-3）。

直观表象途径所对应的表皮自身的"现象学呈现"对机器复制时代的表皮形态和建筑语言创新具有重要意义。"东京空城"是一栋综合了生活区和工作空间的多功能建筑，通过与Ahlquist/Proces公司技术专家合作，建筑师用参数化网眼计算程序设计出具有复杂结构的细胞状表皮，光照、视野等功能要素以

Cognitive Approach and Construction Method of Modern Architectural Skin

参数形式加入到表皮形态的生成程序中。Alpolic防火铝板通过活动连接件悬挂固定于纤细的不锈钢杆上形成内外两层金属网。各呈现为两种细胞图案的两层皮间隔20厘米重叠在一起，形成四种细胞图案的复合体。这两层具有复杂纹理的金属网像紧绷的镂空织物一样笼罩在建筑外围，它直接以自身的直观表象提供独立的认知体验，而不需要与建筑的功能结构及象征意义发生理解上的关

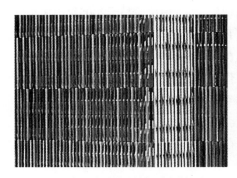

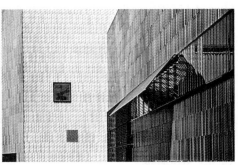

图4-2　布兰德霍斯特博物馆陶管表皮
Fig.4-2　Earthenware pipe skin of Brand Horst Museum

图4-3　布兰德霍斯特博物馆立面
Fig.4-3　The facade of Brand Horst Museum

图4-4　"东京空城"细胞状表皮
Fig.4-4　Airspace Tokyo's skin in the shape of cell

联。直观表象本身赋予建筑立面充满技术美感肌理趣味的时尚外观（图4-4）。

4.2.2　建筑样式途径

　　直观表象途径所提供的视觉印象集中于表皮信文的自身形式。这部分信息虽然是具体可感的，甚至可以是带来深刻印象的，但它与建筑本体是无关联的。观察者可以在不同的距离和视角上获得无数个关于表皮的直观表象，每一次直觉的观看体验都只是视网膜在特殊观察条件下捕获的个别视像。这意味着直观表象层面的认知虽然可以不断提供表皮的"相貌"（aspects），但依靠这些"相貌"本身无法形成更深入的认知。步移景换的经验使认知主体意识到直觉感知的局限性。表皮的多维构造特征和服务于建筑本体的功能属性，决定了对它的完整认知必须建立在全方位观照的基础上。观察者从不同视点获得的直观印象起先是独立的，但相互之间会在时空序列中通过意识的流动建立起认知上的沟通。分散于各个视域的表皮信文由此克服单一视角的认知局限，围绕建筑样式呈现出构造逻辑和本源意义上的关联性和整体性。

　　直觉表象层面的感知得以落实之后，主体对表皮的认知模式随即发生变化。认知任务从"直觉的观看"转向"意义的明察"，即对一个本质或本质事态的决然的看。①表皮构造意义的识别是一种高于表象感知层面的认知任务。对于建筑而言，空间是通过确定其边界来定义的。②表皮是建筑的构成要素。随着意义探究的深入，表皮形态必然与建筑样式建立联系。不管采取何种信文形式，表皮语言都隐含最基本的功能性意指，即表皮作为建筑外层的围护组织存在。功能性意指在两方面超越了对表象的直观感知：首先，它将建筑本体确立为表皮的认知基础。表皮隶属于建筑而非独立的认知对象，它在构造、功能和内涵象征上均以表现建筑为根本目的，与建筑样式密切相关。其次，它把分散的语言和信文纳入表皮构造的完整系统。参照建筑样式，观众将直观表象所提供的片段印象向特定的构造意义整合。功能性意指的存在使表皮形态与建筑样式在超越直观感受的观审中产生关联。表皮的认知内涵由此突破表象进入建构层面。

Cognitive Approach and Construction Method of Modern Architectural Skin

---

① 倪梁康. 胡塞尔现象学概念通译[M]. 北京：三联书店，1999：323.
② Bernard Tschumi. Architecture and Disjunction[M]. Cambridge: The MIT Press, 1996: 30-31.

　　建筑表皮的认知过程即对其意义进行充分诠释的过程。空间营造始终是建筑物的本质，与营造样式相关联的功能价值和构造意义是表皮认知的重要内容，表皮信文在建筑本体层面的意义呈现需要凭借一条超越直观表象的认知途径——建筑样式途径。只有通过这一途径，表皮整体形态、细节构造、材质肌理、工艺技术等各个环节中所包含的指向建筑本体的建构意义才能得以显现。认知体验的中心结构是其主观意向性。在建立认知体验的过程中，主观意向作为观者自身的心理投入，和外部环境提供的物理刺激一样必不可少。在形式中探寻意义的本能促使观众思考：表皮的作用与功能是什么？作为具有现实意义的设计物（而非艺术品），表皮为何而存在？建筑样式可以为表皮认知确立"价值意向"。表皮信文在各个视角中显现众多"相貌"。这些离散的"相貌"只有在建筑样式认知途径所确立的"价值意向"中才能转化为建构层面的表皮语言。

　　对建筑样式认知途径的关注能使设计师认识到表皮语言是建筑语言这一更大的认知系统中的一个部分。只有从建筑本体出发，采用与其构造特征相匹配的材料和恰如其分的形式，表皮才能最大限度地实现其建构作用，切题地营造出本真的建筑体验。瑞士圣·贝内迪克特小教堂（Sanit Benedict Chapel）的单纯表皮与其素朴的建筑样式浑然一体。卒姆托将表皮分为三个部分，清晰呈现了建筑的构造特征：树叶状的红铜板材构成向两侧倾斜的顶面；金属屋顶下围绕一圈设有木柱和檩条的玻璃窗；窗以下的立面主体以鳞片状木瓦覆面，鳞片状木瓦具有温暖、亲切的肌理。雨雪侵蚀而成的斑驳印痕带来了表面色泽的微妙变化，真实体现了材料的自然属性。配合水滴状的建筑造型，就地取材、工艺简朴的表皮赋予圣·贝内迪克特小教堂浓郁的地方特色和乡土意蕴，并使之与瑞士Sogn Benedetg 乡村的山林景观和谐相融（图4-5）。

　　赫尔佐格和德梅隆在马德里Caisa Form博物馆项目中结合建筑本体的原有风貌挖掘了金属表皮的表现潜能。博物馆建筑是对一家煤电厂的改造，分为上下两部分。下部保持了原有建筑的砖砌立面，但封堵了窗户以阻止自然光线影响内部展示；上方扩建部分以边长为1米的铁板拼成立面表皮。一部分铁板作镂空处理，镂空图案带有数字图形的像素特征。为了增加铁板的透明度，在母题图案基础上叠加了孔眼大小为10平方厘米的镂空方孔矩阵，这使镂空铁板显得更加精致、通透、轻盈。通过改变安装方向，镂空铁板组合成变化丰富的连续纹样。与另一部分实心铁板一起，镂空铁板在刷过内层底漆后再喷涂含锈油漆。

图4-5　圣本尼迪克特小教堂
Fig4-5　St. Benedict Hall

拼缝在布满锈迹的粗犷表面形成清晰的网格。CaisaForm博物馆的扩建表皮，在融合建筑样式过程中显现自身魅力。冰冷、粗糙、坚硬的铁板在赫尔佐格和德梅隆手中转化为感性的表皮材料，其形、色、质与原有建筑的砖墙构造形成巧妙对比与呼应（图4-6、图4-7）。彼得·库克（Peter Cook）与科林·福涅尔（Colin Foumier）将他们设计的格拉茨艺术馆描述为"友好的外星人"。有机曲面构成的球状形体与邻近建筑形成鲜明对比，蓝色表皮包裹的建筑好像漂浮在底层玻璃幕墙上方的软体动物，"柔软"的表皮包裹了整个博物馆，自然光从楼顶朝北凸起的16个开口射入室内，立面、顶面和底面有机融合成连续的腔体构造。在这一奇特建筑样式的提示下，凸起的开口被联想为伸入环境的触角，而平滑、连续、发光的表皮使人感到建筑整体似乎具有呼吸和蠕动的生命机能（图4-8）。

视觉刺激和意义感知都是表皮认知体验中不可忽略的环节，前者是表面的、过程性的、易逝的；后者则是本质的、恒久性的、稳定的。如果一味追求显在的视觉效应，片面强调直觉表象层面的感观刺激而忽略对建筑样式的配合和呼应，表皮语言就容易脱离建筑本体陷入"失语"的境地。虚饰、堆砌、造作、夸张的视觉表象与建筑语言的内在逻辑背道而驰，完全游离于建筑样式之外的"奇观表皮"与建筑语言的本真性、单纯性相矛盾，除了一时哗众取宠之外，只能带来表皮认知的混乱。

图4-6　马德里CaisaForm博物馆
Fig.4-6　The CaisaForm Museum in Madrid

图4-7　马德里CaisaForm博物馆冲孔金属
表皮细部
Fig.4-7　Detail of punched metal skin outside the
CaisaForm Museum in Madrid

图4-8　格拉茨艺术馆
Fig.4-8　Graz Museum of Art

Cognitive Approach and Construction Method of Modern Architectural Skin

4.2.3　场所文脉途径

　　建筑存在于特定场所，与周围环境发生关联。"场所"是一个空间"精神"的承载体。[1]表皮语言具有建筑语言的这种"场所特征"，观众始终在特定场所中认知表皮语言，处于特定自然环境、人文环境中的认知主体和建筑物共同构成了场所。诺伯舒兹提出的"场所精神"是对建筑本意的一种回归。[2]文脉（context）一词来源于语言学，表示语言与上下文的联系。词汇、句子独立存在时的意义是有限的、不明确的，它们的确切意义需要根据其所在段落、文章的意义来确定。广义地理解，文脉既是元素之间的内在联系，也是局部与整体之间的对话关系。只有建立起文脉关系，建筑语言所蕴含的丰富内涵才能被引申和理解。对场景文脉认知途径的探讨将有助于提高表皮语言的准确性和明晰

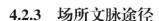

① 邓位. 景观的感知：走向景观符号学[J]. 世界建筑，2006（7）：47-50.
② 蔡国刚，彭小娟. Norberg-schulz场所理论的现象学分析[J]. 山西建筑，2008，34（2）：48-49.

性。比前两种途径更进一层的表皮认知建立在建筑场所精神和环境文脉的基础上。缺乏场所线索和文脉关联的表皮信文无论拥有怎样的夺目形式都将很快导致审美疲劳，并使建筑失去对环境的可适性。

　　表皮语言是传达意指内涵的符号系统。胡塞尔指出，符号意识的本质在于，它永远都必须是一个复合的行为、一个建基于直观行为之上的行为。这种意向行为显然不同于本源性感知和简洁性感知等直观行为，而是要奠基于这些直观行为基础之上。①直观表象和建筑样式途径的内涵解读并非表皮认知心理活动的全部内容。基于传统建筑理论和形式法则的"独立观照"模式无法为建筑表皮提供完整的认知体验。传统建筑美学和视觉理论以始于古希腊的形式美学和文艺复兴时期发展出的透视学为基本线索，把比例、透视、光影、体块、构成、肌理等反映于视网膜的形式要素作为主要研究对象。现代心理学将视觉认知的内容从视网膜图像扩展到意识领域。光线刺激产生的视觉信息和视网膜图像只是在认知过程中构筑"视觉世界"的基本材料，仅凭自身不能独立构成承载意义的"视觉世界"。只有当人们开始调动思维，有意识、有选择地进行观察时，"视觉世界"才开始真正形成。在选择基础上形成的"视觉世界"总是与其他感觉经验综合在一起形成"知觉世界"的基础。这种"有意识和有选择的观察"正是建筑表皮的认知模式，而"与其他感觉世界综合"也是获得表皮认知体验的必然途径。建筑表皮不是抽象的、独立的艺术品，它不仅依赖于建筑本体，而且面对特定环境。表皮乃至它所依附的建筑都不能被孤立地认知和单独地体验，建筑所处环境以及所关联的事件、记忆为表皮认知的建立提供了种种背景和语境。

　　不断将表皮信文意指内涵引向深入的认知意向，将使心理活动通过转换视角和更改背景进一步指向复合的、建基于直观表象与建筑样式层次之上的丰富内涵。视角的转换和背景的更改通过对认知界域的反思来实现，表皮认知系统中的主客体及环境因素只有在特定的认知界域中才能获得统一。认知属于意识活动，在形成认知意识的思考过程中包含"反思"的内容。人们不但依靠知觉，而且依靠"反思"建立认知对象与真实世界之间的联系。这里的"反思"是指人们的思考、意识不像在日常心理活动中那样朝向具体实在的客观事物，而是朝向思考、意识活动自身。通过"反思"，认知主体将语

Cognitive Approach and Construction Method of Modern Architectural Skin

----

① 肖伟胜. 视觉文化与图像意识研究[M]. 北京：北京大学出版社，2011：53-54.

Cognitive Approach and Construction Method of Modern Architectural Skin

境、环境、事件和文脉等外部要素纳入认知系统并推敲其关系,从而赋予建筑表皮更为宽广和多元的认知界域。在东西方建筑历史上,一直都有为着显现其生命信仰及生存意义而构建其精神之寓所的不朽传统。①东方传统建筑美学特别注重建筑对自然和人文环境的应景关系,建筑表层构造也更顾及和善于利用场所文脉角度的观照模式。例如浙江南浔小莲庄嘉业藏书楼立面,通透的窗棂隔扇和篆字装饰不但是契合于江南园林秀丽景观的精致点缀,而且还是对传统人文内涵的巧妙呼应。八达岭附近的小型别墅"竹长城",通过透明的玻璃立面和竹墙呼应了建筑所处的文脉背景和自然环境(图4-9)。从建筑内部透过竹墙缝隙可以欣赏群山环抱的自然景观,留有适度空隙的竹墙建立了内外空间的视线沟通,使建筑显得开放、通透、明亮,兼具东方传统特色和朴素的现代感。"竹长城"轻快的表皮形态蕴含着丰富的场所精神和文脉内涵。限研吾认为,竹子具有特殊的表皮效果和文化内涵。他利用自然材料与适宜技术建造了像帘子一样的半透明立面,使轻盈空灵的"竹长城"与坚固永恒的砖石长城形成戏剧性的对比。

图4-9 小型别墅"竹长城"
Fig.4-9 The small villa named Bamboo Great Wall

---

① 翁剑青. 城市公共艺术[M]. 南京:东南大学出版社,2004:42.

建筑物是固定的，但观者的身体和意识始终在变动。因此，人对建筑表皮的观照是一个动态过程，其认知结果不仅取决于表皮的客观形态本身，而且受到主体感知样态和感知界域的显著影响。认知主体在重建表皮信文意义过程中采取的立场、观念具有很大的差异，但无论何人，他所经历的都是"有意识和有选择的观察"。观察者的主体意识和对表皮"场域"、"视域"的选择将决定其场所文脉途径的认知。当一部分视觉感知集中于表皮，另一部分则指向表皮的背景，背景成为表皮的"场域"或"视域"。杂乱无章和相互冲撞的建筑物永无可能产生新的风格时代，我们必须集中精力于一批建筑群体而不是单一建筑。①当代城市愈来愈像一座巨大的建筑，而建筑本身也愈来愈像一座城市。建筑周边环境乃至部分内部空间的设计都越来越多地渗透着城市环境的要求。②空间背景和文脉语境的交错重叠使表皮的语义认知呈现出复杂性。在认知过程中，表皮与其背景的关系不是固化的，而是可以被调整、修改和重新定义的。表皮与背景之间的这种动态的融合关系形成一种"纠结的体验"：近景、中景、远景能为表皮认知带来不同视域的背景参照；事件、活动、记忆可向表皮语义提供不同语境的场景文脉。

建筑与土地之间的宿命关系始终牵引着建筑，并呈现出不同的表象。③从自然中衍生出的建筑形式只有在原生态的环境中才能显示其魅力。假如离开了熊跑溪畔的山林，赖特的流水别墅也无法展现与自然默契的空间意蕴，而表皮的"有机构成"也将失去魅力。对于城市建筑而言，城市空间是建筑表皮的宏观背景。特别是那些城市建筑综合体，建筑师在设计中往往把城市设计作为建筑设计的基础，亦即，首先考虑的是"整体性"、"关联性"、"耦合性"，其次才是建筑本身。表皮是建筑朝向城市空间展开的外部界面，它以城市空间为背景。在对城市形象的研究中，凯文·林奇（Kevin Lynch）系统地探索了构成城市形象的几个要素，它们是：路、界、结、区和景观。这五个要素可以为讨论建筑表皮的空间背景提供一个参照系。文化心理则是表皮语言精神层面的基本语境，表皮的认知体验是感觉刺激和文化心理的结合。在回忆、联想、期望等文化心理的作用下，感觉刺激才能编织融汇成精神层面认知体验。基地的场所精神和城市的历史文脉为建筑表皮的语义建构

---

① Leonardo Benevolo，History of Modern Architecture[M]. Cambridge: MIT Press, 1971: 563.
② 王建国. 城市设计[M]. 南京：东南大学出版社，2004：183.
③ 陈洁萍. 地形学刍议——第九届威尼斯建筑双年展回顾[J]. 新建筑，2007（4）：80-85.

提供了复杂的语境。

今天，很少有物会在没有反映其背景的情况下单独被提出来。商品（包括服装、杂货、餐饮等）已经被文化了，因为它变成了游戏的、具有特色的物质，变成了华丽的陪衬，变成了全套消费资料中的一个成分。①当代建筑同样成为消费社会和大众文化的应景。在建筑积极介入当代文化和社会生活的过程中，表皮起了关键作用。新型层压玻璃表皮赋予东京银座YAMAHA GINZA大楼鲜明的品牌内涵、建筑主题和地方特色，强化了场所文脉途径的认知。其建筑理念是要以传统与时尚相融合的方式展现音乐魅力，同时传播著名日本乐器制造商雅马哈的品牌形象。靠近入口处的底层沿街立面设置了象征木管乐器的整面橱窗，木质橱窗中陈列着装配木管乐器的组件。一层以上的立面采用以对角线金属网格固定的金箔层压玻璃表皮，仿佛设置了一道时尚而又古典的幕帘。充满动感的斜线结构和色彩深浅不一的层压玻璃使人联想起流动的旋律和跳跃的音符，带有华美金属光泽的随机图案表现铜管乐器的特征。夜晚，半透明的金箔层压玻璃放出光彩。建筑表皮随着节奏性的光线闪烁呈现音乐的律动感。层压玻璃所使用的金箔原料来自日本传统金器作坊，薄得足以透光的金箔隐喻了工艺传统中精益求精的民族精神和铜管乐器的闪亮质感。定制金箔层压玻璃显现出比染色玻璃更加华美的色泽（图4-10）。在消费社会里，人们消费的已经不再是物品本身，而是附加在物品上的各种符号意义，借此，他们也从中获得了崭新的——实际上恐怕也仅仅是一种虚拟的——对自我和他人文化身份的认同。②YAMAHA GINZA大楼需要通过建筑表皮传达一系列品牌及文化理念，设计师通过各种符号化的信文处理向建筑表皮注入内涵，观众对其表皮语言意指内涵的充分领悟离不开场所文脉这一关键的认知途径。

当代建筑表皮将视觉效应发挥得淋漓尽致，新奇的材料、工艺、样式带来震撼的形象，满足景象社会中的审美需求和传播需求。但在表皮的认知体验中，场所文脉层面的意义感知和精神诉求不可忽略。否则，无深度的"表象刺激"将不能提供精神层面的认同感和归属感；无目的的"样式演绎"则会沦为"自说自话"的形式迷恋。

① 让·波德里亚. 消费社会[M]. 刘成富译. 南京：南京大学出版社，2000：2-3.
② 蒋晓丽. 奇观与全景——传媒文化新论[M]. 北京：中国社会科学出版社，2010：28.

图4-10   东京银座YAMAHA GINZA大楼及其表皮细部

Fig.4-10   Yamaha Ginza and its skin detail

4.2.4   社会景观途径

对环境来说，景观是最大的感知单元。作为一种环境要素，建筑无法脱离整体的社会利益及行为。雷姆·库哈斯（Rem KooLhaas）在其著作《Content》中指出，"观照建筑现象的视角应该是非建筑的"。从环境建构角度而言，表皮不但要通过直觉表象、建筑样式和场景文脉途径体现建筑的独立价值，而且还必须被置入更为宏大的认知视野，在社会景观综合体验的营造中发挥作用。文丘里在1972年出版的《向拉斯维加斯学习》一书中强调了建筑元素对于社会的符号意义：标记符号在大尺度空间和复杂功能需求下将变成主宰，建筑表皮与抽象含义在符号与社会空间的密切关系下相互关联。[①]列斐布尔（Henri Lefebvre）在其《空间的生产》中说："当表皮决定着一个空间抽象物并赋予它半虚构半真实的物质存在时，空间与表皮之间的关系变得异常含混，这个抽象空间最终变成了原本由自然和历史完全充满的空间幻影。"因此，表皮既是建筑与环境之间的物质边界，又是包含众多社会信息的象征物。

　　建筑应当是一种日常生活的集成，作为一种交流手段，它可以实现图式化和电子化。库哈斯在其论著《Bigness or the Problem of Large》中指出了当代社会中的"超建筑"现象，继文丘里之后强调了建筑在后现代场景中的复杂境遇和多重角色。越来越多的建筑表皮在后现代场景中成为生动展现都市魅力的活跃舞台和景观元素。伊东丰雄主张，作为一种具有消费特征的社会产品，建筑可以是临时的，而不必追求长久和永恒。他的"风之塔"、仙台媒体中心等轻薄表皮建筑以奇妙的景观效应开启着人们对周遭世界的全新思考。他将"如何使消费社会的这些无常特征获得诗意的发展"作为研究重点，也就是从消费社会的内部将物质生产的体制吸纳到建筑实践中来，其所选择的道路就是时尚，将建筑当作服饰等流行艺术。[②]建筑表皮虚幻化、临时化的前提是社会景观途径的认知业已成为视觉消费的主要内容。伊东丰雄敏锐关注到物质生产和商品价值在当代消费社会中转瞬即逝的、短暂临时的特征。以计算机技术和互联网为代表的后工业技术，以及它们所推动的全球化、后殖民的信息社会和消费资本主义产生了大量非物质化和非地域化的现象，物质世界、环境、道具提供给人的归属感、中心感和地方精神在这一过程中逐渐失落，原本真实、固定的事物变为"漂浮"的景观。当大量建筑面对充满流动性的社会生活成为一种环境应景，其表皮亦呈现为一种"漂浮"的社会景观。

　　就像任何社会规则一样，视像的意义只有在产生它的社会经济条件中才能得到全面考察。第一次世界大战期间，时代广场的中心剧院区吸引大量游客在此举行各种集会和庆祝活动。作为纽约最热闹的街市，时代广场凝聚了百老汇风采和年轻人的时尚文化，是纽约社会生活的缩影。1917年，首个大型电子显示板安装于时代广场的建筑立面用以发布总统大选新闻。时代广场一些重要建筑物必须遵守在立面设置电子显示板的管理法规，因为它是旅游景观中的重要看点。经过20世纪三四十年代的大萧条和60年代的没落期，时代广场在80年代中期受房地产

Cognitive Approach and Construction Method of Modern Architectural Skin

① 罗伯特·文丘里. 向拉斯维加斯学习[M]. 徐怡芳，王健译. 北京：知识产权出版社，2006：39-40.
② 刘先觉. 现代建筑理论[M]. 北京：中国建筑工业出版社，2008：385.

推动发展为企业云集的现代商业区。建筑外立面普遍按照以往的剧院形式，大量使用彩绘广告牌、影院跑马灯、宣传壁画和人工装饰照明。1987年颁布的法令要求新建筑必须保证立面具有足够的照明度。街道两旁的建筑立面被要求翻新结构和分层包裹。充斥于建筑立面的商业信息具有强烈的识别性和视觉冲击。作为脱离建筑本体的景观元素，花样迭出的媒体化表皮将时代广场这一典型的景观社会公共空间装扮成充满感官刺激的主题公园。全球资本塑造了42大街时代广场的环境。[①]建筑表皮在这里成为稀缺的媒体资源。表皮所要传达的信息已与建筑本身无关，它的描述对象可能是曼哈顿、迪士尼或纳斯达克。华丽的纳斯达克招牌耗资超过37万美元，高37英尺，是世界上最大的LED招牌之一，每年吸引着超过两亿的游客。这样的大型LED屏幕在时代广场有数十个之多，安装成本超过1亿美元。为了在时代广场这样的喧闹环境中突出传播效应，图像需要显得更大、更满。占据整个立面的媒体化表皮逐渐在各国大都市的商业建筑和文化建筑中流行起来，成为信息社会中最为震撼的景观要素之一（图4-11）。

图4-11　东京商业步行街建筑沿街立面

Fig.4-11　The street facade of commercial pedestrian in Tokyo

---

① M.Hank Haeusler. Media Facades，History，Technology，Content[M].Ludwigsburg :GmbH Publishers for Architecture and Design, 2009: 35-36.

　　视觉化的表皮不但促成对建筑信息的有效感知，而且向城市空间增加了重要的景观符号。德波在其《景观社会》（Spactacal Society）中指出，物质商品的生产已经不是资本主义获得利润的主要手段。按照马克思主义美学观，美学属于上层建筑，视觉审美受意识形态的支配。随着资本主义生产向景观阶段发展，生活、消费和环境的每一个细节都可能朝向景观形式发生异化。如果说资本主义生产方式在人的生存方式上已经从自然获取堕落为占有，那么，景观社会则进一步把实体的占有转变为视觉的话语权。具有虚拟特征的视觉景象动摇了以物质实体为基础的社会价值体系。景象和观众之间的关系正在为资本主义秩序提供一种新的价值主导和运作手段。景观社会中，任何具有媒体价值的视觉载体都是宝贵的传播资源。一些建筑以其传播优势在都市环境中承担起大众媒体的角色。当建筑成为媒介，表皮便不再以建筑本身为表现内容。鲜活的社会景象和任何公众关切的事件、主题都能呈现于表皮界面。当代建筑的精神意义正从传统的美学范畴向更为广阔的社会学、经济学、文化学领域拓展。随着信息特征的不断加强，建筑的存在方式从静止和沉默转向与环境、受众积极互动。表皮的信息指涉逐渐超越建筑本体而更多指向社会生活与大众文化。弗兰克·盖里利用金属网将加州圣莫尼卡广场购物中心车库大楼立面设计成一个巨型广告牌，覆盖着巨大品牌符号的建筑表皮强调了购物中心作为一种商业文化元素在城市文脉中的存在。经由表皮界面，建筑形象通过品牌文化的大众传播得以强化。在西班牙毕尔巴鄂，前卫的钛金属表皮使古根海姆博物馆不仅在建筑自身形象层面，而且在城市形象、社会传播、地方经济、时尚文化和旅游资源多个层面施展魅力和实现整体效益。盖里的手法意味着建筑所要面对的是一系列综合性的观看，这种综合性的观看服务于观众对景象的体验而非建筑本身的表现。①

　　信息传播视觉化的潜规则使建筑趋于"扬表抑内"。发达的媒体技术和图像工业使当代生活越来越表象化为一种"景观的集成"。景观原指包括自然景象和人造景物在内的可供观赏的对象。将之用作"景观社会"这一概念时，具有"有意识展示、表演甚至作秀"的含义。表皮在建筑之外建构起一道独立的幻象，这些幻象既不反映建筑本身，也不反映社会本真，而是与现实分离的符号、副本和幻想。费尔巴哈判断的他那个时代的符号胜于物体，副本胜于原

Cognitive Approach and Construction Method of Modern Architectural Skin

---

① David Leatherbarrow，Mohsen Mos afavi. Surface Architecture[M]. Cambridge: MIT Press，2002：196.

Cognitive Approach and Construction Method
of Modern Architectural Skin

本，幻想胜于现实的事实被这个景观的世纪彻底证实。^①当大量虚拟信息通过与建筑本体并无直接关联的媒体工具比如计算机程序与数字影像来传达时，变化多端的软件技术和媒体信息使表皮所呈现的内容完全脱离建筑本体，立面在建筑学层面的美学意义随即隐退。建筑表皮依靠对新技术的整合获得变幻莫测的视觉效果，迎合景观社会视觉消费的需要。

对于都市环境的特性具有决定性的垂直边界或墙，必须特别留心。^②以钢筋混凝土、玻璃幕墙等工业品建造的现代都市建筑在追求规模和效率、展现财富和权势过程中冷落了精神和情感的诉求。人性化的、感性的建筑元素被压迫性的、无特征的边界和表面所取代。教堂为城市美学提供了一种不同的模式。这种模式认为，建筑呈现给我们一种文化的、活的、可见的象征。^③教堂所提供的"城市美学"模式很大程度上源自于建筑表皮，几乎所有教堂都有考究的立面。教堂以其极具视觉效应的建筑表皮——含有装饰性元素或象征性构造的立面赋予公共环境丰沛的精神与情感体验，表皮使教堂成为社会生活中的核心景观。华丽的彩玻巨窗宣示着宗教在中世纪的繁盛，突兀的尖塔象征高高在上的神明时刻护佑着拜倒在他脚下的民众，而高耸的骨架券和肋拱以奇迹般的技术营造出神秘的幻境。在向建筑丛林注入社会文化和精神内涵方面，工业化建造条件下的现代建筑表皮发挥着类似的作用。

景观性的标志物可以提高人在复杂都市环境中的识别能力。凯文·林奇将标志物同道路、节点、区域、边界一起视作"城市意象"的构成要素。它同时也为城市环境的有效识别提供了参照。由于标志物是从众多元素中独立出来的，独特性使之在整个环境中更能引起注意并令人难忘。建筑表皮是提高城市环境"意象性"和"可辨识性"的具有识别参照价值的景观要素，它可以作为空间的边界、区域的标志物和道路的节点发挥传达功效，在繁杂的都市环境中以显著的视觉效应提供方位感和时空感。除了指示空间位置，表皮对于城市环境的视觉效应还体现在能营造趣味性和亲和力，在景观认知中唤起更多象征、记忆、精神和情感层面的体验，使建筑的场所感扩展到以城市生活为基础的社会景观层面。

如果标志物有清晰的形式，要么与背景形成对比，要么占据突出的空间位

---

① 王昭凤. 景观社会[M]. 南京：南京大学出版社，2006：130.
② 诺伯舒兹. 场所精神：迈向建筑现象学[M]. 施植明译. 武汉：华中科技大学出版社，2010：15.
③ 阿诺德·伯林特. 环境美学[M]. 张敏译. 长沙：湖南科学技术出版社，2006：65.

置，它就会更容易被识别，被当作是重要事物。[①]荷兰希尔维苏姆视听研究所新总部大楼覆有彩色玻璃板的建筑立面就像一个闪闪发光的巨大电视屏幕，在灰色基调的城市环境中特别突出。这栋建筑将档案馆、办公室等属于荷兰广播电视专业机构的功能空间及停车场设置在共有5层的地下空间，5层地面建筑是用于商店、庆典、集会、演出和展示的开放式公共空间。大楼最显著的外观特征是具有媒体性质的壮观表皮，悬挂式双层立面就如哥特式教堂的彩色玻璃窗一样为室内空间注入绚丽的光线。为了使人能从内部看到周围景观，有些部位采用三分之一的透明玻璃。彩色玻璃上的图案来源于档案馆内保存的电视节目画面。视觉设计师贾普·德鲁普斯汀将图案分为两个层次：一层是经过计算机软件凹凸处理的浮雕效果图形；另一层是经过动感模糊处理的彩色底纹。前者清晰、明确，代表历史的凝固；后者虚幻而难以捉摸，象征时间的流逝。高纯度的色彩和模糊化处理使历史原图转化为能与开放型公共空间轻松氛围相协调的抽象背景。经过饱和的色彩渲染，广播电视文化以图案化、装饰化的形式显现于公众的日常审美和休闲环境中。荷兰视听研究所新总部大楼巧妙地分配了专属机构和公共活动的空间区域，并通过富于视觉性的彩色玻璃表皮开发了建筑的媒体价值，构建起一道足以吸引公众和游客的、充满时尚魅力的社会景观（图4-12、图4-13）。

图4-12　希尔维苏姆视听研究所新总部大楼
Fig.4-12　The new headquarters building of Hilversum Audiovisual Institute

图4-13　希尔维苏姆视听研究所新总部中庭
Fig.4-13　The lobby of Hilversum Audiovisual Institute headquarters

---

① 凯文·林奇. 城市意象[M]. 方益萍译. 华夏出版社，2001：60-61.

Cognitive Approach and Construction Method
of Modern Architectural Skin

屈米、努维尔、赫尔佐格和德梅隆的作品都把建筑物看作新的"都市传感器"。①德国慕尼黑安联球场膜结构表皮以令人心驰神往的视觉效果成为"都市传感器"的典型例证，内发光的ETFE充气膜填充于1056个菱形单元中。赫尔佐格和德梅隆在表皮建构中将信息符号转化为具备强大传播效应的视觉奇观，充分满足了社会景观途径的认知需求，表皮奇观所营造的震撼体验将观众带入与事件密切关联的环境氛围。OMA与LMN在原址上合作新建了占地3万平方米的华盛顿西雅图中央图书馆，这个有着奇特构造和华丽表皮的图书馆成为一道每天吸引近万名观光者的时尚景观。特有的斜纹格栅"漂浮平台"是一种能提供大跨度空间且可有效抵御地震和强风侵袭的新结构。特殊的立面构造有效控制入射光线的类型和强度。同时，具有强烈动感的倾斜立面和结构线使西雅图中央图书馆与四平八稳的周边建筑形成鲜明对照。覆盖金属网架的玻璃分为三层，靠外两层夹有金属网。三明治一般的多层构造使玻璃表皮能更好地隔热和遮光。建筑显得透明、开放，街道上的行人可以畅通无阻地看到内部。透过玻璃表皮，馆内贯通四层的螺旋书塔、一层的微软大礼堂核心区、二层的行政服务区、三层的综合图书阅览室及中庭、四层的会客厅都成为向城市空间开放的景观元素。奇特的表皮构造使人很难立刻将该建筑与图书馆联系在一起。但通过对持重、保守的传统图书馆陈式的突破，表皮使建筑发挥出全新的传播效应。西雅图中央图书馆被定位为"信息交换的场所"，它的信息传达作用不但落实在图书馆作为信息集散地的服务功能上，而且体现于对环境景观效应的挖掘与符号化的演绎。无论是其内部空间传达的"城中城"印象，还是建筑表皮营造的超级体验，都属于景观社会中极具传播性和吸引力的环境要素（图4-14、图4-15）。表皮的认知和审美

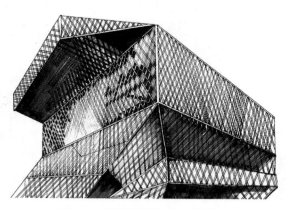

图4-14　华盛顿西雅图中央图书馆
Fig.4-14　Seattle Central Library in Washington

---

① 王育林. 轻薄表皮建筑的设计理念及技术分析[J]. 建筑师，2005，116（8）：65-70.

图4-15　西雅图中央图书馆中庭
Fig.4-15　The lobby of Seattle Central Library

不仅指向建筑本体，而且指向环境。环境美学不只关注建筑、场所等空间形态，它还处理整体环境下人们作为参与者所遇到的各种情境。[①]

4.2.5　不同途径认知差异的实证分析

直观表象、建筑样式、场景文脉和社会景观这四种认知途径是根据建筑学、认知心理学、设计符号学、现象学和传播学相关理论，对建筑表皮认知过程和认知方式的解析与归类。确立认知途径的目的是对主体认知模式的多重性进行深入了解。假如可以证明这些途径提供了同一表皮的不同认知体验，那么就可以证明各条途径的认知方式的差异。这一结果以及相关后续研究将有助于有针对地制定表皮设计策略和方法，使表皮语言更加符合受众在不同主客观条件下的认知特点，优化其认知效果。为了验证这一假设，需要进行表皮认知途

---

① 阿诺德·柏林. 环境美学[M]. 张敏译. 长沙：湖南科学技术出版社，2006：13.

径的实证分析。实证分析的具体构想是：选择一定数量的建筑表皮实例，为观察者设定4种与认知途径相对应的观看模式，利用眼动仪和眼动测量法测量观察者在不同观看模式中的眼球运动，记录测量结果并展开认知结果分析。

眼睛运动（Eye Movements）早在19世纪80年代就被心理学家用作分析心理活动的指标。眼球运动对心理活动的敏锐反应具有内在规律。眼睛注视的位置、时间都与视觉神经和大脑处理信息的过程密切相关。通过眼动实验，眼动仪把被试者眼球运动和心理活动之间的关系转化为各类眼动数据，为认知心理学及相关应用领域的视觉认知研究提供科学依据。从较早的观察法、后像法、机械记录法，发展到光学记录法、影像记录法，眼动技术经历了一系列改进。红外技术、摄像技术和信息技术大大提高了眼动仪的采样能力和分析能力。实验者可以借助眼动仪分析人在不同条件下对各种视觉刺激物的认知情况，眼睛在观看物体时会形成眼动轨迹，眼动仪可以将瞳孔大小、眼跳距离、注视点、注视时间、注视次数等信息从眼动轨迹中提取出来。注视是指将眼睛的中央窝对准某一物体的时间超过100毫秒，是评估观众注意情况的重要指标。眼动测试后输出的数据中包括用户在界面上的各个注视点的空间和时间信息，以及用户的瞳孔尺寸变化信息（表征用户的唤醒度）。软件会自动生成眼动热点图（heatmap）和视线轨迹图（gazeplot），直观地反映认知结果。根据眼动仪提供的信息，可以分析被试人员在与认知途径对应的4种观看模式下的认知结果。该实验的注视点统计指标为注视时长（fixation duration）和注视点个数（fixation count）。

各场馆在测试图中的位置   表4-1

Tab.4-1   Pavilion locations in the test chart

眼球追踪仪实验测试场馆排布				
爱沙尼亚馆 AOI_1	奥地利馆 AOI_2	波兰馆 AOI_3	丹麦馆 AOI_4	俄罗斯馆 AOI_5
法国馆 AOI_6	芬兰馆 AOI_7	韩国馆 AOI_8	韩国企业联合馆 AOI_9	加拿大馆 AOI_10
拉脱维亚馆AOI_11	卢森堡馆 AOI_12	摩纳哥馆 AOI_13	葡萄牙馆 AOI_14	瑞典馆 AOI_15
塞尔维亚馆AOI_16	石油馆 AOI_17	西班牙馆 AOI_18	新加坡馆 AOI_19	英国馆 AOI_20

Cognitive Approach and Construction Method
of Modern Architectural Skin

　　本次实验使用瑞典Tobil X120 Eye Tracker眼球追踪仪，选定15位被测人员为样本，以2010年上海世博会中20个场馆不同状态下的表皮图像为认知对象。具体方法是用4种不同的图像呈现方式来模拟直观表象、建筑样式、社会景观和场所文脉认知途径所提供的视觉信息。图像a、b、c分别模拟视觉认知通过直观表象、建筑样式、社会景观途径获取的表皮图像。20个场馆及其编号在图像a、b、c中的排列秩序见表4-1。通过模拟状态下的认知实验，用眼动仪测试样本在不同认知途径中对各场馆建筑表皮的注视时长、注视点个数等眼动反应及其差异性。论证在改变认知途径的情况下，主体是否等同地建构表皮认知。

　　图像a模拟直观表象途径提供的表皮视觉信息。通过近距离拍摄，使表皮的构造、材质、肌理、色彩得到具体、细致的呈现。如图4-16所示，图像具有单纯、原发、独立的特征。

　　图像b模拟建筑样式途径提供的表皮视觉信息。在白天自然光条件下拍摄建筑全貌，使表皮形态和建筑本体的构造特征均得到完整体现。如图4-17所示，图像具有开阔、完整、概括的特征。

　　图像c模拟社会景观途径提供的表皮视觉信息。以与图像b相同的角度和构图拍摄具有灯光效果的建筑全貌，利用晚间的特殊视觉环境淡化样式、构造、空间、材质等建筑本体要素，突出建筑表皮的媒体效应和景观属性。如图4-18所示，图像具有媒体艺术和舞台背景的特征。

　　场所文脉途径的模拟测试通过对照测试者在知晓各场馆的设计理念和文脉渊源之前和之后两个不同时间点上作出的认知反应来实现。

　　认知心理学研究表明，人眼扫视图像信息的本能反应时间为3到5秒，由于本次实验测试的图像信息量比较大，故将观看时间定为5秒。本次实验共分两种情境来安排测试项目，分别以测试一和测试二表示。其中，测试一是在未告诉15位测试者每个场馆的设计理念和文脉渊源的条件下分别用图像a、图像b、图像c进行测试；测试二则是在让各位测试者了解每个场馆的设计理念和文脉渊源之后用同样的3张图像再次测试。每次测试都让测试者在放松状态下用5秒钟时间自由扫视3张图像，在这段相对短促的时间内，测试者只能依靠本能无意识地获取视觉信息。通过统计眼动仪记录的留在每个场馆区域的注视时长和注视点个数的情况，就可以真实反映测试者在4种模拟状态下的认知体验是否具有差异性。

　　以图、表和数据的形式来展现实验结果和分析认知差异。热点图是用颜色

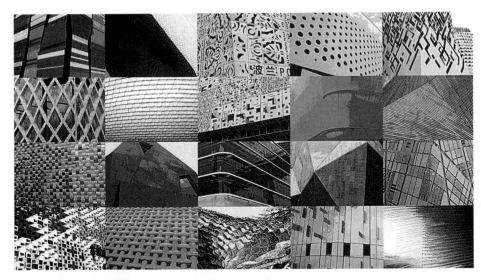

图4-16　图像（a）

Fig.4-16　Image (a)

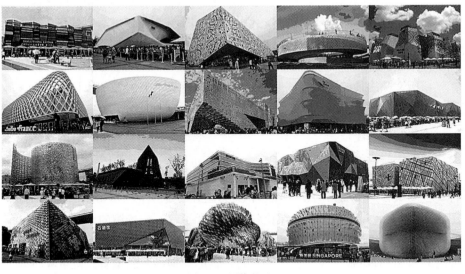

图4-17　图像（b）

Fig.4-17　Image (b)

图4-18　图像（c）
Fig.4-18　Image (c)

Cognitive Approach and Construction Method
of Modern Architectural Skin

变化体现视觉在某一位置驻留时间的长短，颜色越红，表示驻留时间越长；轨迹图用线条和点的大小体现视线移动轨迹和注视点到达某一位置的次数，点越多，表示注视点到达的次数越多。表格用于呈现由眼动仪自动生成的、各个场馆在不同观看模式下获得的注视时长和注视点的客观数值，为分析、对比不同途径中的认知结果提供依据。曲线图则更加直观地反映不同途径中的认知差异。

在测试一中，当15位测试者本能地扫视图像a后，眼动仪追踪眼球活动得到的热点图和轨迹图，如图4-19、图4-20所示。从图4-19、图4-20可以看出，测试者对于建筑表皮图案的视觉热点集中于爱沙尼亚馆、韩国馆、摩纳哥馆和芬兰馆。这说明在模拟直观表象途径的观看模式中，这4栋建筑的表皮具有较强的视觉刺激作用，最能吸引观众的认知注意。

当视觉将表皮的局部特征与建筑的整体构造建立联系的时候，就进入了建筑样式认知途径，即图像b所呈现的观看模式。当测试者本能地扫视图片b后，眼动仪追踪眼球活动得出热点图和轨迹图如图4-21、图4-22所示。将图4-21、图4-22与图4-19、图4-20两组图作比较，可以发现原来的视觉热点已经发生明显的转移和分散，注视点分散到更多场馆。除了韩国馆以外，视觉热点相对集中的区域变为韩国企业联合馆、塞尔维亚馆、西班牙馆。由于受结构、造型、外观等建筑本体因素影响，表皮形态在认知中不再完全独立地提供视觉印象。对立面局部效果的关注已经让位于对建筑实体的完整解读。测试结果表明，测试者的认知反应在建筑样式途径和直观表象途径的模拟观看方式中呈现出截然不同的结果。

　　当视觉重点关注表皮构成的奇妙景象而淡化其局部特征和基于建筑本体的构造意义时，就进入了社会景观认知途径，即图像c所呈现的观看模式。眼动仪追踪测试者本能扫视图像b过程中的眼球活动，采集到的热点图和轨迹图，如图4-23、图4-24所示。此时的视觉热点更集中于法国馆、芬兰馆、石油馆和瑞典馆，比照图4-21、图4-22，热点区域已发生显著变化。在夜晚的特殊光线环境中，结构、造型、外观等建筑本体因素的视觉影响明显减弱，表皮在灯光效果的控制下呈现为一种虚幻的、舞美背景般的视像。对表皮局部效果和建筑实体构造的感知让位于对表演性质的社会景观的欣赏。此时的建筑表皮更多作为一种环境符号而存在。测试结果表明，测试者在社会景象途径模拟观看方式中的认知反应与前两种条件下的认知结果具有明显差异。

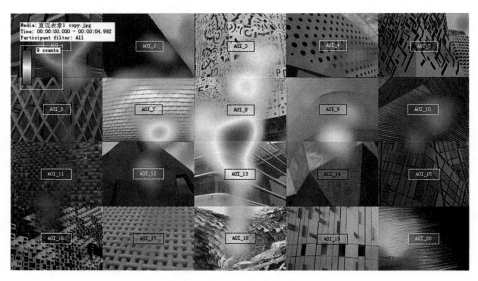

图4-19　测试一图像（a）热点图
Fig.4-19　Heatmap of Image (a) in the Test 1

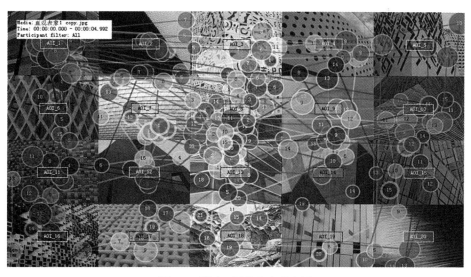

图4-20　测试一图像（a）轨迹图

Fig.4-20　Gazeplot of Image（a）in the Test 1

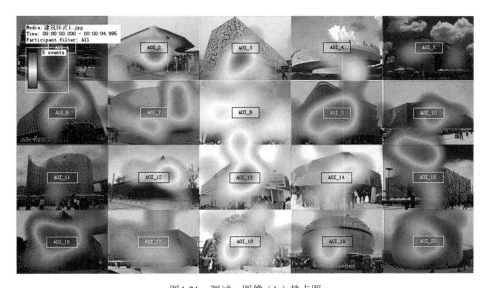

图4-21　测试一图像（b）热点图

Fig.4-21　Heatmap of Image（b）in the Test 1

Cognitive Approach and Construction Method
of Modern Architectural Skin

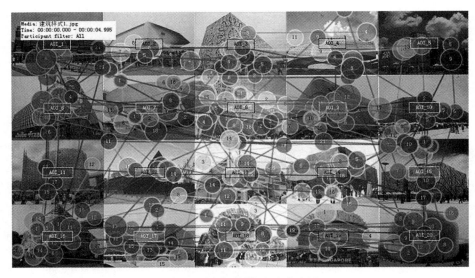

图4-22　测试一图像（b）轨迹图

Fig.4-22　Gazeplot of Image（b）in the Test 1

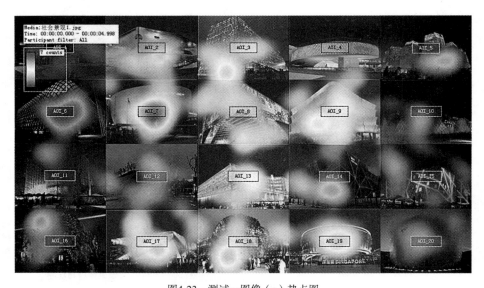

图4-23　测试一图像（c）热点图

Fig.4-23　Heatmap of Image（c）in the Test 1

Cognitive Approach and Construction Method
of Modern Architectural Skin

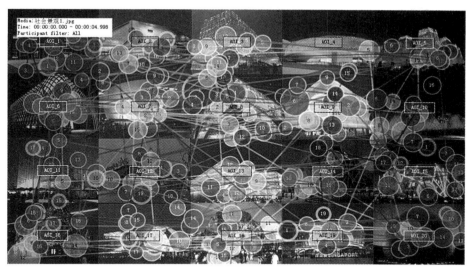

图4-24 测试一图像（c）轨迹图

Fig.4-24 Gazeplot of Image（c）in the Test 1

测试一3种模拟观看方式中的注视时长 表4-2

Tab.4-2 Fixation duration of the three mock look manners in the Test 1

场馆	注视时长/秒		
	直观表象	建筑样式	社会景观
爱沙尼亚馆AOI_1	0.57	0.29	0.18
奥地利馆AOI_2	0.18	0.17	0.23
波兰馆AOI_3	0.34	0.19	0.21
丹麦馆AOI_4	0.17	0.17	0.06
俄罗斯馆AOI_5	0.13	0.13	0.13
法国馆AOI_6	0.11	0.25	0.29

续表

场馆	注视时长/秒		
	直观表象	建筑样式	社会景观
芬兰馆AOI_7	0.33	0.33	0.39
韩国馆AOI_8	0.74	0.49	0.35
韩国企业联合馆AOI_9	0.24	0.38	0.39
加拿大馆AOI_10	0.27	0.19	0.23
拉脱维亚馆AOI_11	0.20	0.06	0.16
卢森堡馆AOI_12	0.13	0.18	0.23
摩纳哥馆AOI_13	0.48	0.31	0.16
葡萄牙馆AOI_14	0.14	0.19	0.25
瑞典馆AOI_15	0.11	0.24	0.32
塞尔维亚馆AOI_16	0.15	0.39	0.29
石油馆AOI_17	0.15	0.25	0.32
西班牙馆AOI-18	0.26	0.29	0.26
新加坡馆AOI_19	0.04	0.19	0.21
英国馆AOI_20	0.10	0.25	0.31

统计测试一中，3种认知途径下被测者观看各个场馆的注视时长、注视点个数分别得到表4-2、表4-3。数据表明，认知途径模拟观看方式的改变使认知效果产生明显差异。注视时长在3种模拟观看方式中变化不显著的只有俄罗斯馆、芬兰馆和西班牙馆；注视点个数在3种模拟观看方式中变化不显著的只有波兰馆和加拿大馆。注视时长在3种模拟观看方式中的差异通过图4-25直观呈现；注视点个数在3种模拟观看方式中的差异通过图4-26直观呈现。

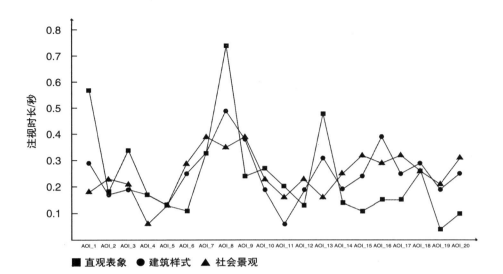

图4-25　注视时长在测试一三种模拟观看方式中的差异

Fig.4-25　Fixation duration comparison of the three mock look manners in the Test 1

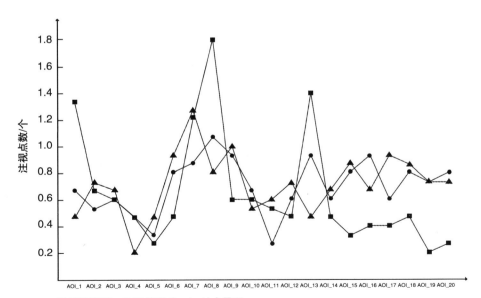

图4-26　注视点个数在测试一三种模拟观看方式中的差异

Fig.4-26　Fixation count comparison of the three mock look manners in the Test 1

Cognitive Approach and Construction Method of Modern Architectural Skin

测试一3种模拟观看方式中的注视点个数　　　　表4-3

Tab.4-3　Fixation count of the three mock look manners in the Test 1

场馆	注视点个数/个		
	直观表象	建筑样式	社会景观
爱沙尼亚馆AOI_1	1.33	0.67	0.47
奥地利馆AOI_2	0.67	0.53	0.73
波兰馆AOI_3	0.60	0.60	0.67
丹麦馆AOI_4	0.47	0.47	0.20
俄罗斯馆AOI_5	0.27	0.33	0.47
法国馆AOI_6	0.47	0.80	0.93
芬兰馆AOI_7	1.20	0.87	1.27
韩国馆AOI_8	1.80	1.07	0.80
韩国企业联合馆AOI_9	0.60	0.93	1.00
加拿大馆AOI_10	0.60	0.67	0.53
拉脱维亚馆AOI_11	0.53	0.27	0.60
卢森堡馆AOI_12	0.47	0.60	0.73
摩纳哥馆AOI_13	1.40	0.93	0.47
葡萄牙馆AOI_14	0.47	0.60	0.67
瑞典馆AOI_15	0.33	0.80	0.87
塞尔维亚馆AOI_16	0.40	0.93	0.67
石油馆AOI_17	0.40	0.60	0.93
西班牙馆AOI-18	0.47	0.80	0.86
新加坡馆AOI_19	0.20	0.73	0.73
英国馆AOI_20	0.27	0.80	0.73

测试二是在被测者了解各馆设计理念和文脉内涵之后对他们观看图像c的眼动情况进行的测试，通过播放介绍20个场馆的资料短片来使被测者了解场景文脉。测试二得到的热点图和轨迹图如图4-27、图4-28所示。热点图和轨迹图显示，此时的视觉热点集中于塞尔维亚馆、英国馆、韩国企业联合馆和法国馆，而图像c在测试一中的热点区域是法国馆、芬兰馆、石油馆和瑞典馆。对比两次测试中的热点图和轨迹图，可以发现除了法国馆以外，热点区域已完全改变。统计测试二中被测者观看各个场馆的注视时长、注视点个数，以及与图像c在测试一中形成的注视时长、注视点个数的差值得到表4-4。数据显示，图像c中所有场馆的注视时长在两次测试中均有程度不同的差异；而注视点个数在两次测试中变化不显著的只有波兰馆、法国馆和摩纳哥馆。注视时长和注视点个数在两次测试中的差异分别以图4-29、图4-30直观呈现。

图像c在测试二中的注视时长、注视点个数及与测试一的差值　表4-4

Tab.4-4　Fixation duration and count of Image (c) in Test 2 and the difference between Test 1 and Test 2

场馆	图像c在测试二中的测试结果		图像c在两次测试中的对比差值	
	注视时长/秒	注视点个数/个	注视时长/秒	注视点个数/个
爱沙尼亚AOI_1	0.14	0.33	0.04	0.14
奥地利馆AOI_2	0.10	0.33	0.13	0.40
波兰馆AOI_3	0.22	0.67	0.01	0
丹麦馆AOI_4	0.11	0.33	0.05	0.13
俄罗斯馆AOI_5	0.24	0.67	0.11	0.20
法国馆AOI_6	0.34	0.93	0.05	0
芬兰馆AOI_7	0.21	0.53	0.18	0.74
韩国馆AOI_8	0.21	0.60	0.14	0.20
韩国企业联AOI_9	0.33	0.80	0.06	0.20
加拿大馆AOI_10	0.12	0.33	0.11	0.20
拉脱维亚馆AOI_11	0.13	0.53	0.03	0.07

Cognitive Approach and Construction Method of Modern Architectural Skin

Cognitive Approach and Construction Method of Modern Architectural Skin

续表

场馆	图像c在测试二中的测试结果		图像c在两次测试中的对比差值	
	注视时长/秒	注视点个数/个	注视时长/秒	注视点个数/个
卢森堡馆AOI_12	0.11	0.40	0.12	0.33
摩纳哥馆AOI_13	0.12	0.47	0.04	0
葡萄牙馆AOI_14	0.24	0.73	0.01	0.06
瑞典馆AOI_15	0.34	0.73	0.02	0.14
塞尔维亚馆AOI_16	0.47	0.93	0.18	0.26
石油馆AOI_17	0.20	0.73	0.12	0.20
西班牙馆AOI_18	0.35	0.80	0.09	0.06
新加坡馆AOI_19	0.47	0.87	0.26	0.14
英国馆AOI_20	0.36	1.07	0.05	0.34
均值	0.24	0.64	0.09	0.19

　　图4-29、图4-30中曲线形态的显著差异表明，在了解场景文脉前后，被测者对图像c中各场馆的视觉关注普遍发生改变。表皮认知是一个复合的体验过程，而来源于直观表象途径、建筑样式途径和社会景观途径的种种视像只为认知体验提供了基本材料，感觉世界依赖主观的心理意识和价值选择，完整的表皮认知形成于有意识的体验和有选择的观察。历史的和现实的感觉世界融入观察者的潜意识中，与丰富的感觉世界和场景文脉相融合是全面建构表皮认知的必由途径。

　　测试一和测试二的实验结果表明，认知途径对建筑表皮认知结果的影响是客观存在的。眼动分析证明了在改变认知途径（模拟观看方式）的情况下，视觉不会等同地感知表皮信文和摄取表皮信息。认知途径多样性的提出和各途径认知结果差异性的证实，意味着表皮建构策略和设计方法的拟定必须根据认知规律有所针对和侧重。只有这样，表皮语言才能在多变的主客观条件和复杂的语境中符合建筑内涵表达的需要和受众的认知特点。

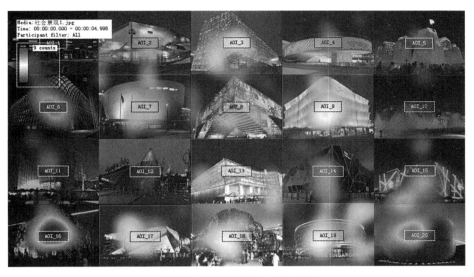

图4-27　测试二图像（c）热点图

Fig.4-27　Heatmap of Image (c) in the Test 2

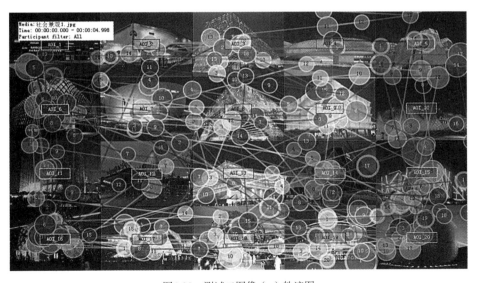

图4-28　测试二图像（c）轨迹图

Fig.4-28　Gazeplot of Image (c) in the Test 2

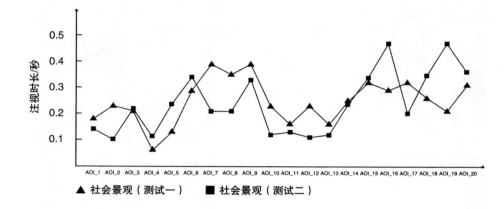

▲ 社会景观（测试一）　　■ 社会景观（测试二）

图4-29　图像（c）的注视时长在测试一和测试二中的差异
Fig.4-29　Fixation duration comparison of Image（c）in the Test 1 and Test 2

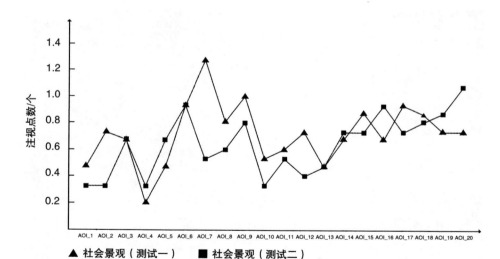

▲ 社会景观（测试一）　　■ 社会景观（测试二）

图4-30　图像（c）的注视点个数在测试一和测试二中的差异
Fig.4-30　Fixation count comparison of Image（c）in the Test 1 and Test 2

本章小结

　　知觉并不是由刺激输入直接引起的，而是所呈现刺激与内部假设、期望、知识，以及动机和情绪因素交互作用的间接过程。要使表皮承载的各类信息实现充分的认知，辨明其认知途径是首要任务。认识论层面的思考使本章的建筑表皮认知心理学研究进一步指向对认知途径的具体探讨。借助于海德格尔和胡塞尔关于视像表象方式的观点，以及梅洛·庞蒂的知觉现象学理论，参照建筑现象学四个层面的基本内容，总结出直观表象、建筑样式、场景文脉和社会景观四条基本认知途径。

　　经由直观表象途径的认知是"纯粹的凝视和朴素的观看"，这种认知途径提供的表皮形态的"纯知觉"为整体认知奠定了感性基础。建筑样式途径的认知使表皮语义与构造和功能价值建立联系，以建筑样式为参照的构造和功能层面的意指内涵的传达使表皮的认知体验趋于完整。从场所文脉途径来看，表皮并非独立的艺术现象，也不专属于建筑本体，它与所处的环境关联，事件和记忆为它提供种种体验背景和认知语境。一方面，表皮向城市展示建筑特有的品质与身份；另一方面，城市的历史文脉、社会的时代特征又清晰地映射在表皮之上。表皮连同建筑所要表达的完整语义必然依存于特定的场所精神和文脉关系，社会景观途径以宽宏的视角将建筑表皮置于广阔的社会学、经济学、文化学认知背景中，建筑成为当代文化的衍生品已是不争的事实。经由这一途径，表皮的信息指涉逐渐摆脱建筑本体内容和空间环境的局限，而更多向承载景观社会大众文化的互动体验开放。与其他一切产品和消费对象一样，建筑表皮在视觉认知中极易被抽象为社会景象。

　　眼动实验结果表明，在模拟状态下，四种途径提供的认知结果具有明显的差异。这说明不同认知途径对表皮信息的反映是有选择、有针对的。在各条认知途径中，表皮承担不同角色，观众对表皮语言所包含的各种意指内涵的注意力分配各有侧重。建筑表皮的认知行为具有内在的结构和层次，不会"局限于只有一个唯一的'美'感的概念中"[①]。认知途径的归纳使设计策略的提出能有所针对，从而有助于表皮建构方法的系统研究。通过融汇各条认知途径所提供的信息内涵，表皮对于建筑本体、所处环境及社会生活的功能意义、美学意义、象征意义得以系统建构。

---

① 罗杰·斯克鲁顿. 建筑美学[M]. 刘先觉等译. 北京：中国建筑工业出版社，2003：216.

Cognitive Approach and Construction Method of Modern Architectural Skin

第5章　营造与技术层面的建构

　　弗兰姆普顿在其《建构文化研究——论19世纪和20世纪建筑中的建造诗学》中，把建构描述为"既非具象，又非抽象的艺术"。学术界对"建构"这一概念的理解普遍侧重于美学和艺术层面的指涉。弗兰姆普顿又将"建构"定义为"诗意地建造"，一方面突出了"建构"是向着审美目标进行的艺术创作，另一方面又阐明了"建造"仍是其本质。海因果希·玻拜恩指出，"建构"需要通过对建筑部件的连接来完成，离不开物体的组合。营造方式和技术策略决定建筑表皮的基本状貌和类型特征，对直观表象和建筑样式途径的表皮认知具有最直接的影响。表皮建构应先从营造和技术层面入手。

5.1　基于类型学方法的营造策略

　　好的和富有创造性的建筑，通常是无忧无虑的"游戏"与"严肃"这两个方面相互平衡的结果。①在后工业时代的景观社会中，建筑表皮的意指内涵逐步走向开放和多元。表皮语言的传达，从被动、单一的反映转化为主动的、复合的"自律性意指"。表皮建构以营造积极的认知体验为目的，类型学可在认识论层面为其提供方法。分类网架是人类在认识和创造活动中进行想象与分析的有力工具，分类网架为理解、把握繁杂现象背后的本质与规律提供了思维工具。18世纪，A. 罗杰埃（Abbe Laugier）、J.F.布朗戴尔（Jacques Franciis Blondel）等法国建筑家为探讨建筑形式问题首先发起关于原型、起源和类型的讨论。19世纪，法国巴黎美院常务理事德·昆西（Q.D.Quincy）提出了类型学理论，通过与"模型、式样"等概念的比较，昆西对类型作出了基本的但又不十分确切的定义："类型"并不意味事物形象的抄袭和完美模仿，而是意味着某一因素的观念，这种观念本身即是形成'模型'的法则……'模型'就其艺术的实践范围

---

① 安东尼·C·安东尼亚德斯. 建筑诗学——设计理论[M]. 周玉鹏译. 北京：中国建筑工业出版社，2006：30.

来说是事物原原本本的重复。反之，'类型'则是人们据此能够划出种种绝不能相似的作品的概念。就模型来说，一切都精确清晰，而类型多少有些模糊不清。因此可以发现，类型模拟的总是情感和精神所认可的事物……我们同样可以看出所有的创造，虽然后来有些改变，但总是保持着最初的原则，在某种意义上，这很明显地证实了类型的意义和原理。就像一种绕着中心运动的物质形态的发展变化，最后总是轻易地聚集起来进入它的范围之内。因此当成千上万的现象面对我们时，科学和哲学的首要任务是寻求现象最初和最本质的原因以掌握它们的意图。正如在其他任何发明与人类机构领域里一样，这正是建筑中所谓的类型。"从这一定义中可以看出，昆西所指的"类型"是对现象和自然的"符合意图的"抽象。探索建筑外观形态的变化规律和设计方法是传统建筑类型学的主要任务，而表皮是建筑外观形态的主要部分。因此，表皮建构方法研究可以从传统的建筑类型学理论中得到理念与方法上的启示。

5.1.1　表皮营造样式的类型学思考

只有认识到建筑形态的深层结构，才能使形态的衍生具有逻辑性，对建筑设计的理解才能有迹可循，使设计过程具有可操作性和可描述性，最终方案才能易于把握和交流。[①]分类是按照某种区分标准把事物划分类别，将符合同一标准的事物聚类的认识事物的方法。类型思想导源于古希腊学者亚里士多德的《诗学》和《修辞学》。在《诗学》和《修辞学》中，他用的都是很严谨的逻辑方法，把所研究的对象和其他相关的对象区分出来，找出它们的同异，然后再就着对象本身由类到种地逐步分类，逐步找规律、下定义。[②]"类"在我国古代被用作认识手段和推理原则。《易·乾文言》中有万物"各从其类"的表述。意识通过分类所提供的框架线索对事物展开认知、想象和分析，从而有效把握对象的本质、特征和相互之间的内在联系。维特鲁威在《建筑十书》中提出，建筑在模仿自然真理过程中需要确立对象类型。他指出多立克式神庙体现男子体格的匀称，爱奥尼亚式神庙体现女性身段的优美，柯斯林式神庙体现少女姿态的婀娜。以这三种性格类型的神庙为基本框架，他构筑了建筑类型学。建筑语言的演变必然以历史积累的建造经验和营造样式为基础。建筑形态的发展无

---

① 李滨泉，李桂文. 建筑形态的拓扑同胚演化[J]. 建筑学报，2006（5）：51-54.
② 朱光潜. 朱光潜全集第六卷[M]. 合肥：安徽教育出版社，1990：84.

法抹去已有类型的烙印。借助于建筑类型学理论，在纷繁复杂的表皮现象中建立清晰的分类网架，有助于探索符合理性原则的建筑表皮建构方法。

分类是自然科学研究的常用方法，例如将基于自然属性的生物分类法用于生物物种归类。分类学和类型学分别对应自然科学和社会科学领域的分类行为，它们既有共性又有差异。共性在于两者都需要通过分类网架在复杂现象中建立组群；差异在于前者的分类标准必须符合自然规律，而后者的分类标准可以是主观性、过渡性、假设性的。类型是一种能按照不同属性对事物进行分组归类的体系。主观假设的类属特征是类型得以成立和被识别的依据。研究者根据研究意图组织现象并从中抽取秩序，再从秩序派生出多个不同的属性。类型学的分类网架是按照研究需要制定的，符合研究需要的秩序成为分类的尺度和"原型"，它是确立各种类型的参照物。

18世纪林奈（Linnaeus, Carolus）、布丰（Georges-Louis Leclerc de Buffon）等人首先在生物分类学中提出原型概念。他们通过差异性的排除和共性的聚合寻求建立生物种类的参照物，这个参照物就是原型，原型中包含着普遍相似性。相似性越普遍，种群特征就越明显，原型也就越可靠。原型是产生新物种的基础，动植物个体都是从原型发展变化而来的变体。动植物变体的变化只有不超出原型范围才能维持其种群属性。首先在建筑类型学中建立原型概念的是罗杰埃（Marc Antoine Laugier）。他在《论建筑》中对建筑的初始形态进行了描绘，他指出，为了改善居住条件，原始人从阴湿的洞窟迁出，利用树木枝干搭建房屋。他们先在四角竖起粗壮的树干，树干上端以4根水平的枝条连接。从两边角上搭起的倾斜枝条在顶端相接形成屋面，屋面铺设枝叶。罗杰埃认为，他所描绘的原始茅屋不但实现了遮风挡雨的居住功能，而且树立了建筑形式的典范。原始茅屋虽然简单，但包含了所有建筑元素的基本特征和构造逻辑：直立于四角的树干是柱子的原型；上部环绕四周的水平枝条犹如檐口；顶部倾斜枝条相交而成的三角形使人想起山墙。因此，原始茅屋为建筑提供了最基本的也是最完美的构造原型，建筑所有的形式变化都与此原型有关。建筑的本质是对人类生活和居住问题的解决，生活方式和自然法则决定了建筑原型的基本形式。罗杰埃提出的建筑原型还基于对经典力学、欧式几何学原理以及原始材料自然属性的认识。建筑原型观念可以从各个角度启发人们从纷繁多样的变体形式中归纳建筑的普遍原则。

罗杰埃认为原型赋予建筑形式"恒常性"（constants），"恒常性"使建筑的形式变化始终处于有限范围。另一位建筑类型学创始人迪朗（J.N.Durand）在罗杰埃的茅屋原型基础上推进了几何构图式的程序，建立了整套图式体系。迪朗采用比较分类法通过历史形式的指引建立起内含模数关系的构成类型。19世纪早期之前所有的已知建筑形式成为他分析建筑几何特征和构成法则的素材。墙、柱、立面开口等最基本的表皮元素被排列组合成典型的几何构成形式，生成各不相同的立面类型（图5-1）。迪朗在其《建筑教程概要》中主张将构成用作建筑的生成工具，但他同时指出构成须以充分考查某一类既有建筑形式为前提。因此，迪朗归纳的立面类型不但遵循构成法则，而且蕴含传统原型。20世纪70年代，城市类型学代表人物罗伯特·克里尔（Robert Krier）用城市空间设计的概念取代了城市规划的概念。他指出为了改善人对空间环境的实际体验，城市设计应该更加注重建筑立面等具体元素的形态学研究，而实现这一目标的有效方法就是类型学。他通过1975年出版的《城市空间的理论与实践》一书，在类型学和形态学基础上建立城市空间理论。克里尔认为城市的空间形式都来源于方形、圆形、三角形3种原型。类型学不但被克里尔用于城市空间形态的宏观组织，而且还成为他探讨包括立面、表皮在内的建筑元素形态问题的重要工具。他指出

Cognitive Approach and Construction Method of Modern Architectural Skin

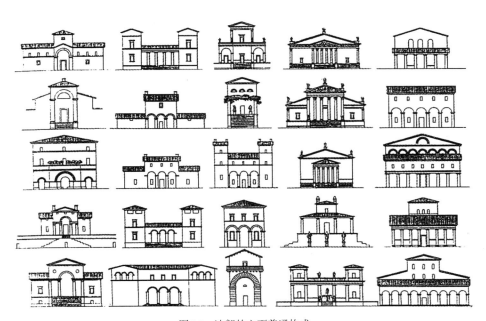

图5-1　迪朗的立面普通构成

Fig.5-1　J.N.Durand's ordinary facade construction

通过墙、门、窗、柱廊、拱廊、连拱等立面元素的组合，表皮在建构城市空间过程中发挥关键作用，并且其形式变化应遵循类型学法则。通过翔实的图解，克里尔在探讨城市空间元素的过程中十分具体地落实了类型学原则和方法，而立面和表皮是其类型学分析的重点内容。他以平面图式和剖面结构的形式细致归纳各种立面类型（图5-2）。罗杰埃的有机类型学和迪朗的图式词汇都将建筑形态的演化建立在原始类型的基础上。克里尔提出的立面原型则是颇具结构性的，但他并未直接将几何构成形式作为确立原型的依据。他认为城市空间必须获得连贯的文脉，为此，建筑形态的创造需以高度提炼了历史特征的表皮原型为基础。罗杰埃、迪朗、克里尔的类型学思想都紧紧围绕原型概念展开。原型是建筑类型发展、衍生的基础，也是建筑表皮类型学方法研究的起点。

　　结构主义思想为建筑类型学提供了哲学观和方法论，结构主义思想主张从对象自身而不是外部寻找说明自身结构的规律，在事物内部探求其变化发展的

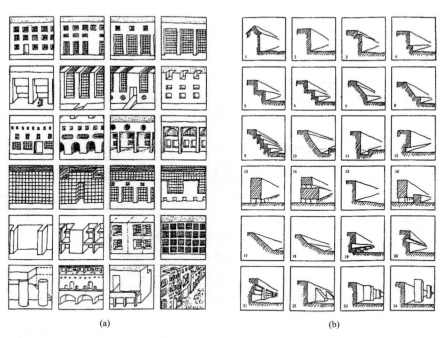

(a)　　　　　　　　　　　　　　　　(b)

图5-2　克里尔归纳的建筑类型
(a)立面类型　　　(b)剖面类型
Fig.5-2　Building types concluded by Krier
(a) Facade types　　　(b) Section types

原因即是类型构想的基本思路。除了历史元素，功能属性和角色身份也是能为建筑形式提供"自我解释"的内在结构。18世纪法国百科全书派成员、建筑师布朗戴尔J.F.（Jacques Francois Blondel）在把产生于自然科学领域的类型学方法引入建筑形式探讨时指出，建筑生产应该反映建筑种类和功能的特殊性，应该将符合功能的普遍形式和特殊意象赋予每栋建筑，从而表明它属于哪一类建筑，用于何种用途。布朗戴尔虽然没有用"类型"而是用"风格"一词来表明不同用途的建筑应该有不同的形式参照，但实际上指出了基于功能和用途的形式原型的存在。布朗戴尔和他的学生布雷、杜勒等人主张建筑形式应符合其社会角色和功能属性。他在1771年的《建筑教程》（Course of Architecture of 1771）中列举了建筑师知识库中不同种类的建筑，描述和限定了它们的典型特征，这些建筑包括剧场、舞厅、为节日活动准备的礼堂、学院、医院、旅馆、交易所、图书馆、工厂、市场、市政厅等。布朗戴尔认为，建筑应该显现自身的类属特征。为此，满足各种功能用途的不同建筑类型在形式特征方面得到具体的描述和推敲。他提出的"相面术"（physiognomy）理论为建筑的类型划分提出了一种相对明确的分析基础。

在工业化的影响下，基于历史元素的再现性语言从19世纪开始遭受质疑。在新老建筑理念交替的重要时期，建筑语言开始出现再现性意指和技术性意指的区分。作为早期现代主义和新古典主义的集大成者，阿尔伯特·长恩（Albert Kahn）既能在工业建筑中完美演绎现代主义所提倡的功能理性和简洁的技术特征，又能在民用建筑中娴熟运用古典传统所延续的艺术再现和象征手法。阿尔伯特·长恩试图通过分类方法解决建筑语言中再现手法和技术精神的冲突，他把所有建筑分为"业务建筑"（business architecture）和"艺术建筑"（art architecture）两大类型。"业务建筑"指厂房、仓库等满足简单功能的生产性建筑；"艺术建筑"指市政厅、学校、博物馆、银行等社会属性和文化内涵显著的建筑。尽管阿尔伯特·长恩提出的分类方法后来被指责为导致现代性与传统性断裂的"分裂症"，但它在探索现代建筑的外观形式及表皮语言的理性原则方面具有积极意义。它以一种简易的分类方式表明，工业用途的建筑和公共生活用途的建筑在意义表达与形象认知方面应该反映各自的身份特点。对比阿尔伯特·长恩设计的福特公司厂房和福特公司科学实验室两件作品，可以清晰地辨别出表皮语言在类型上的区别：前者属于业务类，后者属于艺术类。这种分类法与布朗戴尔的分类法既有联系又有区别：联系在于两者都关注到建筑的职能属性和外在形式之间需要建立稳定的联系；区别在于后者与前者在分类过程中采用的分析基础不同。前者以叙述性的"相面术"理论为分析基础；后者以工业化条件下扩充了的功能意指为分析基础。

上述的分类思想对表皮类型学研究具有一定的参考价值。但从准确反映表皮形态生成逻辑和全面归纳表皮形态类属特征的角度来看，这些理论针对性不强，不能直接套用。首先，传统的建筑类型学研究虽以与表皮问题密切相关的建筑外观、风格、立面形式为主要内容，但它并未专门对建筑表皮展开独立的类型学思考，类型划分的框架也并非针对建构表皮认知所设；其次，面对千变万化的建筑形态，如果只是片面地就形式论形式，或是就构造论构造，容易导致一种封闭的、再现式的操作，从而使表皮语言与现实环境及社会需求失去关联。再加上相对于类型学思想的活跃时期，当代建筑在理论和实践层面已经历了巨大变革，如不加以针对性的发展，传统建筑类型学无法为当代建筑表皮设计提供有效的理念参照和方法指导。

威尼斯学派提出的类型学新观点有助于表皮建构理论的搭建。艾莫尼诺（C.Aymonio）认为类型学是挖掘建筑语言一切潜在规律的研究方法，它可以从不同的应用需要出发将建筑元素纳入便于认知、理解和设计操作的有机结构。作为一种主观的抽象行为，类型划分是开放的、多层次的，它能从不同角度为复杂的现象建立内在秩序。阿尔甘（GiuLio Carlo Argan）认为，19世纪下半叶出现的按照早先确定的实际功能（医院、宾馆、学校、银行、剧院等的类型系统）来分类的类型学的倾向并没有产生重要的影响。艾莫尼诺意识到建筑类型的分类形式可以是多元的，不同形式的分类服务于不同的目的。他将建筑类型分为"形式类型"和"功能类型"，分别对应"艺术现象"和"城市现象"的研究目的。不仅如此，艾莫尼诺还指出有必要结合建筑学的新近发展建立"应用类型学"，从便利于研究的角度对现实中的建筑现象进行类型抽象。阿尔甘指出，类型可以有无数的类和亚类，总体上可以从3个营造层面对现代建筑展开类型学探讨：一是建筑的整体构形，二是主要的结构要素，三是装饰要素。这意味着可以从形体、结构和表皮等角度分别运用类型学原理探索相应的认知规律和营造方法。类型学思想使"类型识别"这一关键认知环节得以确立，使活跃多变的表皮形式有可能以"类型特征"为核心聚合起来并接受它的协调。表皮的类型学研究可视作对现有建筑类型学理论的发展与补充，它能在归纳表皮语言的形式起源和探索营造样式层面的建构策略上发挥积极作用。

5.1.2　建筑表皮的原型及其表意结构

基于历史原型和功能属性的建筑类型划分为建立表皮原型提供了有益启示——它们都涉及"如何理性地赋予建筑恰当的外在形式"这一关键问题，并分别从"外在表现"和"建筑功能"的角度提出分类依据。对于现代建筑而言，"外在表现"仍是对表皮基本属性的准确归纳，而"建筑功能"对表皮形态已不具直接影响。阿尔伯特·长恩所说的"业务建筑"和"艺术建筑"的类型区分对当代建筑表皮的认知态度与设计程序均已很难发生作用。厂房、仓库、商业机构等业务性建筑不一定只满足简单的使用功能，它们完全可能像市政厅、学校、博物馆等艺术建筑一样需要通过建筑表皮营造视觉效果、传达文化意义和彰显个性特征。

表皮这一概念从字面上看有"物体最外层"和"浅表组织"的含义，因此，它很容易给人带来一种从属性、第二性的印象。古典时期的建筑立面在"表与里"的结构关系中显现出这种从属性、第二性。阿尔伯蒂（L.BLeon Battista Alberti）认为先有建筑结构，后有立面装饰。建筑学发展使表皮的内涵不断得到扩充。20世纪初，现代主义建筑立面发生的重大改变动摇了"建筑结构第一性，表皮第二性"的传统观念。勒舍巴勒和穆斯塔法在《表皮建筑》中论述了工业技术对建筑表皮的深刻影响。钢筋混凝土、玻璃等新型材料和工业化建造方式使表皮从承重和结构中解放出来获得独立。表皮虽然仍附着于结构之上，但它不再受结构的束缚，可以自由、连续地包裹结构和围合空间。工业化的建筑构件不但使表皮界面更加规整统一，而且使立面形式趋于多样。建筑表皮在后工业社会中的功能、身份更为复杂。表皮语言将建筑在信息社会和景象社会中的视觉形象、社会属性、文化意义提升到结构本身无法企及的境界，它所传达的意指内涵逐步走向自由、丰富和多元。由于信息传达模式从被动、单一的反映转化为主动、多样的"自律性意指"，表皮原型的表意层次需要根据其基本属性重新定位。

5.1.2.1　围护层

立面在古典建筑中大多具有承重和围护的构造作用。它必须以规整的体块配合建筑的形体构造，以垂直的立面支撑屋顶，并形成坚固的空间隔断。文艺复兴时期，阿尔伯蒂认为表皮是起填充作用的结构派生物。森佩尔在1851年出版的《建筑四元素》中将围护确认为原始居住的四大基本元素之一。他在《纺织的艺术》一文中指出，编织而成的围护组织构成了最早的建筑。编织的表皮而非结构是建筑生成的基础。在森珀看来，围合的表皮本身具有无可替代的结构意义，而不需要依赖外在的结构。现代主义将表皮与结构剥离，表皮在组织空间秩序方面更加主动，其围护职能得到更加灵活的发挥。在复杂的后现代语境和完备的技术条件下，表皮通过更加自由的围合形式演绎空间。无论在哪一阶段，表皮都未曾脱离其最基本的构造职能，即它必须对建筑空间的生成负责，并以不同形式参与对结构的组织。表皮对于建筑的实体性作用主要通过"空间围护"的方式体现出来，"空间围护"是侧重于外延性意指的表皮属性和表意层次。

5.1.2.2　功能层

表皮在实现各种功能的过程中确立自身形态。设置开口和过渡空间的功能需求导致传统建筑立面和表皮构造的复杂化。例如古典建筑中的柱廊、哥特式教堂的飞扶壁与多层墙垛具有加固结构、营造空间等方面的特殊功能。随着全球能源危机的显现和生态环境意识的觉醒，建筑师通过技术手段赋予表皮日益完善的功能，使它犹如皮肤那样自如应对外界环境条件的变化。采光、隔热、通风、遮阳、隔声等功能不再由单层表皮承担，而是由各种独立的功能构件分别落实。随着功能属性的逐步完善，建筑表皮的属性正发生质的变化：它从填充性的物质材料转化为具有感知能力和反应能力的功能界面。功能性构件是建筑表皮外观特征的主要成因之一，在建筑风格形成过程中发挥关键作用。在表皮界面裸露复杂、精密的功能构造是展现当代建筑技术魅力的重要手段。在法国蓬皮杜艺术文化中心立面中，理查德·罗杰斯与诺曼·福斯特利用通风管道、楼梯等外露的功能部件建构了充满理性色彩的表皮语言。在香港汇丰银行大厦立面中，福斯特将承重钢柱置于包覆层外部，清晰传达了表皮的结构功能。德国建筑师托马斯·赫尔佐格（Thomas Herzog）在1996年将太阳能技术运用于建筑表皮，使建筑表皮拥有利用可再生能源和积极适应环境的功能。之后，针对生态、环境、气候、交流等应变能力的表皮功能不断被开发，表皮凭借日益完善的功能组件在自身系统中实现对声、光、热、空气、降水和信息的调节与控制，巧妙地使建筑与自然环境、人文环境取得协调。通过自身的调节功能来应对外界变化和提升建筑空间的环境品质是现代建筑表皮的重要属性。"调节功能"也是一个侧重于外延性意指的、主要反映表皮自身技术特征的表意层次。

5.1.2.3　表现层

弗兰姆普敦（Kenneth Frampton）的建构理论，将表现与本体这两个建筑范畴分开。用于填充的墙体（与表皮对应）和火塘一起属于表现范畴。建筑表皮在古典时期更是一种重要的表现性元素。古希腊和古罗马时期的优美的柱式、华丽的山墙和精致的浮雕；哥特教堂的尖拱、飞扶壁、巨型彩色玻璃窗、砖石墙体；文艺复兴和巴洛克、洛可可时期的宗教壁画、几何纹样和主题雕刻以及东方传统建筑的屋顶形式、木构砖墙、廊枋彩绘、门窗雕刻等建筑表面装饰，展现了古典建筑表皮在艺术审美和教义象征方面的表意作用。受立体主义空间观影响的现代主义建筑表皮开始获得表现的自由，其表意目的已不是再现历史信息或象征传统教义，而是揭示物质世界的构成关系和抽象秩序。20世纪60年代，随着现代主义功能理性受到质疑，表皮语言在形式上进一步走向自治，在意义表达上呈现出多元化、复杂性和矛盾性。文丘里认为，建筑的内部和外部无需在表现上达成一致，表皮可以运用"变形"（inflection）的设计策略从外部寻找含义，也可以用彼此无关的片段组合表现新的含义。建筑表皮在景象社会中具有突出的表现价值。德波在其著作《景象社会》中，将无限堆积的奇观称为真实存在着的非现实的核心。当奇观替代真实世界中的实体而成为人们追捧的流行产品和消费对象，越来越多的表皮热衷于将建筑以外的社会生活作为表现内容。从遥远的原始形态发展到新近的景观化趋势，建筑表皮始终具有通过某种外在形式表现特定意指内涵的职能。"外在表现"是侧重于内涵性意指的表皮属性和表意层次。

建筑是按一定功能需求通过围护组织从环境中区隔出的人造空间。传统建筑学更多将建筑物本身和空间作为研究对象。当代建筑学发展的一个明显趋势是注重建筑与环境之间的关系，以及体现这一关系的介质——表皮。建筑不应是某个环境中的添加物，而应从特定环境中主动生发，体现与环境的互动。建筑的"主体性"需要通过其表层构造来显现。当代建筑的表层构造越来越多地借鉴生物表皮所具有的生长特性，面对外部环境条件能动地作出应对和"表演"。从认知角度看，建筑表皮已成为包含"空间围护"、"调节功能"、"外在表现"三方面意指内涵的信息界面，能对空间、功能、精神层面的语义作出综合表征。总结以上分析，并结合本文第2章关于表皮概念与职能的结论，表皮原型的基本属性可归纳为围护、功能、表现。这三个基本属性决定了现代建筑表皮在视觉认知中的表意结构，这一结构由三个表意层次组成：围护层、功能层和表现层（图5-3）。

Cognitive Approach and Construction Method of Modern Architectural Skin

5.1.3　表皮类型的提取

　　根据研究需要，类型学可用于分析对象的某一种属性，为对象某一方面的复杂情势和变量建立相对稳定的参照系。建筑表皮类型学研究的出发点和关键点在于，面对形式多样的建筑表皮，建立某种能将其形态问题还原、简化和抽象化的主观构想。建筑表皮类型学研究的主要内容是通过建立原型和划分类型，提出表皮形态的还原假设和转化模式，

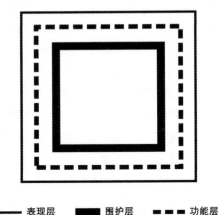

　　表现层　■ 围护层　■■■ 功能层

图5-3　表皮原型的表意结构
Fig.5-3　The ideographic structure of skin prototype

探索表皮语言的形式渊源和设计策略，最终形成具有类型学特征的、符合设计规律和认知规律的表皮建构方法。

　　分类行为是认识和把握事物属性的有效方法。类型是根据研究需要暂时建立起来的抽象概念，具有主观性。建筑表皮可以采取多种分类方法，而任何一种分类形式都不应割裂不同分类模式之间的本源联系。基于同一分类模式的不同表皮类型相互排斥但具有同源性，即转换分类网架即可重新建立联系。类型学要求系统内的元素和类型具有"排他性"和"概全性"，即在一个完整的系统中，所有类型彼此相互排斥地体现不同属性，而当它们集合为一个整体时又可以完整地表明一种更高一级的类属性。根据类型学的分类原则，表皮类型的划分还应体现"层次性"，即每一类型可以根据更为深入的观点和研究目标作进一步分类。

　　语言学的研究成果表明，同一层次的语言相互描述存在逻辑上的困难，只有用深层次的语言描述浅层次的语言才能清晰解析其语义。表皮形态本身已是一种形式语言，仅从形式层面分析表皮形态难以把握其生成规律和语言逻辑。表皮形态研究可以借助于语言学理论确立某种用作工具语言的固定要素，设定"元语言"（meta-language）。作为变化的元素，表皮形态是需要用"元语言"进行描述的对象，是一种"对象语言"（objective-language）。这种分层次的，在某一层次上来研究另一层次的语言所引发出来的逻辑问题即所谓"元逻辑"。借助于类型学，可以使表皮形态的探讨深入到"元范畴"（meta-language）和

Cognitive Approach and Construction Method
of Modern Architectural Skin

"元设计"层次，使作为"对象语言"存在的表皮现实形态建立在表皮类型这一"元语言"的基础上。表皮的"元设计"过程就是从纷繁复杂的表皮形态中提取类型的过程。围绕"表皮样式的营造逻辑"和"表皮形态的生成原理"，归纳类型特征的主观构想成为创设表皮"元语言"、落实表皮"元设计"的关键环节。根据围护、功能、表现三种表皮原型基本属性的显现程度，以及围护层、功能层和表现层三个表意层次在总体表意结构中所呈现的关系，可以总结出三种表皮类型：以"表现层"语义统合"围护层"和"功能层"语义的面罩类型；以"功能层"语义统合"表现层"和"围护层"语义的显露类型；以"围护层"语义统合"功能层"和"表现层"语义的复合类型。面罩、显露、复合三种表皮类型的简明图式如（图5-4）。

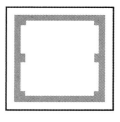面罩型　复合型　显露型

图5-4　表皮类型简明图式
Fig.5-4　Schema of skin types

5.1.3.1　面罩

　　古典时期，表皮传达信息的主要部位是附加、覆盖于实体构造之外的装饰部件。古典建筑的立面、顶面和细部通过雕塑、绘画、图案、文字符号等装饰性的"表皮面罩"承载信息，完成对社会生活和宗教信仰的种种意义指涉。早期现代主义建筑的玻璃幕墙虽然显得更为通透、轻盈，但仍然以围护与遮蔽建筑空间为主要职能。"形式服从于功能"的法则使附加于建筑外部的装饰性、叙事性元素受到抑制，但以玻璃幕墙为代表的独立表皮发展出了自身的象征手法和变现形式。这种象征形式同样来源于对建筑构造之外的独立"面罩"的强调，只不过这类"面罩"具备了透明性。后现代主义主张建筑表皮以丰富的表情传达文脉和象征意义。表皮在后现代场景中成为脱离建筑本体的"封套"，它在突出自身传播性的同时强化了对建筑本体的遮蔽。建筑物表面历来被用

作公共领域的传播媒介和信息载体，大众文化和信息技术的发展加快了建筑表皮媒体化的趋势。通过大量符号、图像和媒体设施的覆盖，表皮成为当代建筑的"时尚外衣"和"信息面罩"。

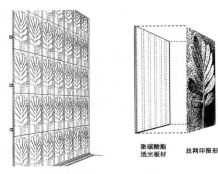

图5-5　米卢斯工厂的被图形覆盖的表皮
Fig.5-5　Image masked Skin outside
Mulhouse Factory

建筑表皮在古典时期的"艺术表现"、现代主义时期的"技术象征"、后现代时期的"文脉演绎"，以及景观社会和数字技术背景下的"奇观效应"这一系列发展证明，"包覆"始终是建筑表皮最为重要的作用方式之一。一些建筑通过在外部覆盖表现性元素（面层）来实现对其围护组织和功能构造的遮蔽，构成"面罩"式表皮类型（图5-5）。[①]

5.1.3.2　显露

通过分解与组合，采光系统、通风系统、遮阳系统、隔热和围护系统构成功能完备的多层表皮。透光幕墙或窗、折光构件、多层玻璃、复合隔热墙体、空腔夹层、窗式通风口、机械通风管井，通过分工精细的装配技术整合于表皮界面。自动控制技术使各种起遮挡作用的挑檐、百叶、板片根据采光和视线的需要灵活地移动、开合和变换角度。容纳功能部件的空间和分离多层隔断的间隙增加了表皮的三维属性。多种构件的组合使功能性表皮的形式比单层表皮更加复杂。功能构件的增加能充实表皮细部，其多样化的配置组合和层叠秩序大大丰富了表皮的构造肌理（图5-6、图5-7）。

"功能决定形式"的现代主义格言虽已过时，但其中包含的"功能性原则"仍是表皮建构中的合理因素。在当代建筑表皮设计中秉承"功能性原则"并非排斥或弱化形式，相反对形式发展具有积极意义。由功能生成的形式是原创的、反映技术特征的，具有真实性。技术审美积极推动表皮形态的发展演变。

---

① 赫尔佐格和德梅隆用碳酸酯覆面板材包裹了米卢斯工厂的顶面和立面，使其表皮显现出"面罩"式的类型特征。板材背面印有卡尔·布鲁斯菲尔德拍摄的树叶照片图案。隐约可见的树叶图案使表皮在不同的光线条件下产生眩光、渐变和程度不同的透明效果。"面罩"型表皮营造出以植物为主题的奇幻视像，将这栋工业建筑的金属框架和内部构造完全覆盖。

Cognitive Approach and Construction Method of Modern Architectural Skin

图5-6 昆山汽车客运站候车大厅遮阳装置
Fig.5-6 Sun shading device outside the waiting hall of Kunshan passenger station

图5-7 显露构造的昆山汽车客运站候车大厅表皮
Fig.5-7 Exposed skin structure outside the waiting hall of Kunshan passenger station

随着功能的发展与装备的更新，表皮设计获得更多、更新的技术词汇和材料语言。一些建筑表皮以显露工程结构和技术细节的方式实现对空间的围护和界面的表现，从而构成"显露"式表皮类型（图5-8、图5-9）。[①]

5.1.3.3 复合

在立体派的影响下，表皮以运动、抽象的构成形式整合到建筑结构中。柯布西耶在《走向新建筑》中将平面、体量和表皮定为建筑的构造要素。斯坦因别墅中的表皮所起的作用不只是围合，它还定义和组织了空间秩序，与结构合为一体。基尔·德勒兹在1986年出

图5-8 多米诺斯葡萄酒厂石框表皮
Fig.5-8 Wire framed stone facade of Dominus Winery

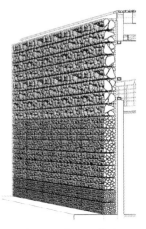

图5-9 石框立面构造
Fig.5-9 Structure of wire framed stone façade of Dominus Winery

---

① 充分显现功能构件的蓬皮杜文化中心立面是"显露"型表皮的早期案例。类似的，赫尔佐格和德梅隆在多米诺斯葡萄酒厂立面不加任何修饰地显露出材料的自然本色和内部构造的真实面貌。未经加工的当地岩石自由填充于铁丝框，形成透空墙体。石头的大小和密度被用于控制光环境：高密度地聚集在底层立面的细小的石块为酒窖提供凉爽的阴影，而在顶部宽松堆积的粗大石块让充裕的光线进入办公空间。斑驳光线在不规则的空隙中闪动。作为一道水分、空气和光线的过滤网，铁框石墙以自然显露的结构充分传达了表皮的气候调节功能，并以率真、朴素的表情与当地环境和谐相融。

版的《褶子：雷布尼兹和巴洛克》中指出，物质通过摺叠、展开、再摺叠的运动方式反映其时空存在。立面、顶面、墙体、楼板、开口等构造元素在具有摺叠特征的表皮构成中复合为一个不可分割的整体，共同应对环境和事件。复合结构的各个部分协同一致地生成建筑表皮，在构造上呈现出连续性和自组织特征。脱离结构取得独立曾是现代建筑表皮的一般特征，但随着壳体、网架等新型建造技术的发展，表皮与结构又呈现出一体化的趋势——表皮成为整合了形式表现和功能构造的结构化的围护组织。

从建筑的发展看，结构与表皮原本就是一体化的，而且在很长时间中，表皮都从属于建筑结构。候伯曼（Chuck Hoberman）根据摺叠表皮复杂的空间性和力学方面的潜能，提出"表皮结构"的概念。相对于主流的现代主义框架形式，这是一种完全抛弃梁柱的结构设计的新思路。为了得到无障碍的内部空间，许多建筑将结构功能转移至表皮，从而取消内部的承重构件。建筑的结构和围护不再截然分开，表皮成为具有自身骨骼的结构性组织而不需要依赖于辅助结构的支撑（图5-10）。[①]复合型表皮的骨骼呈现一定密度的格构，在满足结构力学要求的同时又为填充物提供了间隙和固定条件。它通过类似于细胞结构、晶体结构、骨骼结构或泡沫结构的重复单元将"围护"、"功能"、"表现"等属性融为一体，并把门窗、出入口、立面、顶面复合在整体构造中。在当代全新建筑美学观念、数字化设计建造技术以及新材料的驱动

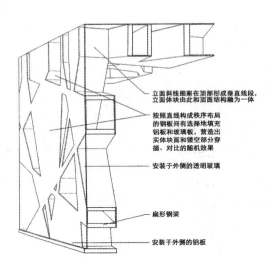

立面斜线图案在顶部形成垂直线段，立面体块由此和顶面结构融为一体

按照直线构成秩序布局的钢板间有选择地填充铝板和玻璃板，营造出实体块面和镂空部分穿插、对比的随机效果

安装于外侧的透明玻璃

扁形钢梁

安装于外侧的铝板

图5-10　伦敦蛇形帐篷咖啡厅的复合式表皮构造
Fig.5-10　Composite skin structure of
Serpentine Pavilion in London

① 巴克敏斯特·富勒设计的1967年蒙特利尔博览会美国馆是现代结构化表皮的早期案例。钢管焊接的三角形单元构成"短线穹顶"，它与内层六角形钢管网格连接。表皮符合复合类型特征的建筑还包括伊东丰雄设计的伦敦蛇形帐篷咖啡厅、格雷姆肖设计的圣奥斯特尔伊甸园工程、赫尔佐格和德梅隆设计的德国慕尼黑曼联球场与2008年北京奥运会主场馆、以及PTW建筑事务所与中国建筑工程总公司联合设计的2008年北京奥运会游泳中心"水立方"。

Cognitive Approach and Construction Method
of Modern Architectural Skin

下，"复合"式表皮正向具有非线性特征的复杂形态演化。这种建筑表皮与结构结合的方式符合了时代的发展步伐，并且带来了全新的形式表现和空间体验。高度工业化的建造方式与标准化的构件符合规模经济效应，但同时使人类的建造行为面临沦为标准预制件拼装过程的风险。结构化表皮使设计与建造部门注重建造方式的创新，通过研发各种定制的"复合构造"新型表皮推动建筑设计向高品质发展。[1]

建筑类型学的基本原理是利用某种符合主观构想的分类标准对建筑语言进行抽象和简化。类型学方法可以为把握建筑表皮的基本营造样式提供清晰思路。但任何分类形式都只能是有所针对地反映表皮形态某一方面的类属特征。"面罩"、"显露"、"复合"的类型划分以对表皮形态生成逻辑的宏观构想为出发点，着重体现表皮原型中的表意结构（围护、功能、表现三个表意层次的呈现方式和相互关系）对表皮营造样式的作用与影响。表皮类型的归纳与提取是针对基本营造样式和形态生成逻辑提出的，它忽略其他建构要素的作用，例如技术、材料对表皮形态的影响虽然十分显著，但它们对这一模式下的类型划分不产生直接影响。无论采取何种技术、材料手段，表皮语言都具备基本营造样式和形态生成逻辑方面的类型特征。技术、材料在表皮类型（这一模式下的）转换过程中只能体现为"对象语言"而不具备"元语言"的地位和作用。这一类型划分虽不以技术、材料属性为关键控制点，但也不与之相冲突。在"面罩"、"显露"、"复合"的类型基础上，可以根据技术、材料属性进一步分类和转换。因此"面罩"、"显露"、"复合"的类型划分非但不会排斥和割裂技术、材料等其他建构要素的作用，而且还将它们有序地纳入类型转换的建构体系。

5.1.4 基于类型转换的样式营造

当代建筑类型学一方面可以看作是对欧洲古典建筑文化的总结和复兴，另一方面也可以看作是设计方法中理性主义倾向的继续发展。它强调先存的建筑现象的重要，同时也认可新的生活形式的不断产生，更注重两者间的承

---

① Martin Bechthold. Innovative Surface Structures, Technologies and Applications[M]. Abingdon:Taylor & Francis, 2008: 6-7.

Cognitive Approach and Construction Method
of Modern Architectural Skin

袭。①建筑表皮的固定样板在现实中并不存在。表皮类型学的核心任务不是获得静止、封闭的模型，而是要基于理性原则探索动态、开放的表皮建构方法。昆西在类型定义中指出了类型与模型之间的区别：模型的作用是为重复、再现和模仿提供固定参照物；而类型的作用是形成认知观念和组织方法，揭示客观事物的内在结构。类型划分为表皮营造样式的变化确立了基本原则，将纷繁复杂的表皮现实形态纳入多样统一的认知框架。在有限的类型模式基础上，环境、技术、材料、功能需求等变量的加入使建筑表皮形态在具体操作中转换出丰富多变的形态。"同源"基础上发生的"变异"使生物在保持类属特征的前提下呈现出物种的多样性。与"变异"作用相似，类型转换可以使表皮形态在体现类型特征的同时演化出众多自由的变体形式。类型在对形式的内在结构作出规定的同时，可以容纳无数的形式变体。阿尔甘指出，类型学不仅仅是分类系统，更重要的是创造性步骤。类型学为建筑表皮设计提供了一种用给定要素的系统集合推进设计构思的方法。因此，类型概念可以理解为"生成设计的规则"，它指导设计的过程，新要素的出现以及最终产生的模式。

表皮类型研究可以参照建筑类型学建立转换模式。恩格尔斯将几何转换运用于建筑单体组合，使单纯的空间形态在接触、交汇时产生出新的、混合的建筑类型。一个已知建筑类型可以通过对门、窗、阳台、踏步、坡道等元素的转换，在维持"同源"的基础上得出无数新类型。罗伯特·克里尔则在空间类型学中将城市和建筑空间的基本类型还原为极简的圆形、三角形、方形和自由形。但是，这些基本类型经过合成（addition）、贯穿（penetration）、扣结（buking）、打破（breaking）、透视（perspective）、分割（segmentation），以及变形（distortion）等方法，便能够衍生无数的新形式（图5-11）。克里尔认为有限的几何形可以通过类型转化衍生出无限的组合形式。简明的类型特征加强形式的"母题"，而灵活的类型转换使设计师可以根据特定条件自由发挥创造性和想象力。抽象的类型只是为表皮建构提供了形态生成的宏观架构，在实践中，它需要根据现实条件进行各种形式的转换。参照恩格尔斯和克里尔的研究成果，本文提出演化、并置、穿插、合成四种类型转换方式作为营造样式层面的表皮建构手法（图5-12）。

---

① 刘先觉. 现代建筑理论[M]. 北京：中国建筑工业出版社，2008：344.

Cognitive Approach and Construction Method of Modern Architectural Skin

5.1.4.1 表皮类型的演化

表皮类型为设计提供了抽象的"元语言",但现实中的表皮形态十分具体,需要反映自身及建筑的形式特征、语言风格和精神内涵。表皮设计是建筑设计系统中的子系统。现实中的表皮形态只能是在某一表皮类型"元语言"的基础上联系其他建筑元素,与之相互协同,演化,发展出的特殊、具体的"对象语言"而不是类型模式本身。一种表皮类型可以演化出无数具有"同源"关系的形式变体。

位于西班牙圣塞瓦斯蒂安的库塞尔音乐与文化中心的建筑表皮可看作是"面罩"类型的演化形式。建筑师拉斐尔·芒尼奥的设计目标是尽可能使该建筑与乌尔姆河口的景观相融合,使它们看起来像矗立于河口的两块巨石一样成为景观中的突出部分,而避免被城市建筑群吞噬。向大海方向倾斜的两个大小不一的不规则棱柱体分别为礼堂和音乐厅。繁密的金属框架与内外两层玻璃幕墙构成足以抵抗海滨强风的表皮系统,这个系统在白天呈现半透明,晚上使建筑成为

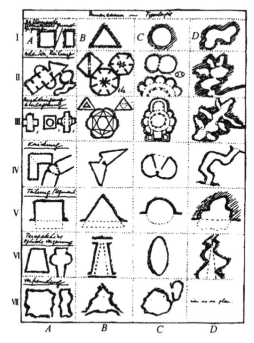

图5-11 克里尔提出的空间类型转换模式
Ⅰ平面几何形 Ⅱ加成 Ⅲ贯穿 Ⅳ扣结 Ⅴ破调
Ⅵ透视 Ⅶ变形
Fig.5-11 Space type transformations concluded by Krier
Ⅰ Geometric form Ⅱ Addition Ⅲ Penetration
Ⅳ Buckle Ⅴ Break Ⅵ Perspective Ⅶ Deformation

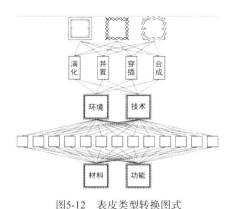

图5-12 表皮类型转换图式
Fig.5-12 Transformation schema of skin type

明亮的发光物。无论昼夜，纤细的金属网格和亮色的半透明玻璃均构成匀质的表面，犹如一层特殊的面罩，它覆盖了礼堂和音乐厅所有的功能设施和内部结构，赋予建筑整体、洗练的抽象形态与柔和表面质感。海湾中心位置和巨大的体量使库塞尔音乐厅特别引人注目，而朦胧的"面罩"形表皮使这座艺术殿堂在稠密的城市背景中显得独特、优雅（图5-13）。

　　伦佐·皮亚诺（Renzo Piano）设计的吉巴乌文化中心立面可看作"显露"类型的演化形式。从概念到形式，该建筑尽量避免外部文化的干预而着力体现太平洋岛国的独特传统，为此，文化中心以一个支持脱离法国统治的卡纳克人的名字命名，并根据当地的建筑传统采用暴露自然材料真实结构的表皮类型。10个蛋壳形木屋以玻璃和木材搭建的长廊连成250米长的建筑群，这10个建筑单元根据它们的功能被分成三组：第一组为入口、展示空间和自助餐厅；第二组为多功能厅；第三组为视听室和教室。利用金属连接件架起的木质壳状墙体朝向大海。仿照当地村庄小木屋结构建成的透空木墙能够抵抗时速240公里的太平洋飓风，木墙犹如巨盾在海岸一字排开，以挺拔的造型表现出倔强的抵抗姿态。具有"显露"类型特征的建筑表皮以兼具地方特征和现代性的表皮构造表达了吉巴乌中心的建筑主题和文化象征意义（图5-14）。

　　中国国家体育场"鸟巢"的桁架编织表皮可看作"复合"类型的演化形式。结构与形式高度复合的完整受力体系具有清晰、自然的构造逻辑，创造性地解决了大跨度体育场馆的结构问题。空间桁架柱是由一根垂直的内柱和两根倾斜的外柱通过22根腹杆连接而成的三菱锥结构，外柱在顶部向内侧作弧线弯折并连接到主桁架的上弦。24根桁架柱与主桁架、外围立面结构、外围顶面结构、楼梯钢架交错编织，形成巨型网架。场馆内部空间虽然没有一根支柱，但用强

图5-13　面罩类型的演化形式，库塞尔音乐厅和文化中心玻璃幕墙表皮
Fig.5-13　Alteration of Mask type, glass skin of Kursaal Auditorium and Cultural Center

图5-14　显露类型的演化形式，让·马里·吉巴乌文化中心木质表皮
Fig.5-14　Alteration of Exposing type, wooden skin of Jean-Marie Tjibaou Cultural Centre

度两倍于普通钢材的特种钢造就的马鞍形巨型桁架异常坚固，可以保证在460
兆帕外力作用下不变形、不垮塌。赫尔佐格和德梅隆对表皮的营造样式提出了
"向结构复合"的大胆设想，以桁架编织结构的形式展现了"复合"型表皮的
自组织性。"鸟巢"的钢网表皮显得轻盈、稳固、活跃，在形成有力围合的过
程中体现了复合结构的整体性，建立了内外环境之间的良好沟通（图5-15）。

图5-15　复合类型的演化形式，中国国家体育场的桁架编织表皮
Fig.5-15　Alteration of Composite type, weaving truss skin of China National Stadium

5.1.4.2　表皮类型的并置

表皮类型的并置是指若干类型模式有序组合于表皮的同一层面。设计师常
常出于建筑功能和形式表现的需要综合使用数种表皮类型。并置的表皮类型模
式之间具有独立的结构关系，形态上能够相互区分。通过类型的并置转换，表
皮形态产生秩序性、规律性的变化。

慕尼黑犹太人中心集会堂建筑立面呈现了两种表皮类型的并置，矗立于广
场中央的集会堂以规整的建筑平面和奇特的简洁立面营造出庄重、神圣的氛
围。为了体现时间的永恒和空间的开放，集会堂立面采取了一种既能有效提供
坚实围护，又能充分显露内部结构的组合式表皮构造。其表皮清晰地分为上下
两段，分属于两种表皮类型，分别达到"遮蔽"和"显露"的目的。下半段以
未经表面处理的自然石材砌筑成类似于石基的墙体，形成完全遮蔽内部空间的
"面罩"形表皮。上半段为钢网结构玻璃幕墙，外罩金属网。从透明玻璃幕墙
和钢网对内部构造的清晰反映来看，上半段立面具备"显露"型表皮的特征。

图5-16　表皮类型的并置，慕尼黑犹太人中心集会堂金属与石材表皮

Fig.5-16　Juxtaposition of skin type, Metal and stone skin of the Jewish Center in Munich

通过对建筑真实结构和功能空间的"屏蔽"，岩石表皮"面罩"以凝重的质感唤起对犹太民族历史和家园的时空冥想。钢网结构玻璃幕墙犹如一个在坚实基础上升起的敞亮灯罩。显露的框架和轻质的表皮还隐喻了犹太人传统公共生活中的"议事帐篷"，同样唤起历史记忆。通过"遮蔽"和"显露"两种表皮类型的并置，慕尼黑犹太人中心集会堂立面以两种截然不同而又相互呼应的表皮语言传达了丰富的建筑内涵（图5-16）。

5.1.4.3　表皮类型的穿插

穿插是指呈现于表皮同一层面的多个类型模式建立相对复杂的组合关系。为了适应建筑结构及立面功能的变化，不同表皮类型之间需要灵活匹配，随机组合。穿插的转换方式使相异的类型变体在同一平面中相互咬合、镶嵌、交叉，形成你中有我，我中有你的复杂格局。类型的穿插转换使表皮形态趋于生动、活跃、丰富。

莫非西斯（Morphosis）设计的加州交通部七区总部由两个分别为13层和4层高的矩形楼体组成L形平面，镀锌钢板、穿孔铝板、幕墙玻璃和太阳能面板构成不同类型的表皮并相互穿插，南北走向的主楼在东西立面上覆盖了镀锌钢板。局部的层叠结构和自由分布的众多细小开口使巨大的金属"面罩"避免了单调和沉闷。南立面为外设太阳能光伏组件的玻璃幕墙，在日照高峰时段，太阳能面板不仅可以为大楼提供5%的能量，而且能阻挡阳光直接进入室内，降低空调能耗。恰当的密度和巧妙的结构使太阳能光伏组件不会阻碍观景视线。占据整面墙体的光伏系统清晰地显露其功能构造，强化了建筑的技术特征。由于倾斜造型和一个巨型公共艺术装置的嵌入，朝西的入口广场别具特色。巨大的图形指示牌十分抢眼地标

Cognitive Approach and Construction Method
of Modern Architectural Skin

明建筑的街区地址，极具广告效应。主楼和附楼的西立面均以镀锌钢板、穿孔铝板覆盖，显得浑然一体。南立面的"显露型"表皮和西立面的"面罩型"表皮相互穿插融合，使加州交通部七区总部建筑立面兼具良好的功能性与活跃的表现力（图5-17）。

图5-17　表皮类型的穿插，加州交通部7区
总部金属与光伏板表皮
Fig.5-17　Interleaving of skin type, metal and photovoltaic
panels skin of Caltrans District 7 Headquarters

　　弗兰克·盖里在麻省理工学院瑞和玛丽亚·斯塔塔中心改建项目中，用不落俗套的"混搭"表皮取代原本灰暗、单调的水泥墙，以隐喻建筑不同寻常的身份：瑞和玛丽亚·斯塔塔中心是知名学者与科学家的居所以及计算机科学和人工智能高端实验室。高耸的塔、尖锐的锥、翻折的平面和扭曲的立方体多维并置，多种材料混合成令人难以琢磨的表皮结构。评论家将这栋建筑生动地比喻为"醉醺醺的机器人聚成一堆"。不锈钢、有色铝、水泥、砖、玻璃，以及非常规材料以繁杂的拼贴和动荡的构成使建筑表皮呈现出不确定性，仿佛是变化过程中的瞬间凝固。通过"显露"、"面罩"、"复合"多种表皮类型的穿插，盖里构建了一个充满视觉张力和结构深度

图5-18　表皮类型的穿插，麻省理工学院瑞和玛丽
亚·斯塔塔中心建筑表皮
Fig.5-18　Interleaving of skin type, architecture skin of
Ray and Maria Stata Center at Massachusetts Institute of
Technology

的活跃空间。多种元素自由穿插的、奔放不羁的表皮形态成为该科研机构创新精神与卓越实力的绝好象征（图5-18）。

5.1.4.4　表皮类型的合成

　　合成是指为了达成特定的功能或效果，不同类型模式在纵深层次上叠加、混合、交织成复杂的表皮构造。并置和穿插发生在同一平面，而合成体现于具有厚度的空间结构中。间隙和空间层次的增加是结构层叠的必然结果，表皮的三维属性由此增强。作为层层深入的机体组织，参与合成的类型变体往往在功能上各司其职，在构造上有机融合。合成型表皮通常拥有更显著的结构间隙、空间层次和透明性。透明性改变表皮构造的呈现方式。多个对象叠在一起时，认知主体会产生使每个对象都呈现在视域中的潜在意图。由于光线在大多数材料中受阻，视觉表现出不能穿透非透明物质的认知局限。在理解中重塑真实性的感知本能为对象假设出一种新的视觉性状——透明性。透明的性质或状态既是一种物质条件——容许光或空气透过，同时也是一种理性本能，它来自我们先天的需求，希望事情容易被感知。①当交叠的对象以透明形式存在，它们在视觉上可以彼此渗透而不会相互破坏。在塞尚的《圣维克多山》、毕加索的《单簧管乐师》和《阿莱城姑娘》、布拉克的《葡萄牙人》、德劳内的《共时的窗子》等立体主义绘画中，能够感受到由"物理透明性"和"现象透明性"带来的影像合成效果。前者是指物质在光学方面的本来属性，例如玻璃和水本身具有透明的质地；后者是现象体验中的一种空间组织关系，意味着对多个空间位置的同时感知。因此，透明性在造型艺术和建筑中具有多层含义。它不但指能够被光线穿透，还意味着事物存在的"共时性"和在空间上的"互渗"与"合成"。处于不同深度和层次上的多个表皮类型可以借助于"物理透明性"和"现象透明性"合成于同一认知界面。

　　建筑师Werner Tschol与Morter设计的Latsch楼是一家大型商贸公司在意大利Alto Adige地区的办公机构（图5-19、图5-20）。该楼外部没有添加商业元素，而是用网格式的抽象造型传达出极强的雕塑感和艺术气息。形式简洁的表皮构造中叠加着数种类型模式。Latsch办公楼立面从整体构造上看具有复合表皮的类型特征。网架不但提供了稳固的结构，而且生成了良好的功能。纵横交错的体块为各层提供了宽大的檐部和缩进的立面，使内部空间获得良好的遮阳效果，并减弱大风等外部不良气候影响，同时使办公空间兼具良好的视野和私密性。网架结构在视觉中成为表皮的主界面，而缩进的透明玻璃墙隐退于网架之

---

① 柯林·罗，罗伯特·斯拉茨基. 透明性[M]. 金秋野译. 北京：中国建筑工业出版社，2008：24.

图5-19　表皮类型的合成，Latsch
楼混合材料表皮
Fig.5-19　Mixture of skin type,
hybrid materials skin of Latsch

图5-20　Latsch楼立面灯光效果
Fig.5-20　Latsch's facade in the effect of lighting

后。网架的覆面材料是内侧印有装饰图案的墨绿色玻璃面板——一层具备一定透明性的"遮罩"，具有宝石纹理的墨绿色半透明玻璃面板一定程度上遮蔽了在内部起支撑和固定作用的金属构件。夜晚，均匀的LED灯光清晰衬托出网架的内部结构，表皮语言侧重于对结构真实性和功能细节的表现。有意暴露结构的做法是"显露"型表皮的特征。Latsch办公楼表皮显得浑然一体而又层次丰富，它体现了"显露"、"面罩"、"复合"三种表皮类型的有机合成。由于立面的层叠和渗透性，合成的表皮增加了外观效果，同时也改变了物体的暴露程度，在建筑整体及其部分上也都产生了多变的光影效果。①

5.2　表皮建构的技术策略

《北京宪章》将"发挥技术的社会文明促进作用"作为新世纪建筑设计的重要使命。通过技术创新，新时代建筑不但能进一步完善功能，而且还将增进人与自然的和谐，促进经济社会的可持续发展。自现代主义崛起以来，建造技术的进步使表皮的职能与属性产生根本变革。信息化、智能化使建筑表皮带有类似于生物体"皮肤"的感知功能和反应能力。技术发展使建筑表皮从厚变薄，又从薄变厚，从根本上决定其功能和形态的演化。技术语言的选择是表皮建构的重要策略，也是表皮形态特征的主要来源。材料、结构、建造、内外环境等方面的需求导致技术方案的产生。根据材料类型和工艺途径，表皮建构的技术策略可分为三个层次：适宜技术策略、高技术策略和生态技术策略。对技术策略进行三个层次的划分是分析与归纳表皮建构方法的需要。不同技术策略之间并不是相互对立和排斥的，在实践中既可以有所选择、有所侧重地使用，又可以使其互补、融合。

---

① 赫尔佐格，克里普纳．立面构造手册[M]．袁海贝贝译．大连：大连理工大学出版社，2006：
　　3-4.

5.2.1　表皮元素的技术转型

5.2.1.1　墙的分解

　　古希腊神庙墙体最初用泥砖和木料建造，由于认识到石材更具有耐久性，古希腊人逐渐用石材按照砖木结构替换原有材料。不但柱、楣、檐、托檐板、三陇板等均为石材构件，而且墙体也用经过细致加工的具有规范尺度的石块砌成。古罗马人在继续沿用石砌墙的同时，将混凝土、泥砖、石料混合成新型墙体。综合运用面砖、石质板材、马赛克、石灰等材料的饰面技术决定着西方古典建筑的墙体外观。中国传统建筑以木构架为基础，墙的主要作用是按木构架体系围护和分割空间（硬山墙除外），真正具有承重作用的是木架构而不是墙体。中国元代以前的建筑主要采用夯土墙和土坯墙。秦汉以后，砖被用于地面建筑。经过魏晋、南北朝、唐、宋、元各代的漫长发展，直接用砖砌筑的墙体在明清时期得到广泛应用。

　　现代建筑的墙体建造方式十分繁多。由于普通黏土砖的烧制和使用对黏土消耗巨大，矿渣砖、耐火砖、粉煤灰砖、烧结多孔砖等新型建筑用砖逐渐成为普通黏土砖的替代用品。混凝土、加气混凝土、轻集料混凝土、粉煤灰硅酸盐等人造预制砌块具有质地轻、强度较高、抗震性好、廉价环保和便于施工等优点，被广泛应用于公共建筑和民用建筑的隔墙和框架填充。由浮石混凝土、粉煤灰硅酸盐、陶粒混凝土、烟灰矿渣混凝土、空心钢筋混凝土等材料整块浇筑成形的外墙板具有一定的承重能力。以ALC外墙板为代表的复合材料外墙挂板以石英砂、混凝土、石灰按一定配比混合浇筑，内含经抗氧化处理的金属骨架。这类多孔型环保材料隔热、隔声、防火，可以通过钢、钢筋混凝土框架的固定构成整面轻型墙体。在施工现场设立模板整体浇筑成形的混凝土板筑墙内含钢筋骨架，结构坚固稳定。混凝土板筑墙能形成整体、连续的表皮界面，完全消除散件拼装、粘接的痕迹（图5-21）。由帕雷德斯·佩德

图5-21　巴尔德马克达市政厅的现浇混凝土墙
Fig.5-21　Cast-in-place concrete wall of VALDEMAQUEDA City Hall

罗萨建筑事务所设计的西班牙巴尔德马克达市政厅以单纯的现浇混凝土方式显示其大众角色和公民力量的永恒性。主体建筑是两个分离的板筑长方形体块，办公空间容纳其中。板筑长方体的正面，模板在现浇混凝土表面留下自然的纹理。小面积的木质墙面和透明玻璃门突出了两个板筑长方体之间的入口门厅。在这个项目中，现浇钢筋混凝土墙完成了对室内空间的围合和建筑单元的衔接，显示了工业化建造条件下新型墙体的全新质感和构成秩序。不断发展的现代技术不但使块材砌筑、板材拼砌、悬挂、板筑、钢筋混凝土框架及钢结构幕墙等墙体形式趋于完善和多元，而且催生出样式繁多的采用定制材料和特殊工艺建成的异形墙体。历届世博会的场馆建筑最能体现墙体建造技术的创新。借助于技术的转型，沉重、僵硬的墙体不断分解，对当代建筑表皮的构造特征和表面肌理产生重要影响（图5-22）。

图5-22   上海世博会场馆墙体
Fig.5-22   The pavilion walls at the Shanghai World Expo

5.2.1.2   柱的变形

现代主义倡导以新型材料建造符合工业技术特征和空间功能需求的柱网结构建筑。柯布西耶主张建筑应具有机器一般的精确结构，在它的作品"新思想展房"中可以看到纤细的柱子在立面的最外层控制了建筑的整体结构。"萨伏伊别墅"显示出他为减少对空间的阻断而采用工业化建造技术尽量控制柱的体量，使它变得轻盈和纤细。德国现代主义大师密斯提出的"少则多"（Less is More）格言，以及荷兰现代建筑设计先驱贝尔拉格（Hendrik Petrus Berlage）提出的"结构是诚实性"的观点，将现代建筑结构引向简约、直接、清晰的技术路线。范斯沃斯住宅立面除了透明玻璃外只有8根极具抽象色彩和技术特征的细长钢柱，营造出玻璃盒般的通透感，成为国际主义风格的形式来源。密斯所倡导的"皮包骨"形式使柱这一原本具有独立表现意义的立面元素融于简明的结构体系，这样的改变并不意味着柱在现代建筑立面中的作用和地位被弱化，而是要求柱的形式符合现代建筑表皮的建构法则。密斯为1928年巴塞罗那世博会设计的德国馆具有充满技术美感和工业化特征的精致表皮，新型立柱在这个精致的表皮系统中发挥了重要作用，8根修长的十字形的镀镍钢柱是这个平顶建筑的承重构件。为使空间和表皮更加通透，十字形截面在赋予钢柱足够强度的同时将其体量减到最小。新型钢柱与建筑立面融为一体，犹如墙体中的竖框。[①]柱式从粗壮、敦实的传统样式向纤细修长的造型变化既是早期现代主义的风格体现，又是建造技术转型的必然结果（图5-23）。[②]

图5-23　德国新国家艺术博物馆

Fig.5-23　Germany's new National Art Museum

　　热轧钢板或型钢构成的钢结构柱不但能以优良的强度和弹性承受巨大荷载，而且生产和建造的工业化程度很高，钢结构柱特别适合于在立面使用玻璃、金属等轻型围护材料的建筑。约翰·汉考克大厦将贯通地基和顶层的巨型钢柱作为整栋建筑的支撑结构，X形斜向交叉钢梁加强了钢柱的支撑力，竖向钢柱和交叉钢梁构成清晰的表皮骨骼（图5-24）。纽约世界贸易中心是钢柱结构建筑的典范。它突破了玻璃幕墙超高层建筑完全依靠钢筋混凝土框架承担荷载的一般形式，利用钢柱体系创造了一个可靠的钢框架套筒体系。承重外柱的间距在九层以下为3米，九层以上为1米。整个钢柱体系通过类似于哥特式细尖拱造型的曲线交织成坚固的网状表皮，围合出75%无柱的空间。密集的纵向钢

---

① Colin Rowe. Neoclassicism and Moden Architecture[J]. Oppositions, 1973(9): 18.
② 密斯一生运用钢结构设计了许多国际主义风格的摩天大楼，精炼的柱网在他的作品中始终是最为关键的技术语言。他晚年创作的德国新国家艺术博物馆依然用8根修长钢柱和透明玻璃强调"内外空间的融合"。

柱不但加强了框架结构的整体性，而且在视觉上削弱了身处数百米高空的恐惧感。钢筋混凝土结构柱抗压和抗剪强度高，稳定性和整体性好，在对荷载要求比较高的大型建筑和高层建筑中广泛使用。经过技术整合，钢筋混凝土柱在当代建筑中充分发挥结构作用和功能潜力。在日本建筑师丹下健三设计的甲府山梨新闻广播电视社项目中，16根高低不一的中空钢筋混凝土巨柱在矩形建筑平面上排成4行。每根巨柱的空腔中设有空调机房、电梯、步行楼梯等设施，中空的混凝土柱成为整栋建筑的交通枢纽和核心功能区。大小不一的矩形楼板将"核心筒"混凝土柱连接起来，形成办公空间和楼顶花园（图5-25）。

　　利用现代技术可以充分挖掘混凝土、钢等工业化材料的可塑性，使造型原本十分单一的柱演化出自由的有机形态，成为表皮界面中的活跃元素。埃罗·沙里宁（Eero Saarinen）在华盛顿杜勒斯候机楼立面中采用了32根有机造型的钢筋混凝土柱，奋力张开的异形立柱和悬索结构中间的下垂曲线赋予建筑鲜明的有机特征。柱子为下宽上窄的板式构造，上部配合屋盖悬索结构向外倾斜。悬索结构技术导致的宽度变化和角度倾斜使混凝土柱获得强烈的动感，表皮骨骼由此显现出巨大的斜向张力（图5-26）。借助于计算机辅助设计与加工技术（CAD/CAM）程序对复杂形体的精确描述和计算机数字控制机床（CNC）

图5-24　汉考克大厦巨型钢柱
Fig.5-24　Mega steel columns of Hancock
building

图5-25　甲府山梨新闻广播电视社混凝土柱
Fig.5-25　Concrete columnsof Kofu Yamanashi News
Broadcast Television Service

的强大加工能力，富于有机特征的异型立柱在当代先锋派建筑语言中占有一席之地（图5-27）。①

Cognitive Approach and Construction Method of Modern Architectural Skin

图5-26　华盛顿杜勒斯候机楼
Fig.5-26　Passenger terminal of Washington Dulles International Airport

图5-27　荷兰国际集团办公楼
Fig.5-27　Office building of Holland International Group

5.2.1.3　立面开口的演化

　　门、窗等立面开口的建造工艺对表皮的技术形象具有显著影响。现代建筑中的门除了组织交通、管控进出，还具隔热、隔声、识别、防护等功能。门的结构形态各异，但都在门框、门扇、拉手和五金件这些基本构成要素上进行变化。新型门大胆合并和省略构成要素，简化造型结构。例如电子感应自动门舍弃拉手，而新型玻璃门、卷帘门、折叠门和移门将门框和门扇合为一体（图5-28）。随着对室内环境要求的提高，现代建筑的窗发展出隔声、防火、导流、遮阳、抗冲击波等新功能，而其形态亦趋于自由（图5-29）。从材料、构造和工艺方面对窗框、窗扇、五金件以及滴水槽、披水板等环节展开细节设计可使窗更有效地应对日晒、雨淋、风吹、噪声、灰尘、蚊蝇等外部环境的干扰和影响。最初的木门窗演化至今，形成玻璃门窗、钢门窗、塑料门窗、铝合金门窗、铝包塑门窗等丰富样式，成为活跃的表皮元素。

　　建造技术对门窗形式的影响很大。在传统砖混结构建筑中，外墙开口形式

① 异形钢柱成为荷兰国际集团办公楼立面的关键结构。这座由麦耶·斯高特（Meyer En Van Schooten)设计的低耗能建筑位于荷兰阿姆斯特丹市环城公路旁。大楼用钢柱作了较大幅度的抬升以保证办公环境的私密性和降低来自环城公路的噪音。整体抬升还为底部具有温度调节作用的蓄水池提供了维护便利。每两根立柱拼合成一个倒三角形，倒三角形下方顶点作为建筑在地面的支点。钢柱造型一反上细下粗的常态，而像昆虫腿部那样具有尖细的底端。异形钢柱营造出充满构成节奏和现代气息的技术美感，同时也使建筑看起来就像具备肢体和表皮的有机生命体。

图5-28　各种形态的门
Fig.5-28　Different kinds of doors

图5-29　形态各异的窗
Fig.5-29　Different kinds of windous

与面积受限于墙体承重功能，这使门窗只能以十分有限的跨度和密度出现于外立面。钢筋混凝土框架结构使墙面从承重的限制中解脱出来，为门窗设置提供更大自由。在框架结构中，门窗的位置、大小、数量的确定更加机动灵活。勒·柯布西耶将侧长窗作为现代主义建筑的一大特征。横向开设的通窗不仅使建筑的通风、采光、视野条件大为改善，而且加强了内外空间的联系。基于钢结构的建筑形式催生了具有工业特征和技术美感的全新门窗形式。窗通常被整合在幕墙中，常常以幕墙的某个特殊局部，或幕墙的某种变化形式出现。它在当前钢结构建筑中出现两种倾向：一是由幕墙表皮轻薄化和框料减少导致的极简形式；另一种是因被赋予更多表皮功能而呈现出的复杂精巧的高技术特征。门窗与外墙表面之间齐平、内凹、外凸的位置关系将对外立面的空间转折、形体起伏和表皮平滑程度造成影响。汉堡An der Alster 1综合办公楼通过对门窗等开口部位的特殊处理赋予建筑立面优美独特的造型，开口边缘的弧形边框打破了水平长窗的呆板。局部双层窗增加了空腔厚度，就像凸起的"眼睛"使横向带状立面显得轻松活跃。从立面开口造型发展出的个性化表皮使An der Alster 1办公楼成为阿斯特滨湖地区的地标性建筑（图5-30、图5-31）。TFP和ARUP联合设计的深圳第一高楼京基100金融中心（KingKey Financial Center）主立面

Cognitive Approach and Construction Method of Modern Architectural Skin

图5-30　An der Alster 1
办公楼个性化的立面开口
Fig.5-30　Personalized facade opening of
An der Alster 1 office building

图5-31　An der Alster 1
办公楼立面的开口与门
Fig.5-31　Façade opening and door of An
der Alster 1 office building

中，流线型玻璃幕墙从441.8米高处直泻而下，与双曲面雨篷融为一体，形成优美的巨型"拱门"。曲面幕墙技术塑造出的华美入口成为该建筑的特色所在（图5-32）。

　　纵观古代建筑史，东西方建筑的门窗形式虽然均受到重视，但终究都在技术、材料、构造等方面局限于各自的传统范式而缺乏本质的突破。塑料、塑钢、铝合金、不锈钢、涂色镀锌钢板等新材料的运用催生了各种新的门窗工艺。日益复杂的功能需求和建造技术使门窗的设计理念、产品类型和构造样式不断变化更新。传统建筑的门、窗是分开设置的，现代建筑可将门、窗、立面合为一体，使建筑表皮更为简洁、统一（图5-33）。①

图5-32　深圳京基100金融中心
双曲面雨篷形成的巨型"拱门"
Fig.5-32　Giant arch shaped by
Hyperbolic awning of Shenzhen Kingkey
100 financial center

　　当代建筑的外观很大程度上取决于安装于立面预制产品。其中最为突出的是窗户及窗玻璃构成的系统，它赋予建筑形式特色。②沙里宁设计的伦敦美国

---

① 由Allmann Ssttler设计的慕尼黑教堂展现了"屋中屋"的新颖结构。这个长48m、宽21m、高16m的矩形建筑就如一个由内外两层壳体构成的巨型方盒。木质内层立面包裹神龛等功能设施，形成室内礼拜空间。外层壳体为保温玻璃构成的幕墙。门窗在立面上经过简化和整合，透明表皮放大了窗的透光效应；立面构造被赋予门一般的开合功能。门、窗、立面、表皮完美融合于一个充满机动性的表皮组织中。

② David Leatherbarrow, Mohsen Mos afavi. Surface Architecture[M]. Cambridge: MIT Press, 2002: 39.

大使馆用预制窗框作为模块化的表皮单元。突出的石材覆面混凝土窗框、深陷的窗玻璃、镂空波纹混凝土格栅和镀金铝柱组合在一起，使面积巨大的建筑立面打破单调刻板，呈现丰富的体块起伏和明暗变化（图5-34）。荷兰Holfweg炼糖厂储糖仓库经过全新的空间规划和以窗为主要元素的表皮建构得以改头换面，从一座废弃的工业建筑变身为兼具商业价值和纪念意义的标志性建筑。原有辅助设施被拆除，混凝土承重墙的表层砌体也被剥离，只留下巨大的筒形主体构造。底层裸露一小段混凝土承重墙以留存历史的痕迹，其余立面用金属、玻璃材质的表皮覆盖。在带有精致水平纹理的金属饰面板上凸起许多镶着金属边框的菱形窗户，其构造在光线作用下强化了建筑的雕塑感和表皮的肌理感。数量众多的菱形窗户使室内空间能充分利用自然光线，同时使立面呈现出由交叉斜纹组成的网状结构。在金属边框和水平纹理饰面板的衬托下，经过磨砂处理的窗玻璃就如宝石一般精致华美。菱形窗户去除了大型工业建筑刻板、无趣的表情，在其宏伟气势和厚重体量中加入了活跃元素，展现出表皮的高技术特征和时尚魅力（图5-35）。Wandel Hoefer Lorch+Hirsch设计的Hinzert档案中心是在二战集中营原址上建造的历史档案展览馆，该建筑由CNC切割出的1160块三角形钢板焊接而成。三角形玻璃窗协调地镶嵌在金属表皮的模块单元中，在发挥采光和通风作用的同时，它们以异型构造呼应表皮的整体形态，强化了建筑的构成秩序（图5-36）。

图5-33　将门、窗、立面融为一体的慕尼黑教堂的活动幕墙
Fig.5-33　Movable curtain wall ntegrating doors,iwindows andfaçade of The Church of Munich

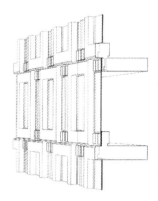

图5-34　预制窗框构成的立面，伦敦美国大使馆
Fig.5-34　Façade shaped by precasted window frame, TheUnited States Embassy in London

5.2.1.4　顶面的重构

　　传统意义上，屋顶指由柱、墙等承重构件支撑的覆盖于立面之上的部位，一般由屋面、支承结构、顶棚三部分组成。现代建造技术使屋顶在概念、功能、结构、造型、材料等方面发生巨大变化：双层斜坡屋顶、蝴蝶型屋顶、锯齿形屋顶，以及金字塔式、亭式、马蹄式、尖塔式等复合式屋顶使建筑顶部形态趋于复杂；屋面覆面材料已不局限于烧土制品，水泥瓦、玻璃纤维合成瓦、石棉瓦、玻纤沥青瓦、陶砂屋面瓦、聚氯乙烯氟塑瓦、合成树脂瓦得到广泛使用；不锈钢板、铝合金板、铝镁合金板、锌板、镀铝锌板、铜板或建筑专用钛金属板通过密封卷合工艺形成无接口屋面系统，将结构、防水、防渗、保温、避雷、防风等功能合为一体；现浇混凝土屋面从顶部加强建筑的结构牢度，提高表皮的整体性；空间网架和索膜结构使屋顶形态的自由延展成为可能。作为建筑的顶部围护，屋顶在承担防雨、隔热、采光、结构等职能的同时还以多变的形态影响当代建筑的整体风貌，成为颇具感染力的表皮元素。例如，朗香教堂屋顶檐部的曲面构造赋予建筑显著的形式特征和后现代风格。"瓦埃勒之波"（The Wave in Vejle）是位于丹麦瓦埃勒海滨的一座拥有140个单元的公寓建筑，波浪形现浇混凝土屋顶和充满雕塑感的有机造型使这一建筑成为瓦埃勒的新地标。波状屋顶倒影在海面，犹如延绵起伏的山峦。波浪造型来源

图5-35　以窗为主要元素立面改造，
Holfweg 炼糖厂储糖仓库
Fig.5-35　Façade reconstruction based
on windows, Holfweg Sugar refinery
warehouse

图5-36　匹配表皮整体构造的异型窗，
Hinzert档案中心
Fig.5-36　Special-shaped windows
coinciding with whole epidermal structure

于瓦埃勒的地貌特征：峡湾、大桥和山脉（图5-37）。

　　在屋顶的创作中，古人很擅长在美化结构枢纽和构造关节的同时注入文化性的语义和情感性的象征。[①]北京故宫紫禁城角楼、山西万荣县解点镇飞云楼均以曲折玲珑的屋顶构造闻名（图5-38）。再如宋画中的滕王阁，其单个屋顶基本上都是歇山顶，但组合异常复杂，可谓"各抱地势，勾心斗角"。[②]传统屋面中围合、层叠、扭曲和改变轮廓的营造手法与现代技术相结合能创造出复杂多变的屋顶构造。BAU International为金地集团上海三林城项目建造的会所采用了巧妙交接的屋顶形式，会所屋顶由平坦的楼板和4座塔楼构成。屋顶平台铺设木板条，平台与塔楼之间也用木板条拼成的弧形坡面连接过渡，木板条在渐渐"爬"上塔楼的过程中形成完整的开口或疏松的格栅。塔楼内部通过这些开口和格栅获得自然光，同时保持空间的私密性。经过防腐处理的木板条表皮不但是屋顶庭院的地毯，还是塔楼窗口的帘子，它使屋顶成为一个充满趣味的公共空间。时而平整、时而起伏的板条表皮在建筑顶部塑造出凹凸有致的空间界面，使人感到仿佛置身于楼宇林立的城市街道（图5-39）。

　　19世纪末 20世纪初的工程技术发展使木材广泛应用于现代建筑的墙体、立面和屋顶。当代建筑木质构件的制造已从手工形式转变为机械化生产。木材中的一些优良品种强度高、质量轻、便于加工，具有高阻热性和吸湿性，在一定

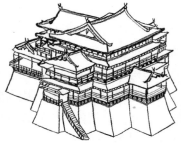

图5-37　"瓦埃勒之波"波浪屋顶公寓
Fig.5-37　Vejle Wave apartment with wavy roof

图5-38　曲折玲珑的屋顶构造，宋画滕
王阁
Fig.5-38　Complex roof structure,
Tengwang pavilion in The paintings of
Song Dynasty

---

① 侯幼彬. 中国建筑美学[M]. 北京：中国建筑工业出版社，2009：82.
② 沈福煦. 建筑美学[M]. 北京：中国建筑工业出版社，2007：165.

的气候条件下（低温、少雨）适于用做外立面和屋顶材料。现代木质构件经过强度处理和表面处理克服了木材的自然缺陷，材料性能得到极大改善。尽管木材作为屋面材料在耐候性方面不具优势，一些建筑还是出于表现需要采用木质屋面。由理查德·罗杰斯合作者事务所设计的法国波尔多刑事法庭综合楼以其别致的弹头造型和木质表皮著称，18厘米×70厘米的西部红柏板以斜纹紧拼方式铺设在倾斜立面和作为顶面使用的空气出口罩的表层，具有极好的保温、隔声功能和视觉观感（图5-40、图5-41）。

公元1世纪，配方和吹制工艺的改良催生了平面透明玻璃。经过叙利亚人和欧洲人的一系列技术改良后，19世纪初出现了拉制平板玻璃。1959年浮法玻璃制造工艺的发明又进一步提高了玻璃的品质和产量，推广了它在建筑中的使用。玻璃真正用做建筑材料而非局部饰品是在1866年Gustave Falconnier成功吹制玻璃砖以后。勒·柯布西耶等建筑师在19世纪初将玻璃砌块作为承重材料结合钢筋混凝土用于建筑立面。随后，匈牙利等欧洲国家陆续出现了许多以玻璃为拱廊和顶棚屋面的公共建筑。最具代表性的早期玻璃顶面现代建筑是1851的伦敦"水晶宫"，作为工业时代的象征，它用钢铁骨架和玻璃表皮营造了一个前所未有的敞亮空间。将玻璃用作顶部覆面材料可以增加空间的通透感，同时使建筑结构纤巧轻盈。贝聿铭为卢浮宫设计的金字塔入口采用了透明的玻璃顶面。这一后加于历史场景中的现代元素巧妙利用玻璃的光学特性与周围环境取得了协调，

图5-39　多面交接的屋顶，三林城会所
Fig.5-39　Polyhedral roof, Sanlin City Club

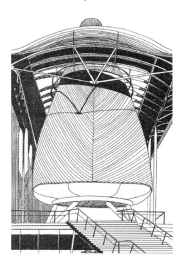

图5-40　波尔多刑事法院木质表皮
Fig.5-40　Wooden skin of The Bordeaux Criminal Court

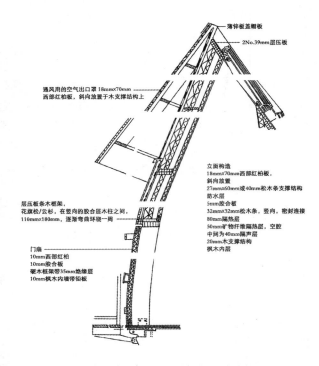

并恰如其分地展现出自身的构造特点（图5-42）。①不锈钢承重结构支撑起双层半透明层压安全玻璃，屋顶双层玻璃之间的空腔起到隔热和通风换气作用（图5-43、图5-44）。在一些小型建筑中，屋顶甚至可以采用全玻璃构造。Antenna Design设计的英国Kingswinford博物馆外廊是一栋纯粹的玻璃建筑，顶面材料是用氢氟酸蚀刻处理过的隔热玻璃，朦胧的磨砂效果使透入室内的光线更为柔和（图5-45）。

图中标注文字：

薄锌板盖帽板

2No.39层压板

通风用的空气出口罩 18mm×70mm
西部红柏板，斜向放置于木支撑结构上

立面构造
18mm×70mm西部红柏板，
斜向放置
27mm×60mm或40mm松木条支撑结构
防水层
5mm胶合板
32mm×32mm松木条，竖向，密封连接
80mm隔热层
50mm矿物纤维隔热层，空腔
中间与40mm隔声层
20mm木支撑结构
枫木内层

层压板条木框架，
花旗松/云杉，在竖向的胶合层木柱之间，
110mm×180mm，逐渐弯曲环绕一周

门扇
10mm西部红柏
10mm胶合板
硬木框架带35mm绝缘层
10mm枫木内墙带铅板

图5-41　波尔多刑事法庭木质表皮构造图
Fig.5-41　Wooden skin structure of The Bordeaux Criminal Court

百叶装置源于东方古典建筑中的卧窗棂。美国人约翰·汉普逊（John Hanpson）在19世纪中期发明适合于近代建筑使用的百叶窗。经过材料与工艺的改良，除了窗户以外，由各种木材、金属、玻璃、聚氯乙烯（PVC）等材料制成的质感各异的百叶装置广泛应用于现代建筑的顶面。百叶不但在通风、遮阳、控制光线和视线、营造环境氛围等方面发挥重要作用，而且能以其匀齐的质感丰富表皮肌理。Kengo Kuma合作人事务所设计的安腾广重博物馆在简洁朴素的坡顶建筑中采用了精致细腻的百叶屋面，该建筑位于山林中的平缓地带，雪松木板细密齐整地排列于建筑表面，将内层的无框玻璃、隔热混凝土墙、金属框架包裹在内。无论从室内还是从外部，木百叶避免了面积巨大、结构简单的坡屋顶可能产生的单调感，在平整与单纯中加入光影和肌理的微妙变化。通过遮

① 1996年德国莱比锡新博览会会场的屋顶采用了印制花纹的层压安全玻璃。大跨度的透明顶面营造了一个极为敞亮的展会空间。由Kohn Pedersen Fox Associates设计的韩国首尔Rodin博物馆堪称当代"水晶宫"。

挡与过滤，木百叶不但为室内营造出适宜的光环境，而且使顶面的质感在自然光线的作用下产生奇妙变幻。视点移动使木百叶屋顶呈现出闪动的光栅效应。这种超然的空间意境与浮世绘代表人物安藤广重充满自然主义色彩的艺术精神有着内在的契合（图5-46）。

曲面屋顶自古以来就是建筑表层构造中最为活跃的元素。相对于平面，曲面的建造难度更大，常常意味着技术的突破和材料的创新。屋顶曲面技术的尝试始于欧洲古典时期的神庙穹顶。借鉴古希腊建筑中的拱券结构，罗马人首次在万神庙的圆形平面上建造出跨度和高度均逾40米的巨大穹顶。大跨曲面穹顶使索菲亚大教堂内部通畅，外观雄伟。中空双层结构使佛罗伦萨主教堂和罗马圣彼得大教堂穹顶减轻了自身重量。木构架轻型穹顶在英国伦敦圣保罗大教堂和法国巴黎先贤祠中被成功建造。18世纪的玛德琳宫已将铸铁骨架作为穹顶的支撑构件，金属构件在曲面屋顶构造中崭露头角。19世纪上半叶，金属构件与另一种新型材料——玻璃结合，构成了以1851年万国博览会水晶宫拱顶为代表的现代意义上的曲面屋顶（图5-47）。

结构技术的发展使现代建筑的屋顶构造更为丰富。利用大跨度屋顶营造不间断开阔空间一直是建筑中的难题。无论是古罗马教堂大穹顶还是中国古典皇家建筑中的大屋顶，其跨度和形态都受到结构与材料的局限。传统梁柱、拱券的线性结构已不适合现代建筑大规模扩展室内空间的需要。材料与结构技术的发展使刚性表面通

图5-42 印花层压安全玻璃屋顶，德国莱比锡新博览会会场
Fig.5-42 Laminated safety glass roof printed with patterns, venue of Germany Leipzig New Expo

图5-43 半透明层压安全玻璃屋顶，首尔Rodin博物馆
Fig.5-43 Translucent laminated safety glass roof, Seoul Rodin Museum

图5-44 首尔 Rodin 博物馆玻璃屋顶
Fig.5-44 Glass roof of Seoul Rodin Museum

 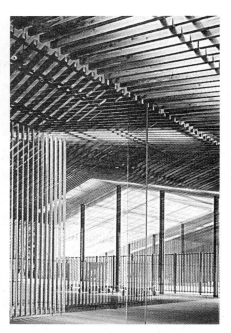

图5-45　Kingswinford 博物馆玻璃屋顶   图5-46　安腾广重博物馆木百叶表皮
Fig.5-45　Glass roof of Kingswinford Museum   Fig.5-46　Wood blinds skin of AndoHiroshige
　　　　　　　　　　　　　　　　　　　　　　　　　　　Museum

过弯曲或摺叠直接生成屋顶成为可能。网架、折板、薄壳和悬索结构使现代大
跨度建筑的屋顶构造逐渐向空间结构系统转化。空间网架包含大量能够在各
个方向上承受压力和拉力的网肋和杆件，跨度大，抗震性好，具有很好的整
体性，适应各种形状的建筑平面。平面式空间网架构造犹如具备一定厚度的
平整表皮，使屋顶呈现为整体的平板。曲面形式的空间网架通过整体构造上
的弯曲和起拱使屋面在结构上更加稳固，在造型上更加活泼。柱面、球面和
双曲面的网架屋顶赋予建筑流线型外表。折板结构屋顶中的板材通过摺叠获
得刚性强度和承受拉伸、挤压、剪切、弯折的能力，从而抵抗由自身重量引
起的变形（图5-48）。折板结构可以使屋顶省略受力骨架，并且在建筑的内外
界面呈现丰富的形体起伏和光影变化。德国诺伊斯的一所教堂采用了混凝土
折板表皮系统，该系统采用了三铰链框架横截面，最大跨度为30米，而板厚只
有7厘米（图5-49）。"折板"依靠摺叠实现结构强度，而"壳体"通过曲率获
得刚性。壳体屋顶具有曲面构造的刚性。壳状的整体性结构一方面使屋面有
效抵抗自重带来的变形，另一方面减少材料的使用，使屋顶更轻、更薄。以

图5-47 伦敦水晶宫曲面屋顶
Fig.5-47 Curved roof of Crystal Palace in London

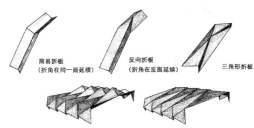

图5-48 折板结构及其折角处理
Fig.5-48 Folded plate structures and their angular processing

钢筋混凝土薄壳屋顶为例，数十米跨度的壳体只需几厘米厚就可以保证强度（图5-50）。[1]德国吕贝克百货大楼采用混凝土薄壳结构，不仅活跃了建筑的顶部造型，而且通过边缘切割在立面中增加了优美的曲线（图5-51）。折板和壳体一改混凝土建筑的厚重外表，使建筑顶部构造和整体表皮形态显得活泼、轻盈。

　　充分利用高强材料抗拉性能的悬索结构可以使屋盖以很小的自重获得理想的跨度，我国明代成化年间用铁链建造的霁虹桥展现出悬索结构的跨度优势。平面悬索结构和空间悬索结构的空间受力模式都会因不同的悬索架设方式而改变。单层悬索结构在荷载作用下易变形，结构刚度小，但通过在其下方增设加劲梁可以提高刚度和承载能力。双层悬索结构以两条曲率相反的悬索和中间的预应力受拉杆件形成较高的刚度。圆形单层空间悬索结构呈中心辐射状，每一条悬索的两端连接屋顶中央圆形拉环和屋顶外围混凝土圈梁。圆形拉环因自身和钢索重力向下沉降，形成中间低四周高的室内空间。圆形双层空间悬索屋顶的双向正交索网结构由呈正交分布的两组钢索构成，两组钢索呈现的曲面正好相反，一组向下凹陷，另一组则向上凸起，凹陷曲面的钢索向上拉紧，凸起曲面的钢索向下拉紧，两组钢索同时获得预应力，形成具有良好刚度的屋顶结构。北京工人体育馆屋盖即采用了双层圆形悬索结构，两个中央拉环之间设置了受拉预应力杆件。从意大利米兰体育馆等项目中可以看出，双向正交索网结构屋盖不受建筑平面形状的限制。大多数悬索结构屋盖使用轻型、柔性的覆面材料，但也有少数案例在悬索上挂载混凝土屋盖。日本代代木体育馆即是用这种方法使悬索分担混凝土重力，以

---

[1] 位于墨西哥城附近的"坎德拉贝壳"拥有直径为32.47米的薄壳结构屋顶。边缘的张力杆与基座上的支撑结构相连。其壳体的弯折部位厚12厘米，而中央最薄处只有4厘米。内含直径7.9毫米钢筋的马鞍形双曲壳体具备足够的刚性和强度而无需梁架支撑。

Cognitive Approach and Construction Method of Modern Architectural Skin

图5-49　混凝土折板表皮，德国诺伊斯教堂

Fig.5-49　Concrete skin with folded plate structure, Noyce Church, German

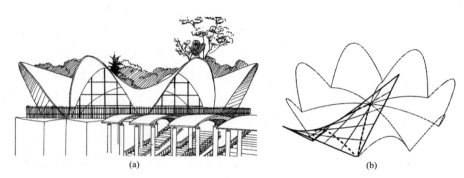

图5-50　"坎德拉贝壳"的薄壳结构屋顶

(a)"坎德拉贝壳"　　(b)屋顶薄壳结构

Fig.5-50　The roof of Candela's Shell with shell structure

(a) Candela's Shell　　(b) The shell structure of the roof

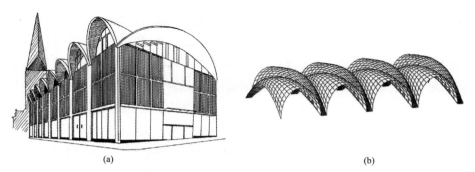

图5-51　混凝土薄壳屋顶，吕贝克的百货商场

(a)吕贝克的百货商场　　(b)屋顶薄壳结构

Fig.5-51　The concrete roof with shell structure, the department store in Lubeck

(a) The department store in Lubeck　　(b) The shell structure of the roof

减少大跨度屋盖的弯曲变形（图5-52）。法兰克福航空港飞机库用悬挂板带结构使具有一定宽度的金属板材按悬索结构模式构成建筑屋盖，悬挂板带结构屋顶形态十分新颖，但它对钢板强度和建造技术有较高要求（图5-53）。

索膜结构是通过钢索或杆件对高强度柔性薄膜材料的张拉，使之紧绷从而形成具有固定曲面形态和可以承受一定外部荷载的屋盖结构。索膜结构克服了大跨度屋盖对支撑结构的依赖，它可以通过由杆件、拉索形成的骨架和具有自身张拉应力的特氟龙、PVC、ETFE等轻质表皮材料覆盖或围合空间。除大型公共建筑外，一些中小型的商业中心、休闲娱乐场所、旅游设施、展会、各种入口与廊道也广泛地使用索膜结构。这一结构一方面为公共活动提供无遮挡的、通透的内部空间，另一方面赋予建筑轻盈、时尚的外观。充气膜结构的原型是早在一个世纪之前由威廉·兰切斯特（Willian Lanchester）为野战医院设计的"承气帐篷"（air-supported tent）。1946年，美国沃尔特·博德（Walter Bird）制造了直径为15米的首个充气膜穹顶。F.奥拓（F Orto）从肥皂泡结构中获得启示，发明"皂膜"。第二次世界大战后，欧洲出现了专门研究充气膜技术的专业机构和学术会议。在盖格·勃格公司（Geiger-Berger Associates）针对美国永久性建筑规范开发出具有更好稳定性和耐久性的特氟龙膜材料后，充气膜结构被广泛应用于体育场馆等大型公共建筑。大阪世博会15年后，仅在美国就建成了加州圣克拉勒大学活动中心、密歇根州庞蒂亚克"银顶"等8个大型充气膜结构建筑。日本于1988年用充气膜结构建成室内面积超过4万平方米的东京体育馆（图5-54）。盖格又将张拉式索膜结构与充气式索膜结构结合，开发出稳定性好、排水顺畅、刚度大的索穹顶膜结构。这一结构被用于1988年汉城奥运会体操馆和击剑馆。1996年美国亚特兰大奥运会主会场采用了M.莱维（M.Levy）设计的三角网格充气膜屋顶，在强度和稳定性方面进一步完善了索穹顶膜结构。

5.2.1.5　装备的显现

从营造内部气候和节约能源的角度看，技术装备在表皮构造中具有重要意义。许多建筑表皮可据此目标进行改造，借助功能性装置更多利用被动能源，同时获得能充分展示现代技术特征和结构多样性的表皮语言。从承重结构中分离出来以后，表皮承担各种附加功能成为可能。独立的表皮可以自由容纳温控系统、通风系统等各种功能装备，在建筑表皮中嵌入非中控小型通风装置的做法越来越普及。这些装置通过制造逆流将热量在通风过程中的损失降到最少，

Cognitive Approach and Construction Method of Modern Architectural Skin

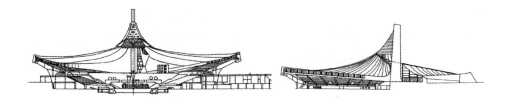

图5-52　悬索混凝土屋盖，代代木体育馆
Fig.5-52　concrete roof with suspended-cable structure, Yoyogi Gymnasium

图5-53　挂条结构的法兰克福航空港飞机库
Fig.5-53　Frankfurt Airport hangar with hanging strip structure roof

图5-54　东京体育馆大型充气膜屋顶
Fig.5-54　Large Inflatable membrane roof ofTokyo Metropolitan Gymnasium

以确保在维持建筑热量过程中使用尽可能少的主动能源。各种遮阳格片、布幔、百叶装置能够在表皮界面形成丰富的肌理。诺曼·福斯特在弗雷尤斯地方中等职业学校建筑立面中用遮阳板阻挡阳光，阳光穿过遮阳板间隙在室内形成富于装饰效果的光影图案。在调节气候的同时，遮阳装置为建筑表皮增添造型细节和技术色彩（图5-55）。

　　太阳能光伏组件成为当代节能型建筑表皮构造中的常用装备。意大利环境国土部和我国科技部的能源环境合作项目"环境能源楼"位于清华大学东区，这栋用于教学、实验、研究的综合性大楼通过含有先进光伏技术的表皮装备实现其可持续建筑理念。提升室内环境舒适度和降低能耗成为建筑立面围护结构设计的基本出发点，东立面和西立面采用双层玻璃表皮充分利用自然光和调节温度；北立面以密实的封闭墙体抵御冬季寒风；南立面呈梯状逐层向内收进，并且以悬挑结构扩大了屋顶花园。屋顶花园提供了绿化空间，同时以其悬挑结构遮蔽阳光直射。太阳能光伏组件从各个平台进一步悬挑出去，可以调节角度的集热板起到过滤光线的作用。清华大学环境能源楼表皮构造中先进的技术装备能有效应利用绿色能源调节室内气候，同时使建筑表皮表现出符合当代生态价值观的技术特征和审美风格（图5-56）。

5.2.2　适宜技术语言

越来越多的建筑凭借日新月异的技术与材料披上时髦、靓丽的"外衣"，然而，一味依靠新技术、新材料追求华美的视觉效果极易使表皮建构走入误区，对于技术形象的过度强调使表皮脱离建筑功能和环境氛围的真实需要。一些造价昂贵、工艺复杂的高技术表皮不但占用了过多的公共资源，而且很容易带来光污染、维护困难和打破城市景观协调性等问题。例如象征着高技术的各式玻璃幕墙风行于世界各地的现代都市，为了能营造闪亮夺目的视觉效果，许多大面积幕墙采用了高可见光反射比玻璃，幕墙玻璃的反光干扰行人和司机的视线，在高楼林立的城市环境中造成严重的光污染。由于大量吸热和阻碍

图5-55　遮阳板及其附属构件
Fig.5-55　Sun shading device and it's annexes

图5-56　含有太阳能光伏组件的表皮，
清华大学环境能源楼
Fig.5-56　Skin with photovoltaic module, Tsinghua Environment & Energy Building

空气流通，玻璃幕墙还容易在室内形成温室效应。为了使表皮体现技术美感，一些公共建筑利用单层玻璃幕墙围合成大厅等内部空间。在日照充分的炎热地区，这样的表皮构造会因为需要更多空调设施和电力消耗而成为节能的反例。覆盖单层玻璃表皮的国家大剧院每日用于能源消耗的支出可达7万元。即便是那些十分先进的有着节能功效的双层玻璃表皮，其高昂的建造成本和高标准的后期维护投入对建筑本身的价值也具有明显的负面影响；相反，一些技术含量并非很高的建筑表皮依靠其材料和构造的特殊优势达成了与周边环境的和谐共生和对自然气候的有效调节。传统民居的围护形式中蕴含着适宜技术的建构理念，例如我国北方的窑洞、云南的竹楼，以及太平洋岛屿的棚屋均具有适合于当地环境气候条件的表层构造。江浙一带的夯土建筑成本低廉，但隔热、承重、防水性能都很好。这些建筑的围护构造均显现出淳朴稳健的表情和朴素自然的风貌，与环境和谐相融。

Cognitive Approach and Construction Method
of Modern Architectural Skin

早期建筑的表皮材料全部来源于自然。许多传统建筑表皮就地取材，通过适宜的技术手段便利地使用地方性自然资源，黏土、岩石、木材、柴草等自然材料使建筑与环境保持和谐。经过结构或材料的创新，从传统中发展而来的适宜技术同样能转化为新颖的建构语言。建筑师张永和在其作品"长城公社二分宅"中将北方民居的夯土筑房技术融入简洁的现代风格，夯土墙重温了传统，促成了建筑与环境间的默契，具有积极的建构意义。从表皮建构的角度看，这类古老的技术语言在当代语境中仍大有用武之地。在特定环境条件下，利用适宜技术能演绎出别具一格的表皮语言。施林斯住宅位于奥地利西部德尔福拉尔贝格州的山坡上，取材于当地的亚黏土经过气动机械高度压缩制成厚约8厘米的土坯。45厘米厚的土坯墙、两层5厘米厚的芦苇垫和内侧亚黏土抹灰合成的立面具有良好的隔热效果，降低了室内气候对供暖设施的依赖。未经处理的外立面经过风化显露出粗糙颗粒，而抹灰处理的内立面显得细腻、平整、温和。沥青密封的夯土地基和经过颗粒分布优化的土坯表层使水分难以渗入。用相同泥料烧制的黏土砖镶嵌在土坯墙中，一方面提高墙体刚性，另一方面阻断立面的水流冲刷。黏土砖在土墙表面微微凸起，连接成具有鲜明节奏和构成意味的横向装饰带。施林斯住宅的土坯表皮展现出古老墙体材料和当代建筑语汇的完美交融（图5-57）。

图5-57　施林斯住宅的土坯墙
Fig.5-57　Adobe wall of Schlins house

Gastropod是位于芬兰埃斯波的一栋低能耗住宅。它在混凝土房基上以中央壁炉为中心环绕成一个螺旋形，表面覆以木质嵌板。奇特前卫的造型和传统的木质嵌板分别代表了现代形式与地域传统。外层俄罗斯落叶松和内层芬兰杨木嵌板通过传统手工技术安装，具有良好的隔热保温功能。曲折的立面营造了特殊的空间体验，并且使木质嵌板表皮的光影效果更加丰富（图5-58）。以上案例表明，适宜技术策略要求建筑表皮一方面保留传统工

图5-58　Gastropod住宅的木质嵌板表皮
Fig.5-58　The wooden panel skin of Gastropod
house

艺和原始特色，另一方面根据建筑功能和环境氛围的需求作出巧妙应对。

　　表皮适宜技术的采用既是出于降低能源和资源消耗的考虑，又是为了在全球化背景下保持建筑的地域特色。外来文化和流行样式侵蚀地方传统的现象在当代发展中国家的建筑领域十分普遍，在模仿和追赶国际潮流的过程中，建筑很容易迷失文化身份和传统精神。建筑文化的当代发展将得益于地域精神的理性回归。经过各种思潮的洗礼，建筑设计回归到对人们生活质量及居住环境的关怀。假如以人文意境和生态价值层面的内涵实质为创作基点，运用适宜技术建构地域性表皮，就能凸显传统文化、延续场所精神、维护环境系统和清晰界定建筑的地方性特征。清华大学建筑设计院王路等设计的天台博物馆位于东海之滨的佛教天台宗发源地，这个在国清寺、万年寺、沧诗亭、方广寺等古建原址上建成的博物馆集收藏、展示、研究、教育、休闲功能为一体，集中展现当地文化。本着密切联系当地文脉和唤醒本土文化的设计思想，设计师采用当地大块花岗石建构出的粗犷建筑表皮，对乡土建筑作出了新的阐释。石墙的砌筑延续了当地建筑和国清寺的传统样式，承载了深远的历史记忆（图5-59）。日本建筑师隈研吾设计的中国泥人博物馆，在表皮处理上采用适宜技术巧妙地呈现了建筑主题和地方特色。玻璃幕墙等技术性特征较强的材料在表皮整体中只起到局部点缀的作用，大面积的浅色墙体和黑瓦屋面呼应了江南民居粉墙黛瓦的传统风格。纵横交错的长条形陶质杆件象征制作泥人的黏土条，这些装饰性杆件用钢索悬挂在立面外层，形成精巧而富有动感的表皮细部，使人联想起江南民居中的冰花窗格（图5-60）。从建筑美学层面来看，在表皮建构中采用适宜技术易于形成蕴含地方特色的建筑方言。表皮的适宜技术通常从地区性的传统建造技术发展而来，因而它总是包含着某个地区建筑文化的历史积淀。当高度工业化的技术风格席卷全球，适宜技术表皮能以最真切、最平实的表情传达一个国家、民族或是城市的精神内涵（图5-61）。[①]

　　适宜技术将表皮材料扩展到一些非常规的、廉价的、易于获取的替代物，胶合板、纤维板、织物、塑料、纸等原本与建筑无关的工业制品，甚至各种包装物、容器、废弃物经过适宜技术的巧妙利用都可能构成别具特色的

[①]　在中国美术学院新校区项目中，王澍针对江南地区湿润多雨的气候条件，采用当地材料和适宜技术建构表皮，使建筑与象山自然环境取得协调，同时彰显了传统建筑的文化底蕴。起源于江南书院传统形式的青瓦坡屋顶、杉木挂板、推窗等表皮元素对钢筋混凝土框架结构进行了遮蔽，赋予建筑质朴、祥和的外表。

Cognitive Approach and Construction Method
of Modern Architectural Skin

Cognitive Approach and Construction Method
of Modern Architectural Skin

图5-59　天台博物馆
Fig.5-59　Tiantai Museum

图5-60　中国泥人博物馆立面上的陶质杆件
Fig.5-60　Pottery bars on the facade of China
Clay Figurine Museum

图5-61　中国美院象山校舍
Fig.5-61　Xiangshan school building of China
Academy of Fine Arts

轻型表皮。展馆等临时性建筑特别适合采用这类轻型表皮。2000年德国汉诺威世博会日本馆薄壳表皮的结构材料和覆面材料都为纸质，纸质管状杆件拼接成富于曲面变化的壳体结构，壳体框架上铺设数层防水阻燃纸膜，最后在顶部整体覆盖一层聚氯乙烯纤维材料进一步提高防火性能。这层诞生于适宜技术的轻质表皮可以拆卸与回收，它不但绿色环保，而且富于亲和力和东方文化特色。适宜技术还包括对植物的利用，植物表皮通过生命活动的自然过程调节气候和优化环境。Ga.A建筑事务所在韩国坡州"草莓公主"主题公园游客中心建筑立面中采用了契合主题的植物表皮。卡通人物"草莓公主"是为青少年儿童创设的品牌形象，主题公园被策划成"草莓公主"及其伙伴的家园，为了促进游客与童话世界的互动，建筑师根据主题营造出"森林"环境。这个占地1200平方米的双层建筑所容纳的购物、游乐、餐饮、休息、展示空间中充满各种自然元素，在灯光、人造雾系统、风扇和加热器的配合下，建筑立面的植物表皮逼真模拟了森林的气候和景致（图5-62）。

一些传统方法正在新的技术条件下被应用和试验着。这些传统的方法带有极强的地方性，是"适应"了某些地方的气候和环境条件而存在的，是不能盲

目照搬的。①"适宜技术"是建筑
技术和地域适应性的结合，它不
是一种修补性的折中态度，而是
辩证、智慧的表皮建构策略。它
既提倡充分利用现有技术，又主
张积极改进和完善现有技术，充
分发掘其表现潜力。

图5-62　"草莓姐妹"主题公园游客中心立面的
植物表皮

Fig.5-62　Vegetation facade of tourist center in
Strawberry Sisters Theme Park

5.2.3　高技术语言

　　唯有跟随时代发展变革思维
方式，及时将技术领域取得的新成果融入设计建造，才能使建筑语言保持新鲜
活力。经历了数千年发展的建筑在短短30年内迅速扬弃了过往的历史主义，转
而投向纯粹的几何学结构。当代人对建筑的关注点已从外在的式样转向内在的
数学秩序。藤森照幸在其《人类与建筑的历史》一书中指出，自然界造型源于
"生命相"、"矿物相"、"数学相"。此三相孕育出人类，其潜意识里的造型感
觉自然也逃不过对生命感觉、矿物感觉和对数学秩序的向往。马克思看穿了经
济、金钱贯穿人类劳动，爱因斯坦证明了物质的奥秘在于原子，弗洛伊德揭开
了人类心底的无意识领域，格罗皮乌斯则发现了造型里潜藏的数学因子。②信
息技术使数学的规律与秩序在设计与建造过程中得到更加充分、完美的展现。

　　相对于具体、实在的物质，信息具有抽象、虚拟的一面，造物活动中的思
维环节具有同样的特征。信息按照一定的计算程序被处理、存储和传播，以数
字、结构、图像等各种可感形式扩展思维。信息技术带来崭新的时空观，它使
人类的感觉世界从传统的实体空间进入无限的虚拟世界，引发对既有知识和经
验局限性的反思。人在空间营造方面的创造力本质越来越多地通过虚拟方式得
到外化。随着复杂性的不断提高，表皮设计迫切需要在建模和结构分析方面发
展数字化设计方法。③虚拟技术成为生成表皮的全新工具，它将表皮形态拓展

① 周曦，李湛东. 生态设计新论：对生态设计的反思和再认识[M]. 南京：东南大学出版社，
2003：22.
② 藤森照幸. 人类与建筑的历史[M]. 范一琦译. 北京：中信出版社，2012：167.
③ Martin Bechthold. Innovative Surface Structures, Technologies and Applications[M]. Abingdon :Taylor
& Francis, 2008: 17-18.

Cognitive Approach and Construction Method
of Modern Architectural Skin

到传统设计工具无法企及的领域。在带来效率之外复兴了曾经先锋的构成主义，以构成、反构成、解构、反形式甚或后现代的种种面目，彻底改变了建筑师几百年的规尺传统，也彻底改观了几千年来的建筑图景，为新世纪带来生动的景象。①纸笔、尺规和实物模型能够满足基本的造型创造，但对每个对象的定义和描述都是独立的、机械的、难以左右整个系统的。复杂造型的表皮建构需要对元素进行复制、扭曲、延展、摺叠、转换，或把对一个部分的定义和描述扩展到整个系统，用传统的图纸设计无法实现这一系列复杂的形体变化。在传统设计工具所提供的工作模式中，人与设计对象的信息交互是极为有限的，潜在的感知能力和创造能力不易被激发，而计算机程序可以将一个简单的结构诠释放大为复杂的空间秩序、虽然在概念上模仿了实物模型，但可以在很短的时间内对造型变化的各种可能进行呈现和探讨。②虚拟技术在创作过程中能根据指令在各个环节上迅速产生大量的计算结果，这些计算结果以可感的方式成为有助于设计决策的结构启发与形式诱导。例如张拉膜表皮可以通过对顶部环箍张力、经线张力、悬索边缘下垂幅度、中央支撑点位置等变量的精确计算来迅速建模和任意调整形态（图5-63）。数字建模与虚拟现实使设计从一个单一性的主观意志转变为与程序不断交流互动的一系列过程性决策。虚拟空间中建立的结构不再局限于预设的框架，它在生成过程中的每个时间节点和空间节点上都可能形成理想结果。

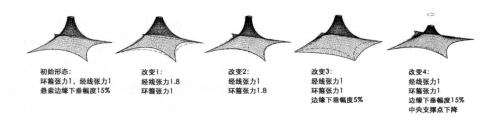

初始形态：
环箍张力1，经线张力1
悬索边缘下垂幅度15%

改变1：
经线张力1.8
环箍张力1

改变2：
经线张力1
环箍张力1.8

改变3：
经线张力1
环箍张力1
边缘下垂幅度5%

改变4：
经线张力1
环箍张力1
边缘下垂幅度15%
中央支撑点下降

图5-63　张拉膜表皮的数字模型

Fig.5-63　Digital model of tensioned membrane surface

---

① 汪克艾林. 当代建筑语言[M]. 北京：机械工业出版社，2007：126.

② Martin Bechthold. Innovative Surface Structures, Technologies and Applications[M]. Abingdon: Taylor & Francis, 2008: 73.

Cognitive Approach and Construction Method
of Modern Architectural Skin

　　虚拟现实技术不但极大提高了表皮形态的生成效率，而且使建构过程变得更加开放和具有创造性，催生了像毕尔巴鄂古根海姆博物馆这样的形态极为复杂的"超级表皮"建筑。"超级表皮"的形态是难以预计的、偶发的、自由的，它在很大程度上依赖于图解技术。[①]最早被用于产品设计的CAD/CAM系统、CNC milling系统，以及Alias、Maya等软件已成为当代建筑师的常用工具，以NURBS（Non-Uniform Rational Bezier Spline）为基础的3D模型程序对建设计筑产生了重要影响，Alias、Catia、Rhinoceros、Pro/Engineer、Maya等计算机软件使设计师能从容地创建和图解复杂的表皮形态。CAD/CAM程序具有基本的形体描述功能，比如以定位器为基础的AutoCad，可以在定位器Cartesian里用X、Y、Z坐标系统定义点、线、面，但它不支持流畅的曲面和曲线。20世纪的造型观念始于尖角而最终走向曲线，在20世纪最后10年中，曲线形无处不在。它几乎毫无例外地统治了产品、家具、交通工具、时尚文化、种种当代艺术形式甚至建筑。[②]以非均匀有理B样条曲线NURBS（Non-Uniform Rational Bazier Spline）样条函数为基础的程序利用算法公式创建复杂的曲线和曲面，并可以连续不断地调整优化。既有表面因嵌入新的表面产生演化，不同的表面之间相互关联。如果改变表面局部结构，整体表面都会被重新计算生成全新的形态。NURBS建模程序的内在逻辑是：表面或物体的形态均在与关联对象的相互作用中被发展。与构思一个静态环境中的固定形式不同，这类新的三维建模软件程序允许设计者以连续改变算法参数的工作形式创建不断演化的三维拓扑学表面。

　　参数化本身关注的是数学函数中的变量处理，而这些处理会给形式的生成带来一系列可能性，因而特别适用于复杂曲面的系统化控制。[③]福斯特建筑事务所在大英博物馆中庭屋顶运用了具有复杂曲面的轻质结构，恢复19世纪中期建筑立面原貌的同时，创造了一个敞亮的开放空间（图5-64）。老建筑在承受额外侧推力方面能力非常有限，这意味着屋顶网格需要依靠自身结构克服弯矩和剪力，参数化数字建模技术在提高屋顶刚度和优化曲面造型过程中起到关键作用。程序通过非线性计算分析调整曲面的表层荷载，求得能使表面张力最小化的负载曲线。屋顶平面为中间开有圆孔的矩形，其不规则性增加了网格结构的复杂程度。在确定屋顶平面边缘的控制节点后，根据转化荷载与压力的需要

①　Sophia Vyzoviti. Supersufaces[M]. Amsterdam: BIS Publishers, 2006: 10-11.
②　Gerg Lynn. Folding In Architectue[M]. Chichester: John Wiley & Sons, 2004: 14.
③　彼得·绍拉帕耶. 当代建筑与数字化设计[M]. 吴晓译. 北京：中国建筑工业出版社，2007：59.

图5-64　大英博物馆中庭屋顶
Fig.5-64　The atrium roof of
British Museum

Cognitive Approach and Construction Method
of Modern Architectural Skin

调整所有中间点的变量（图5-65）。参数化建模提高了结构网格承受变形和控制位移的能力，同时消除了局部高压受力点。从力学模式转化而来的几何结构不但坚固，而且实现了造型的优化。3312块三角形玻璃和方管钢构件的重量通过滑动轴承落在周围墙体上。由放射性螺旋线构成的薄壳结构有效缩减了组件体积，向周围建筑立面传送了最小的水平荷载，同时赋予屋面平滑流畅的造型特色。一系列方程分析使原初的数学网格经过3次变化定型为理想的屋顶结构（图5-66）。

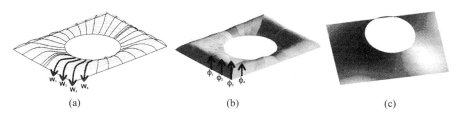

图5-65　大英博物馆中庭屋顶荷载与压力非线性计算分析
(a) 荷载参数　　　(b) 压力参数　　　(c) 压力函数
Fig.5-65　Numerical load and pressure analysis for Nonlinear of the atrium roof of British Museum
(a) Load parameter　　(b) Pressure parameters　　(c) Pressure function

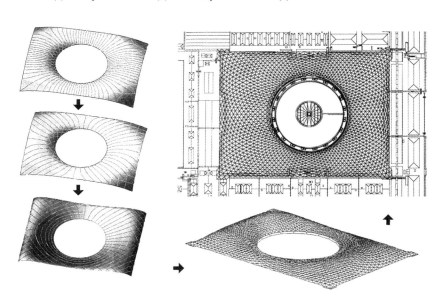

图5-66　大英博物馆中庭屋顶数字网格的定型过程
Fig.5-66　Digital grid shaping process of the atrium roof of British Museum

　　借助于新一代结构软件的强大功能，建筑表皮的整体构造和局部细节展现出前所未有的丰富变化，迂回、曲折的复杂形体在设计建造中成为可能。膜、壳、褶叠表皮对建造精度要求很高。传统建造方式所允许的公差对这类轻薄型表皮构造来说是无法想象的。[1]数字技术对这类复杂表皮的结构分析具有重要意义，例如膜表皮的结构工程技术必须以一系列数字建模为基础。国家体育场"鸟巢"错综复杂的结构和新颖独特的造型对设计建造形成挑战，这一大胆艺术创想的实现有赖于ANSYS7.0、SAP2000等先进的结构分析软件，CATIA软件在国内首次被用于建筑。CATIA一般用于航天、航空、汽车等高端工业制造领域的造型设计，在应对非线性几何形体和复杂空间构造变化方面具有强大功能。构件长度的计算纳入竖向荷载和水平震动的因素，荷载、位移全过程非线性几何分析保证了屋盖结构的整体稳定性。三维空间精确计算模型对主桁架结构和次结构构件在施工过程中的受力情况作出实时动态模拟，确立主结构与次结构的最佳生成顺序，解决了次结构构件在安装过程中内应力增大的问题，进而使构件截面的壁厚得以保持针对整体受力结构所设定的原始尺寸而不需要增加。这样不但提高了施工效率，而且大大降低了次结构的用钢量，从而减轻了屋盖荷载，提高了整体结构的稳定性。恒荷载、活荷载、风震系数、温度场分布梯度等因素可能在结构中引起的内力和变形均被纳入模型软件程序中，屋盖箱型截面桁架节点、桁架柱节点、异形柱脚和桁架腹杆节点等特殊节点设计均经过精确的力学计算。在屋盖结构设计优化过程中，还利用DYDA软件进行弹塑性分析，针对不同震级进行结构抗震计算。借助于ANSYS7.0三维结构分析，主结构、次结构、楼梯结构在计算模型中得到完整模拟，更具建筑设计规范，用另一种软件SAP2000验证ANSYS的分析结果，对这一复杂结构的静力分析和动力分析过程进行了校核。

　　数字技术可使建筑表皮从空气动力学、流体力学、热力学原理中找到形式起源和结构参照。设计师可以利用这种特性来研究环境中的复杂多变的影响力，正如船的形态是为了减少水的阻力而生成的，建筑表皮也可对环境作用因素发生反应或是互动，从而产生建筑的空间与形态。[2]许多针对风、热、光、声等环境因素的分析软件被开发，其模拟现实的能力和图形界面的使用便利性也越来越完善（表5-1）。福斯特设计的伦敦市政厅的表皮构造，就是一个基于热量控制模型的不

① Martin Bechthold. Innovative Surface Structures, Technologies and Applications[M]. Abingdon : Taylor & Francis, 2008. 6.
② 苏英姿. 表皮，NURB与建筑技术[J]. 建筑师，2004，110（8）：85-88.

物理环境模拟设计软件概览　　　　　表5-1

Tab.5-1　Overview of physical environment simulating softwares

模拟分析领域	支持物理环境模拟检测的部分软件（系统）
能源分析	ESP-r（英国斯特拉思克莱德大学开发的能源模拟分析软件）、HTB2（威尔士大学建筑学院开发）、BLAST（伊利若大学开发）、DOE-2（美国劳伦斯伯克利国家实验室开发）以及LT（剑桥大学马丁中心开发）ECOTECT（包含采光、遮阳、隔音及造价等因素的能耗分析软件）、建筑热环境模拟分析软件TRNSYS等
采光分析	RADIANCE、日照分析软件TSUN6.0等
通风分析	Htventl等
噪声模拟	SoundPLAN、Cadna/A（计算机辅助隔声）、LIMA和Mithra、噪声与振动测试平台PULSE3560C（B&K）、声学材料测试系统、声功率及声源识别软件B&K7752等

规则球面，这个向南倾斜的球体并不是为了迎合审美随意变形的结果，而是能确保建筑在冬季和夏季均能获得最佳阳光照射的理想造型。太阳在不同季节有不同的轨迹和入射角度（图5-67），设计师利用计算机程序分析当地全年日照条件，并对建筑表面的热量分布进行精确计算，从而确定在提高能源使用效率方面最为有利的表皮形态。由"计算"生成的表皮呈现流动、有机和非线性几何造型的特征。在德国国会大厦项目中，诺曼·福斯特清除了20世纪60年代的装饰，以充满技术色彩的玻璃穹顶取代原来由保罗·瓦洛特设计的圆屋顶。巨大的玻璃穹顶位于国会大厦中央，具有古罗马教堂大穹顶的气势，象征着社会生活的中心。玻璃的通透感意味着议会、议员及其工作的坦诚、透明。从穹顶顶端悬下的巨型"漏斗"直达会议大厅底部，"漏斗"上镶嵌着360块活动镜面，把自然光折射进议会大厅，从而降低照明能耗。为了不让直射的阳光晃眼，玻璃圆顶的内侧安装了可移动的铝网，由计算机根据阳光入射角度的变化自动调控其位置。控制铝网的动力来自国会大厦屋顶的太阳能电池。德国国会大厦圆顶的钢结构玻璃表皮在功能和形式上均体现了高技派特征，实现了技术与艺术的高度融合（图5-68）。正如密斯所言："当技术实现了它的真正使命，它就升华为艺术。"

高技术语言可通过以下三条策略来加强表皮的形式表现：

1. 显露构造

以设备、结构、管道等功能性设施作为表皮的主体构件，以结构化的、抽象的技术语言使建筑与周边环境及传统审美方式拉开差距。

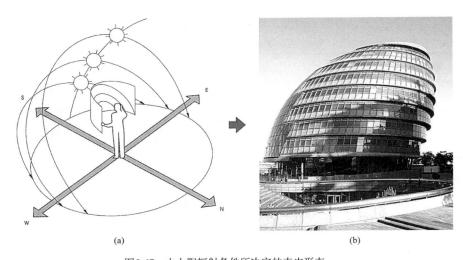

(a)

(b)

图5-67 由太阳辐射条件所决定的表皮形态

(a) 太阳轨道投影　　　　　　　　　　　　　　(b) 伦敦市政厅

Fig.5-67　Skin profile determined by solar radiation

(a) The projection of Solar orbit　　　　　　　　　(b) London City Hall

图5-68 德国国会大厦圆屋顶

Fig.5-68 The dome of Reichstag

2．表现质感

将工业化特征鲜明的具备光亮特征的材料（玻璃、抛光金属、塑料等各种材质的高精度面板与型材）用做表现信息时代高新技术印象的表皮语言。

3．解构空间

利用消解、突变、颠倒等手法突破既有表皮结构的整体性，形成多层穿透的虚空间，创造随机的和偶然的空间变化，表现空间的不稳定性、陌生感和未来感。

5.2.4　生态技术策略

生态学是一门专门研究生物之间或生物与非生物环境之间关系的学科，建筑中的生态学主要研究建筑对人和自然环境的影响。根据所在地区的自然条件和气候状况，采取尽可能减少资源和能源消耗的形式，这已成为当代建筑设计的共同趋势。表皮是建筑进行能量交互的首要界面和实现生态效应的关键环节，建筑生态设计可以从表皮概念中获得有益启示：表皮是生命体与外界交换物质与能量的活性界面。建筑表皮可以借鉴生物表皮的可调节性，借鉴其保护、呼吸、交流等应变功能。现代主义大师在探索空间构造时就已经注意到将环境因素与表皮功能巧妙融合。柯布西耶主张的底层透空、花园屋顶和大出挑减少了对地表植物的破坏，具有良好的自然通风和遮阳效果，是基于建筑表层构造的"生态补偿性"设计。赖特的有机建筑更是将自然环境当作必不可少的设计元素，他倡导立面构造要遵循自然法则，融入自然环境。

原生态型表皮以低消耗为原则，选用自然材料或易于降解、再生的材料，通过实用的结构和适宜的技术建成。这类技术大多采用不损坏自然环境或直接来源于自然环境的原生材料，例如土、石、木等。世界各地民居就地取材，在各具特色的表皮建构技术中体现朴素的环境意识和生态理念。具有两千多年历史的蒙古包至今仍在使用。[①]蒙古族人的游牧生活以及草原地理环境与气候条件对居住形式和居所建造具有特殊要求。简便的木制骨架和毛毡构成了功能完备、形态独特的原生态表皮。像蒙古包这样汲取自然材料建构原生态表皮，从

---

① 蒙古包的毛毡由羊毛制成，轻质、保暖、透气、防水，是理想的围护材料。顶部骨架包括乌那和陶脑。乌那构造犹如伞骨，陶脑设置在它的中间，打开后在蒙古包顶部用于通风和采光。哈那是立面的木制骨架，它形似栅栏，用牲畜皮毛制成的绳索连接固定。哈那和乌那都具有摺叠式的结构，在不用时可以收拢，适合于游牧生活中的频繁转移。圆形立面和锥形顶部不但用最少的建筑材料围合出尽可能大的居住空间，而且能避免风的直吹，使蒙古包可以抵抗草原的强风。

而与自然环境和谐相融的民居建筑还有很多。例如用草料加工成的"草砖"在美国西部民房中被用来砌筑外墙，美国民房的草砖墙通常采用木构屋顶。日本民居则正好相反，立面采用木构，屋顶用茅草建造。新技术可以改良原生态表皮材料的使用方式。为了降低烧土制品对黏土的消耗，德国费莱堡地区通过添加一种特殊的强化剂制造黏土空心砖而不采用传统的烧制办法，未烧结的空心砖在废弃后可以自行降解回归土壤。这些来源于自然材料的原生态型表皮具有可循环的特征。它们对环境无害，并且饱含传统风貌和自然趣味。

密闭的空调建筑完全依靠设备获得内部气候的舒适性，而生态建筑则主要依靠"外皮"来调节室内环境。借助于现代技术，表皮可以获得更为复杂的生态功能：利用真空玻璃管热收集装置和具有毛细管结构的多层玻璃降低热损耗；借助于立面开口部位的灰空间在内外环境之间建立气候缓冲；以挡墙、挡板等附加装置构成生态型多层表皮；用多层玻璃表皮克服单层玻璃幕墙传热系数大、热交换量大的弱点；通过创造具有隔热、通风作用的空腔增强表皮的调节功能等（图5-69）。位于伦敦圣玛丽府街30号的瑞士再保险大厦，以新颖的生态化表皮和出众的外观赢得2004年的RIBA斯特林大奖，成为伦敦的新地标。螺旋形框架结构和双层幕墙延续了香港汇丰银行和法兰克福大楼的高技术风格，所不同的是这栋建筑的节能设计更完备，其双层表皮构造中包含先进的自动采光系统、自动通风系统和自动温度调节系统。双层玻璃幕墙有效地降低立面和室内温度并自动净化空气，电脑控制的百叶窗兼具遮阳和有效利用自然光线的作用。内含功能构件的夹层空腔、螺旋上升的斜交网格、水晶般的圆锥立面一起构成充满生态机能和技术色彩的复合表皮（图5-70）。

将在2014年竣工的国内首栋拥有生态技术双层玻璃表皮的建筑，是位于浦东陆家嘴的上海新地标—号称"世界第一绿色摩天楼"的上海中心大厦。据大楼设计方美国Gensler建筑设计事务所测算，具有气

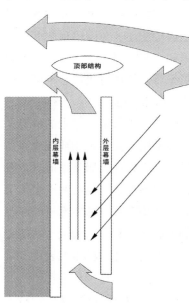

图5-69　双层表皮空腔的烟囱效应
Fig.5-69　Chimney effect of doubl eskin cavity

图5-70 瑞士再保险大厦的生态化表皮
Fig.5-70 Ecological skin outside Swiss Re Headquarters

图5-71   上海中心大厦
Fig.5-71   Shanghai Center Tower

候调节功能的双层表皮、安装于顶部的72台10千瓦风力发电机等多项节能环保装置使大楼的综合节能率大于60%，每年节省能源消耗约250万美元。内外层玻璃幕墙的间距在0.9米到10米之间，这个空腔不但在内外环境之间形成一个能大大降低楼内供暖和制冷能耗的隔热层，而且制造出能有效改善室内空气质量的自然通风效应。旋转上升的立面造型并非完全出于外观需要，每层朝同一方向旋转1度，扭曲的表皮有效缓释高空气流，降低涡旋脱落效应，使立面风荷载减少24%。大楼借此大大减少了内部钢筋混凝土芯柱、钢柱和各种承力支架的材料消耗（图5-71）。双层界面在减低建筑能耗、实现建筑生态化的同时，也创造了一种崭新的建筑形态，增加了使用者对建筑空间层次的体验。[①]

　　建筑表皮的生态效应还体现在人体能否在温度和湿度等方面获得适宜的感知。丹尼尔斯（Klaus Daniels）在《低技、轻技、高技》中将人类对环境温度、湿度的适宜生存范围作了图解（图5-72）。Gert Kahler在其Die Klima-aktive Fassade一文中进一步概括了气温、气压、相对湿度、风速和有氧度方面的人体舒适指标（表5-2）。赫尔佐格（Jacques Herzog）在其编著的《立面构造手

人体舒适指标　　　　　　　　　　　　　　表5–2

Tab.5-2　Body comfort index

人体舒适指标					
项目	气温	气压	相对湿度	风速	有氧度
指标	19～22℃	760mmHg	30%～70%	0.1～0.7m/s	17%～30%

① 马平，石孟良. 建筑界面的生态语言[J]. 中外建筑，2008（3）：84-86.

Cognitive Approach and Construction Method of Modern Architectural Skin

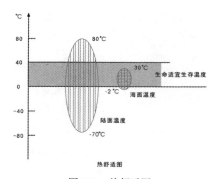

图5-72　热舒适图
Fig.5-72　Thermal comfort charts

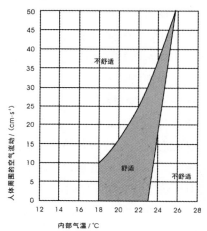

与室内温度和空气流动有关的舒适区域
图5-73　与室内温度与空气流动有关的
舒适区域
Fig.5-73　Comfort zone related toindoor
temperature and air flow

册》中，以图表形式描述了室内温度、湿度与空气流动状况对人体综合体验的影响（图5-73）。

我国的绿色建筑评估体系从21世纪初开始逐步成形。聂梅生等于2001年编制了《中国生态住宅技术评估手册》，又于2003年建立了《绿色奥运建筑评估系统》。建设部在2006年3月提出《绿色建筑评价标准》，针对节地与室外环境、节能与能源利用、节水与水资源利用、节材与材料资源利用、室内环境质量、运营管理等7个项目形成3个等级的评估表（表5-3）[①]。主要的地方性评估标准包括：《上海市生态住宅小区技术实施细则》、北京地方标准《绿色建筑评估标准》、《上海世博会绿色建筑标准》等，这些标准为生态表皮建构提供了切实的技术参照。季翔在其所著《建筑表皮语言》中，从场地环境、适应性和耐久性、节能与热环境、自然采光、自然通风、隔声与噪声控制6个方面总结了表皮生态设计思想（表5-4）。

如果处理得当，生态元素可以成为建筑造型艺术的有机组成。生态技术在功能层面的合理性必然在表皮的认知界面中有所体现，从生态角度探索新兴技术与挖掘传统经验均可以赋予现代建筑表皮全新的功能属性和审美意象。杨经文在东南亚地区设计建造的一系列能对气候条件作出灵敏反应的"生态——气候"大厦，展现了未来感十足的时髦表皮。源于生态功能的表皮构造在审美和认知中成为具有轰动效应的造型语言。通过对立面和墙体附属设施的研究，杨经文发

① 国家质检总局. GB/T 50378-2006. 绿色建筑评价标准[S]. 北京：国家质检总局，2006.

中国绿色建筑评价标准概要　　表5-3

Tab.5-3　Summary of China Green Building Assessment Systems

	等级	一般项数（共40页）						优选项数（共9项）
		节地与室外环境（共8页）	节能与能源利用（共6项）	节水与水资源利用（共6项）	节材与材料资源利用（共7项）	室内环境质量（共6项）	运营管理（共7项）	
住宅建筑	★	4	2	3	3	2	4	—
	★★	5	3	4	4	3	5	3
	★★★	6	4	5	5	4	6	5
	等级	一般项数（共40页）						优选项数（共9项）
		节地与室外环境（共8页）	节能与能源利用（共6项）	节水与水资源利用（共6项）	节材与材料资源利用（共7项）	室内环境质量（共6项）	运营管理（共7项）	
公共建筑	★	3	4	3	5	3	4	—
	★★	4	6	4	6	4	5	6
	★★★	5	8	5	7	5	6	10

注：★一级　★★二级　★★★三级

绿色建筑表皮设计的主要环节　　表5-4

Tab.5-4　The main links of green building surface design

建筑设计评估栏	建筑设计的要求或对策	整体评估体系栏目
场地环境	日照、城市热岛效应、室外风环境、绿化	场地和室外环境
适用性和耐久性	建筑层高、耐久性	全生命周期综合性能
表皮节能和热环境	要求：围护结构节能标准 策略：窗墙比、传热系数、气密性、遮阳、无冷凝	能源利用
自然采光	要求：室内采光系数 策略：浅进深、自然光调控和强化装置、眩光控制	室内环境质量
自然通风	要求：通风时间和通风面积的比率 策略：浅进深、开启外窗、导风装置	
隔声与噪声控制	要求：隔声设计规范 策略：外墙与构件隔声	
		水资源
	选择内含能低、性能高的材料	材料和资源

展了多种遮阳系统和保护壳体，改变了局限于太阳方位的剖面设计方式，从而形成了一系列表情丰富的可变性墙面（图5-74）。再如覆盖美国赫米特校园"水与生命博物馆"屋顶的太阳能光伏系统，不仅为建筑节省大量能源，而且成就了一种充满技术魅力的表皮语言。晶硅太阳能面板和相连的钻孔钢板阻挡过剩的阳光，在有效调节气候的同时使室内墙面和地面布满装饰图案一样的光斑（图5-75）。

生态建筑美学的核心范畴有两个，即"融合"和"共生"。[①]一些具有生态功能的建筑表皮显现出类似于生物皮肤的"柔性"特质，建筑与环境以平缓的表皮界面来衔接过渡，避免形成明显的空间割裂。植物表皮是一种

图5-74　"生态——气候"大厦立面的
遮阳系统和保护壳体

Fig.5-74　Sun shading system and protective
shell on Ecological & Climate Building's facade

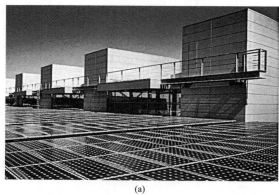
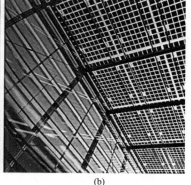

(a)　　　　　　　　　　　　　　　　　　　(b)

图5-75　美国赫米特校园水与生命博物馆屋顶的太阳能光伏系统

(a)太阳台光伏系统屋面　　　(b)室内效果

Fig.5-75　Solar photovoltaic system on the roof of Water + Life Museums and Campus,Hemet(CA), USA

(a) Roof with solar photovoltaic system　　　(b) Indoor effect

---

① 黄丹麾，生态建筑[M]．济南：山东美术出版社，2006：27.

充分利用生命机能的自然生态技术，借助于水分的蒸腾作用，植被表皮能有效调节室内温度，营造适宜的内部气候。对于外部环境而言，表皮植被增加绿化面积，在控制城市地表径流和涵养水源方面发挥积极作用。在观感层面，表皮植被弱化了建筑的存在，使自然环境更加完整、和谐，意在隐匿人工建造痕迹的生态化表皮使建筑与基地之间的边界变得模糊。荷兰代尔夫特科技大学图书馆的巨大坡顶除了留有一个凸起的圆锥形采光塔以外，全部由草坪覆盖，草坪下的混凝土屋盖含有蓄热装置和雨水蒸发器，无论冬夏，草坪屋顶都有利于图书馆内部保持适宜的温度。平缓上升的屋顶形成可以充分享受阳光的宽敞草坪，在校园环境中增添了一处开阔的休闲场所（图5-76）。日本"波本豆"网球场以人工覆土层实现建筑表皮的生态效应，松树和柏树皮混合而成的人造土壤重量轻，透气性好，适于植物生长并具有良好的保温隔热作用。柔软的曲面造型和长满植被的表皮使"波本豆"网球场以一

图5-76　代尔夫特科技大学图书馆的生态效应植物表皮
Fig.5-76　Ecological vegetation surface with ecological effect outside Delft University of Technology Library

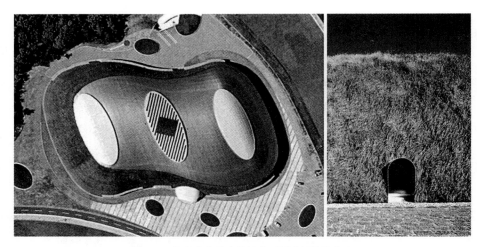

图5-77　具备生态效应的波本豆网球场植物表皮
Fig.5-77　Ecological vegetation surface outside Bourbon Beans Dome

种完全自然的姿态匍匐舒展于大地，它既是景观中的主角，又可视作背景，
与周围环境高度融合（图5-77）。在抑制灰尘，调节温度、湿度与遮光方面，
植物的作用十分显著。尤其在日光强烈的炎热地带，利用植物在表皮界面建立
微气候调节系统能使建筑取得十分显著的自然降温效果。前身为仓库的Z58大
楼，被一家著名灯具企业改建装修后用做集行政、科研、接待为一体的综合性
办公机构。在原有结构基础上，建筑师在立面增加了设有水池的阳台，并在池
中栽满了植物。不锈钢水池和茂密的植物不但有效起到降温、遮光、挡风和净
化空气的作用，而且使Z58呈现出容光焕发的崭新面貌——完全不像从一个老旧
仓库改建而来。布满整个立面的植物使建筑与周围的公园环境十分协调，长条
形不锈钢水池沿各层露台排列成金属百叶窗一般的水平条纹，繁密的植物犹如
铺设在银色台阶上的绿地毯，镜面不锈钢随视线移动反射出不断变化的影像，
这些影像与水池中的植物交织在一起营造出奇妙的视觉体验，随风摆动的枝叶
使这层生态化表皮充满了活跃的动感和生命的气息（图5-78）。功能性植被不
但可以实现建筑表皮的生态效应，而且能软化城市建筑的僵硬形象，促进建筑
与自然的融合共生。

图5-78　建筑表皮的功能性绿化，Z58综合楼
Fig.5-78　Functional plant in architecture skin, Z58 comprehensive building

本章小结

营造方式和技术策略对建筑表皮在认知中的基本状貌和宏观印象具有决定性影响，表皮建构应从营造和技术层面入手，建筑类型学可以在营造策略层面为把握复杂多变的表皮形态提供理性的思维工具和有效的操作方法。现代建筑表皮是包含"空间围护"、"调节功能"、"外在表现"三方面意指内涵的认知界面。受艾莫尼诺（Carlo Aymonino）"应用类型学理论"启发，突破以"职能属性"和"历史形式"为基本构想的传统分析模式，将"围护"、"功能"、"表现"三方面的意指内涵确定为表皮原型的基本属性，进而建立由围护层、功能层和表现层三个表意层次组成的表意结构。表皮类型的普遍形式中包含"类特征"，根据三种属性的显现程度以及三个表意层次在总体表意结构中的统合关系提取"类特征"，总结出"面罩"、"显露"、"复合"三种表皮类型。"面罩"型表皮通过施加表现性元素对内部空间和实体构造进行覆盖或掩饰；"显露"型表皮如实展现自身结构和技术特征；"复合"型表皮通过自身骨骼而不是依赖于辅助的支撑结构完成形体的摺叠和空间的围合。

将类型学导入建筑表皮研究既不是为了树立表皮形态的样板，也不是要将表皮语言限制在固定的格式中，而是要将类型当作表皮的建构工具，通过类型转换把握表皮形态的生成逻辑。类型虽然是一个"常量"，但它可以通过转换实现与风格、技术、材料、功能等变量，以及其他类型的互动，生成能在不同环境和文脉中描述建筑表皮多方特征的、满足各种认知体验的"对象语言"。参照恩格尔斯和克里尔的研究成果，提出类推、并置、穿插、合成四种表皮类型转换方式。建立从典型的表皮类型"元语言"到无限多样的表皮现实形态——"对象语言"的转换机制。通过演化，类型"元语言"发展出具有"同源"关系的、形式多样的变体；通过并置转换，不同类型变体有序拼合成脉络清晰的组合式表皮；通过穿插转换，多个类型变体在同一层面交叉、融合成复杂的表皮构造和多变的表面肌理；通过合成转换，不同类型变体在纵深层次上叠加、互渗，借助于"物理透明性"和"现象透明性"复合为具有结构深度的表皮组织。

柏拉图曾说，作为人类"严肃的需要"和"严肃的性情"的产物，建筑是要通过人类掌握的最有价值的方式来实现的。建筑类型学的基本原理是利用某种符合主观构想的分类标准对建筑语言进行抽象和归类，类型学可以为表皮建构提供清晰的思路和有效的方法。尽管后现代建筑积极引入消费社会的文化景观，以象征代替现实，强调表里分离，使城市景观充满幻觉，但后现代建筑的鼻祖文丘里始终认为建筑的外貌应"切题"，即其视觉象征要契合建筑的功能——熟识性、明确性和启示性。[①]表皮的类型学思考能为理解和处理建筑功能和外在形式之间的关系提供契机。本章通过建立原型和划分类型，提出了表皮营造样式的还原假设和转化模式，探索了表皮语言的样式起源和生成策略，总结出具有类型学特征的、符合理性原则和认知规律的建构方法。

　　作为关键的实现途径和建构手段，技术从根本上决定着建筑表皮的功能和形态。从"墙的分解"、"柱的变形"、"立面开口的演化"、"顶面的重构"、"装备的显现"五方面可以看出，建造元素的技术转型对表皮建构产生重要影响。适宜技术表皮具有经济性、灵活性，是考虑综合效益后采取的技术策略；高技术表皮更多考虑材料和建造的标准化、集约化、模块化、精细化、智能化；生态技术表皮则侧重气候调节功能积极利用被动能源。21世纪的建筑创作必将以多种技术作为支撑点，采取多层次的技术策略。[②]设计师在表皮建构中既需积极开发和充分利用适宜技术、高技术、生态技术，又要在传统技术和高新技术、地域化和国际化之间作出权衡与选择，以恰当的技术策略提升建筑的功能价值和综合效益，并利用表皮的工艺特色表达建筑的精神内涵。

Cognitive Approach and Construction Method of Modern Architectural Skin

---

① 过伟敏，史明. 城市景观艺术设计[M]. 南京：东南大学出版社，2011：30-31.
② 彭飞. 建筑表皮的思考[D]：[硕士学位论文]. 合肥：合肥工业大学建筑系，2004.

第6章 视觉与文化层面的建构

　　建构是连接的艺术，它的含义是指建造与制造的手艺。它取决于是否正确地运用手艺的规则，或者在多大程度上满足使用要求。[①]德国人卡尔·缪勒（Karl Otfried Muller）首先在建筑学中应用了"建构"（Tectonic）一词。他在1830年出版的《艺术考古学手册》（Handbuch der Archaologie der Kunst）一书中对建构的概念进行了阐述："器皿、瓶饰、住宅、人的聚会场所，它们的形成和发展不仅取决于实用性，而且也取决于与情感与艺术概念的协调一致。我们将这一系列活动称为建构，而建筑则是它们的最高代表。"美国哈佛大学教授塞克勒（Eduard F. Seckler）在其《结构、建造和建构》（Structure Construction & Tectonics）中写道："当结构概念通过建造得以实现时，视觉形式将通过一些表现性的特质影响结构，这些表现性特质与建筑中的力的传递和构件的相应布置无关。对这些形式关系的表现性特质适用'建构'一词"。

　　表皮在当代走向活跃，一方面是由于建造技术的推动，另一方面与文化层面的积极反思密切相关。建筑需要通过某种机制与社会文化建立联系。[②]现代建筑表皮已演变为具备媒体功能和社会功能的文化符号，它的一个重要职能是在建造和认知之间建立文化关联，表达文化含义。珀热拉认定当代社会的文化转型是建筑表皮趋于"界面化"的主导因素。文化是城市复兴的核心。吴良镛教授在亚洲建协第12届大会主旨发言中指出："在创造亚洲各国美好人居环境的同时，也要创造同样美好而和谐的社会文化环境。"在当代视觉文化背景中，建筑表皮需要充分激活人类最具潜力的"精神感观"（mental-sensory）——"移情"（empathy）。"移情"并非一种就事论事的形式解读，而是基于特定文化观念的情感认知和心理体验。现代建筑表皮在美学、经济学、传播学、社会学层面的文化意义需要通过一系列实体性的符号操作来体现。

　　"建构"是与营造、技术相关的"表现性特质"，但不完全由营造和技术决

①　Adolf Heinrich Borbein. Tektonik, zur Geschichte eines Begriffs der Archaologie[J]. Archiv fur Begriffsgeschichte, 1982 (1): 26-27.

②　Farshid Moussavi, Michael Kubo. The Function of Ornament [M]. Barcelona: Actar, 2008.5.

定。除了营造和技术层面，表皮需通过视觉与文化层面的认知建构塑造形象和传达信息，即通过运用各种材料，在形式美学等原则下创造表皮形态和构成，由此界定出新颖而充满变化的建筑空间。[1]基于形式美学和摺叠理论的构成语言以及材料语言、图形语言在建筑表皮视觉认知与文化内涵的建构中发挥重要作用。

6.1 表皮的构成文法

美的形式有助于提升对认知对象的价值判断。审美判断是主观的，因为它主要表达个人感受，同时它又具有客观性，因为它试图证明这种感受除个别审美主体之外对其他人也同样有效。[2]审美理想受文化程度、艺术修养、社会身份、价值观等因素影响而呈现出一定的个体差异，但人类生产、生活实践的共性成就了审美活动中的共识并由此积淀了一系列美学理论。建筑的审美体验是在识别造型、结构、尺度、比例、材质、色彩等构成关系和感知空间节奏、视觉秩序等抽象特征的基础上形成的。西方形式美学被称为现代艺术和设计的"形式科学"，其基本观点是"美是一种具有内在构成规律的抽象形式"。建筑被称为"凝固的音乐"，"节奏和韵律"等一系列美感的表现需要借助于"形式科学"中的构成规律。视觉与文化层面的表皮建构同样离不开基于形式美学的构成规律。

6.1.1 基于形式美学的表皮构成

建筑的美有一定的客观性，在此基础上才能产生深层的美感，领会建筑的内涵。[3]古今哲学家、美学家纷纷以不同视角从美的现象中总结"美的规律"。中国古代有"羊大为美"的说法，这是一种从功利角度出发的朴素美学观。孔子在《论语·雍也》中将"文质彬彬"作为君子的形象标准，虽未直接述及美的概念，但包含着将"形式的美"与"内容的善"统一起来的美学思想。古希

---

① 甘立娅. 认识建筑表皮的多种维度[J]. 高等建筑教育，2007，16（3）：39-43.
② 罗杰·斯克鲁顿. 建筑美学[M]. 刘先觉等译. 北京：中国建筑工业出版社，2003：222.
③ 边颖. 建筑外立面设计[M]. 北京：机械工业出版社，2008：40-41.

腊思想家赫拉克里特、苏格拉底、德谟克利特等对美的本质和规律展开较为深入的哲学思考。毕达哥拉斯学派认为，美是一种和谐关系，对立统一以及恰当的比例是取得和谐的关键。柏拉图在《大希庇阿斯》篇、《会饮》篇、《裴多》篇中表述了一系列客观唯心主义美学思想。他将美看作先验的、永恒的、不为人的意志所转移的"理式"，事物之所以美，是因为含有美的理式。柏拉图认为除了需要具有和谐和对立统一的特征外，美还必须符合规律性和目的性，并且与真和善相统一。亚里士多德认为从客观世界中诞生的感觉是形成美感的重要条件，美存在于感性的个体中。美的本质不能离开具体事物独立存在，但美也不是偶然结果和个别现象，而是具有一般规律和法则。他还提出"模仿说"，认为艺术创作就是通过创造性的模仿将质料发展为形式的过程。亚里士多德的艺术模仿说影响了文艺复兴时期和启蒙运动时期的美学思想，塞万提斯、莎士比亚、歌德、狄德罗、别林斯基、车尔尼雪夫斯基等人均是"模仿说"的继承者。德国启蒙运动发起人鲍姆加登在1750年发表了著作《Aesthetik》。康德、黑格尔以Aesthetik一词为术语，将美学当作专门的研究对象建立了完整的理论体系。黑格尔总结了以往的美学研究成果，提出"美是理念的感性显现"，这一观点体现了理性和感性在审美活动中的统一，是西方近代美学发展的重要里程碑。近代美学之父德国哲学家、心理学家、物理学家、美学家费希纳为美学研究确立了实验心理学方法，他指出美感的形成是以人的心理活动为基础的，美学研究应以实验事实为基础。他还将美分为广义和狭义两种类型，前者泛指一切能引起心理愉悦的对象；后者专指在艺术审美活动中所取得的快感。弗洛伊德从精神分析学的角度考察包括审美在内的人类欲望的内在动因，认为这种动因是心理结构中的"潜意识"。艺术审美是被压抑的欲望获得表现和满足的过程。

种种美学观点和艺术理论在解决建筑设计形式问题时均具有参考价值，但对涉及诸多建造元素而又与空间体验密切关联的表皮形象而言，基于形式美学的构成原理具有最直接的意义。形式美学观（formalist esthetics）认为，美感的来源不是对自然物体的逼真再现和模仿，美存在于元素的相互关系中，体现为某种构成形式。这一观点的原型最早可以上溯到古希腊毕达哥拉斯学派的几何关系美学思想。启蒙运动时期德国艺术理论家J.J.文克尔曼（Johann Joachim Winckelmann）指出，无论艺术采取何种形式，美总是存在于几何关系中。康德将包含抽象关系的形式定为美的本质。这些观点使后来的学者逐渐认识到美是一种抽象形式，而非事物或艺术品本身。德国美学家J.F.赫尔巴特（Johann Friedrich Herbart）进一步指出，美只能存在于形式之中，而形式的来源是审美对象各个组成部分之间的关联性。他的学生R.齐默尔曼创立了"形式科学"，指出抽象形式是审美愉悦的来源，而抽象形式可以从有形物体中概括提炼。他还举例说，在对一个物体进行远观时更容易体会到它的形式。

　　面对杂乱无章的现象，只有从结构本源上对事物进行总体把握，分析成分之间的相互关系，才能获得清晰的认识和完整的印象。点、线、面是建筑表皮语言中最基本的构成元素。19世纪自然科学的发展使宏观宇宙和微观物质的内部结构探讨备受重视。对结构进行的调查使我们有可能在1918年以艺术的形式组合铁和玻璃这样的材料，把纯艺术形式和实用意图结合起来。[1]20世纪初，英国艺术评论家R.E.弗莱（Woolf Roger Fry）指出，视觉艺术的本质是由线条和色彩组合而成的形式，美的形式中应该包含"秩序性"和"多样性"的成分。具有抽象秩序的形式所激发的审美感受是永恒的，而逼真模仿一个自然对象所得到的美感是暂时的。另一位英国艺术评论家C.倍尔（Clive Bell）肯定了点、线、面、体块、色彩等元素抽象构成的形式意义，称这种抽象构成形式是"有意味的形式"。C.倍尔认为"有意味的形式"是审美体验的唯一来源，它具有超越历史阶段和地域疆界的审美意义，也不受文化背景差异的影响。这一理论对20世纪西方现代美学和包括建筑在内的现代设计具有重要意义。抽象派画家蒙德里安将抽象关系看作"反映宇宙秩序"的"普遍性要素"，他用纵横交错的线条和单纯的色块构成高度抽象的形式，用来表达"具有普遍意义的美的秩序"。俄国构成主义代表人物康定斯基在绘画中排斥具象元素，而将点、线、面等抽象元素看做形式的唯一内容。荷兰风格派和德国包豪斯设计学院分别以抽象构成开启了全新的思维方式和造型原则。经格罗皮乌斯、贝伦斯、赖特、密斯、柯布西耶、阿尔托等现代主义大师之手，包含技术色彩和理性精神的抽象构成最终发展为现代建筑语言的主要形式特征，同时也为建筑表皮设立了基本的视觉秩序（图6-1）。材料力学的计算、钢筋混凝土和铁的应用必然使表皮构造突破古典和传统形式建立新的秩序。现代结构材料和科学概念绝对不容纳历史风格的教义。[2]

Cognitive Approach and Construction Method of Modern Architectural Skin

---

① Stephen Bann. The Tradition of Constructivism[M]. New York: Viking Press, 1975: 4.
② Banham, Reyner. Theory and Design in the First Machine Age[M]. New York: Praeger, 1960: 129.

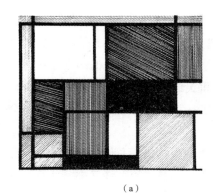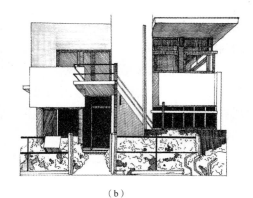

（a）　　　　　　　　　　　　　　　　　　　（b）

图6-1　立面的构成关系

（a）蒙德里安的抽象绘画　　　（b）施罗德住宅立面

Fig.6-1　Composition form of the facade

(a) Mondrian's Abstract painting　　　(b) The facade of Schroder house

　　根据认知心理学原理，感觉、知觉和表象调动记忆与联想完成对当前对象的认知与理解。受众获得的感觉、知觉和表象来源于对象提供的刺激。针对特定认知目标设定的视觉刺激即为视觉语言，视觉语言由两类元素组成，第一类是形态元素，第二类是构成元素。形态元素包括点、线、面、体、形状、色彩、肌理等可视对象；构成元素又分为两种，第一种是形态元素本身变化、运动的方式，包括变形、延展、转折等多种形式，第二种是形态元素之间的关系，包括空间关系、比例关系、数量关系、色彩关系等。视觉设计即是将某种构成形式赋予特定的形态元素，构成是建筑造型的重要环节，建筑元素按照"对比与调和"、"重复与交替"、"节奏与韵律"、"比例与尺度"等审美规律构成能表现特定视觉秩序和形式特征的对象整体。

　　表皮的构成元素既包括以构造实体模式存在的实形，又包括由开口、空间形成的虚形。表皮元素通过基本形的接触、分离、融合、重叠、透叠、剪切、交叉、重合建立空间关系，生成视觉张力（图6-2）。根据格式塔原理，视觉倾向于把包含多个元素的复杂对象纳入一个简明结构中。视觉认知的规律是"把握总体秩序在前，细察局部关系在后"。因此，元素的构成秩序对表皮视觉形象的认知具有重要意义。建筑表皮构成秩序的建立与20世纪30年代荷兰风格派的形式启发有关。在高度抽象而又充满理性色彩的"冷抽象"形式启发下，荷兰建筑师奥德（J.J.P.oud）设计出施罗德住宅。建筑外观显然已

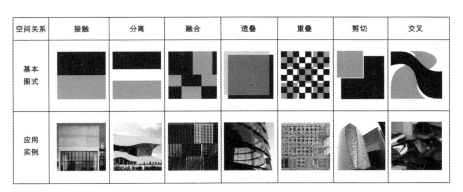

图6-2　表皮元素的空间关系

Fig.6-2　Spatial relations of skin elements

采取了与传统截然不同的审美标准，墙体、门窗、立柱等立面元素已然成为单纯的线条和平面。功能单元的理性划分和标准件、预制件的使用使大多数建筑的空间结构和表皮组织自然形成秩序。这种源于内部构造的秩序感在框架结构建筑表皮中尤为明显：外形规整的表皮元素按框架结构生成的秩序填入统一网格。另一方面，随着越来越多的建筑表皮采取独立于建筑主体框架的构造，表皮元素开始寻求更为自由和更具表现力的构成秩序。挂在建筑立面上的包括电梯、标志物在内的所有附属物都综合成一个统一的整体，这就是构成主义美学。[①]

　　表皮在直观中显现的视觉韵律依赖于它所包含的元素或基本形的构成样式。建立骨骼是形成秩序的基本手法。重复、发散、渐变等形式的规则骨骼具有理性色彩，有利于在表皮界面形成节奏感和韵律感；自由、不对称、不匀齐的非规则骨骼富于变化和动感，能够赋予建筑表皮活泼、自然、轻松的表情（图6-3）。固定基本形按规则骨骼线配置，可以得到"重复构成"，"重复构成形式"赋予表皮严整的秩序感和理性色彩。基本形在造型、方向、体量、材质、色彩等方面显现微小差异，或者骨骼线在整体秩序中产生局部偏离和转向，可以得到"近似构成"。"近似构成形式"通过局部的微妙变化，在保持总体秩序的基础上根据相似性、接近性原则灵活组织表皮元素。元素基本形和骨骼的变化采取渐次、有序的方式，可以得到"渐变构成"；"渐变构成"使表皮元素的排列和延展显现规律性的动感和节律。数列关系可以

---

① Stephen Bann. The Tradition of Constructivism[M]. New York: Viking Press, 1975: 146.

使表皮元素在体量和排列秩序上形成节奏性的渐变。在统一的秩序中安排冲突性的、特异的元素可以得到"突变构成","突变构成"对特定表皮元素作出强调,在表皮界面制造视觉焦点或添加活跃成分。基本形按照离心的、放射状的骨骼线排布可以得到"发射构成","发射构成形式"使表皮元素的组织秩序呈现动感和张力。元素基本形在某一区域密集分布可以得到"密集构成","密集构成形式"可分为规则型和非规则型,前者在表现疏密变化的同时能形成节奏和秩序;后者以自然、随机的形式表现元素的集中和离散(图6-4)。

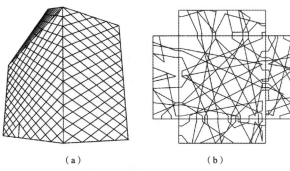

(a)   (b)

图6-3   规则表皮骨骼与不规则表皮骨骼
(a)Pradad青山旗舰店   (b)蛇形帐篷咖啡厅

Fig.6-3   Regular and Irregular skin grid

(a) Pradad Castle Peak flagship store   (b) Serpentine tent coffee hall

构成关系	重复构成	近似构成	突变构成	渐变构成	发散构成	密集构成
基本图式						
应用实例						

图6-4   表皮元素的构成关系

Fig.6-4   Formation relationship of skin element

Cognitive Approach and Construction Method of Modern Architectural Skin

6.1.2　点的变异、组合、聚散

建筑形态学把相对小和相对独立的物体定义为点。几何学意义上的点是一个只代表位置的抽象概念，不拥有体量和形状。在视觉经验中，除了表示位置，点还反映对象与环境、背景之间的大小比例和空间关系。点的概念具有相对性，微小的对象和距离观察点较远的对象都能被视作点，点的性质会随观察环境变化而增强或减弱，细部在表皮的整体构图中具有点的特征。特殊处理的点状元素既有凝聚力，又具扩张性，可在表皮界面吸引视觉的重点关注。例如斗栱即便早已不具结构意义，但仍能以特有的造型魅力凝聚视线，在立面中充当表现性的节点。高质量的建筑必然重视表皮细部和立面节点的处理。

窗洞、阳台、雨篷、入口，以及其他突起凹入的小型构件和孔洞，在外墙面上通常显示点的效果。建筑外立面上的点具有活跃气氛、重点强调、装饰点缀等功能，起着画龙点睛的作用。[①]密斯曾说过"魔力在于细节之中"，建筑特色往往体现于别具一格的细部构造。随着材料、技术和功能装备的发展，细部构造对现代建筑表皮整体形态的影响日益加大。通过新颖的细部构造，表皮凸显建筑的功能价值、技术优势和时代特征。例如相对于传统框式结构，点式玻璃幕墙具有更精巧的细部构造，钢质爪件清晰呈现出点式玻璃幕墙在结构和材料上的技术进步，形成更具观赏性的精巧细节（图6-5）。悬索结构中的锚固与张拉节点也具有类似的视觉效应。除了单独显现构造特征，细部还以各种排列组合形式影响表皮界面的构成秩序和视觉肌理。表皮的细部处理能从点的构成规律中得到启发。

图6-5　玻璃幕墙钢质爪件

Fig.6-5　Steel claws of glass curtain wall

---

① 边颖. 建筑外立面设计[M]. 北京：机械工业出版社，2008：43.

6.1.2.1　点的变异

由于具有吸引注意的功能，点状元素常被用作表皮界面的"活跃元"。不同材料的连接、门窗与墙体的连接等表皮连接部位往往形成吊挂、叠加、相切、支撑、开孔、咬合、穿插等特异的局部构造，这些部位在形状、大小、质感、色彩、肌理等方面的特异处理可用于吸引关注和激发视觉兴趣。苏联建筑师梅尔尼科夫（Konstantin Melimikov）在莫斯科的一栋筒状住宅立面上用一系列六边形窗户制造出点的构成效果。窗户具有相同的外形和大小，但内部的窗棂格

图6-6　梅尔尼科夫的筒状住宅
Fig.6-6　Melnikov's cylindrical housing

局有所变化，这一细小变异使点状构成元素——窗避免了在表皮界面的重复感，同时消除了筒状立面的笨重和呆板（图6-6）。李伯斯金在德国柏林犹太博物馆立面上设置了形式各异的缺口，象征犹太人生命的逝去。立面缺口中包含各种形状的点，有些点拉长成断续的线条或延展为形状尖锐的面。建筑表皮通过点的不规则分布传达了躁动不安的感觉，通过形的变异，点状缺口使犹太博物馆冰冷的金属表皮更显出破碎感和沧桑感。变异的点犹如无法愈合的伤口，隐喻了犹太民族在第二次世界大战黑暗历史中遭受的深重苦难。

变异的点可以用来充实和活跃单调、平淡的表面。铁路机构办公大楼YARDMASTER的矩形外观显得平实、低调，但其简洁立面中蕴含的变异的点状肌理使建筑表皮显得活泼。由于需要阻隔铁路环境中的灰尘和烟雾，其立面构造十分封闭。浮雕状的星形图案使原本平坦的立面呈现出丰富的层次，从远处看，星状图案呈现为密集排列于表皮界面的点。表面的光泽模拟出经历岁月打磨的沧桑感。这些变异的点不但丰富了表皮的肌理与质感，而且通过改变窗洞轮廓使每个房间至少拥有一个造型别致的"取景框"。轮廓各不相同的窗户在表皮界面构成了另一系列变异的点，并且以其匀净、细腻的玻璃表面与粗犷的深色墙体形成鲜明对比。为了恰到好处地呈现这些变异的点，建筑师对双层预制混凝土外墙的色彩与质感进行了特殊处理，使其与亚光面砖构成的星形图案既可相互区别，又能融为一体（图6-7、图6-8）。

6.1.2.2 点的组合

视觉倾向于选择秩序性的对象。而模数化的建造方式和材料组件决定了现代建筑的表皮界面通常会呈现出点状构成元素的秩序性排列组合。点的有序排列能生成抽象的面或线，从而增加表皮的块面层次和视觉张力。ETNAPOLIS是一个容纳商场、娱乐中心、餐馆等设施的大型商业综合体，它由三栋建筑组成，总面积接近80万平方英尺。两栋覆盖玻璃立面的主体建筑构成商业区和双层车库。主体建筑南立面为消费和休闲营造出愉悦的视觉环境，设计师以多层幕墙、暴露连接件、文字、色彩和光在ETNAPOLIS表皮界面营造出层次丰富的视觉印象。以蓝色底板为衬托的玻璃立面和水平延伸的建筑造型十分协调。晚间，匀净的玻璃立面发出蓝宝石般的光彩，并在紧邻的水面上形成明亮的倒影。首先跳入眼帘的便是点的矩阵，用于固定玻璃面板的抛光金属连接件在顶部和底部两组泛光灯的照射下反射耀眼的高光。这些亮点在宽大的蓝色背景上有序地排列组合并延展开去，犹如夜空中密布的繁星。借助于色彩的衬托，它使建筑从周围环境中凸显出来，成为区域中最具识别性和吸引力的公共空间（图6-9）。

图6-7 表皮中变异的点状元素，
铁路机构办公大楼YARDMASTER
Fig.6-7 Special-shaped point elements on architecture
skin, YARDMASTER office building belonging to
railway agency

图6-8 YARDMASTER大楼表皮细部
Fig.6-8 Skin detail of YARDMASTER office building

图6-9 点状元素在表皮界面的排列组合，
ETNAPOLIS商业综合体
Fig.6-9 Permutation and combination of point
elements on architecture skin, ETNAPOLIS commercial
complex

　　排列有抛光铝质圆盘的三维曲面表皮使伯明翰塞尔弗里奇百货商店成为引人注目的标志性建筑。喷射混凝土薄壳表皮将这个穹窿形建筑的立面和顶面融为一体，形成生物表皮般的自然曲面。混凝土壳体表面覆盖具有保温隔热作用的塑料膜。铝质圆盘通过可调式连接件的固定密集排列于蓝色塑料膜上，其外形和色泽根据曲面转折和光线条件产生变化。这些圆盘像时尚面料上的挂片一样呈现紧凑的、有序的点状排列，赋予建筑表面一种颗粒状的独特肌理，并在远距离观察时形成闪烁效应，使体量庞大的建筑显得轻盈（图6-10）。

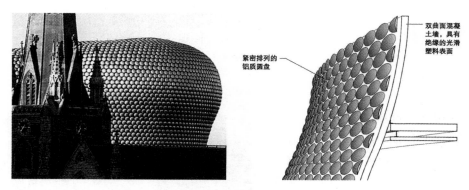

双曲面混凝土墙，具有绝缘的光滑塑料表面

紧密排列的铝质圆盘

图6-10　点状排列的铝质圆盘，塞尔弗里奇百货商店
Fig.6-10　Aluminum discs arranged as points, Selfridge department store

6.1.2.3　点的聚散

　　点状细部的聚散式排布可以活跃表皮界面的气氛，激发视觉兴趣。通过不断变化点状细部之间的空间距离，表皮界面可以演绎出视觉张力的收敛与扩散、紧张与释缓。"边缘"建筑事务所在法国巴黎皮埃尔·玛丽·居里大学中庭建筑改建工程中，以冲孔金属网板制造出具有凝聚与发散效果的表皮肌理。建筑立面的原有格局——混凝土框架和玻璃窗被保留。为了使建筑外观呈现新意，"边缘"建筑事务所用轻质、透空的冲孔金属板覆盖坚硬的混凝土和冷漠的玻璃。金属板具有均匀的细小网眼和大小不一的圆孔。圆孔时而聚拢，时而散开，排列组合成10种图案不同的单元，随着观察视角的变化，冲孔金属网板在玻璃窗上形成的倒影使表皮肌理产生动感。这层聚散着无数圆点的、疏密不均的冲孔金属网板与其内部的玻璃窗叠加在一起，不仅过滤了玻璃反射的自然光线，而且丰富了立面的层次（图6-11）。

　　在阿姆斯特丹ILburg住宅沉稳的深灰色立面中，建筑师借鉴20世纪20年代流

Cognitive Approach and Construction Method of Modern Architectural Skin

行于荷兰校园建筑中的砌筑手法，将传统砌筑纹理和点的聚散构成融为一体。部分砖块在立面上按照特定秩序微微凸起，形成富于节奏的聚散变化。在光线作用下，凸出的砖块以点的聚散形式增强了表皮的肌理感和雕塑感，使平直的建筑立面避免了呆板、生硬。砖砌墙的表面处理也为植物生长提供了条件，凸起的砖块成为攀援植物的支撑物（图6-12）。伊东丰雄在松本市艺术表演中心的巨大灰色弧形墙中嵌入了7种大小不等的自由形玻璃块，透着柔和漫射光的玻璃块以凝聚与发散的散点构成图式使抛光玻璃纤维混凝土板立面更加活泼（图6-13）。

图6-11 凝聚与发散效果的表皮肌理，埃尔·玛丽·居里大学中庭建筑立面
Fig.6-11 Skin texture with cohesive and divergent effects, The main hall of El Marie Curie University

图6-12 点状元素在砖墙表面的聚散，ILburg住宅
Fig.6-12 Cohesive and divergent points on the brick wall surface, ILburg house

图6-13 松本市艺术表演中心弧形墙
Fig.6-13 The curved wall of Matsumoto Performing Arts Center

6.1.3 线的张力、穿插、流动

线在几何学上的定义是点的运动轨迹，具有方向性。作为造型元素的线既可以是物象的边界或轮廓，也可以是某个方向上的张力的显现。除了方向性，造型线还具有长度、宽度、形状、位置等视觉属性。线通过变化可以与点、面等元素建立视觉上的联系：空旷背景中的短小线段兼有点的性质；而线的密集排列可以形成面的感觉。东方艺术通过对线的高度提炼表达对自然生命的造型感悟，"曹衣出水，吴带当风"是对中国画线条出神入化艺术境界的生动写照，书法也以线条的形象联想为艺术灵魂。在西方近现代绘画中，抽象主义代表瓦西里·康定斯基、蒙德里安、克利和至上主义代表马列维奇均以不同的抽象形式展现了线的视觉张力和构成属性。

各种线型依其空间组合和编排形式差异又可以构成变化万千的式样。各种线型的长短、粗细、曲直、方位、色彩、质地等视觉属性所形成的涨缩、强弱、刚柔、拙巧、动静等感觉可在视觉认知中唤起丰富的联想和体验：水平方向的直线具有舒缓、平静、稳健的特征；垂直方向的直线带来稳定、沉着、理性的感受；斜线呈现不稳定的关系和冲突的张力；圆弧线显得平滑、充满张力和弹性；波浪线显得优雅灵动和富有节奏；自由曲线则奔放洒脱，不受拘束。线也可以将各种分离的元素串联起来形成秩序感和动势。

6.1.3.1 线的张力

在视觉认知中，一切具有细长形状的对象都具有线的作用。表皮界面处处可见线的存在：除了构件本身的造型，它可以是立面或顶面的边缘轮廓，也可以是不同区域和构造之间的分隔或衔接，或是表皮元素的排列秩序。表皮组织中的各种结构线、造型线、骨骼线、分割线、装饰线均在特定方向上呈现出强弱不同的视觉张力。柱是自古以来建筑立面中张力最为显著的线状构件之一，它以显著的张力赋予古埃及祭庙、古希腊神殿和古罗马教堂清晰、稳健的立面骨骼。线的纵向张力在1929年建造的布洛克百货大楼立面中得到充分展现。厚重的表皮主要由简洁的柱状体块构成，借助于这些错落有致、富于节奏的粗壮线条，整个建筑获得一种以千钧之力拔地而起的恢宏气势。类似的，大量充满现代气息的国际主义风格摩天楼的柱网立面也用线的纵向张力表达建筑体量的高大和立面的升腾感，所不同的是密集排列的纤细装饰柱更具技术色彩和现代

Cognitive Approach and Construction Method of Modern Architectural Skin

风格。轻盈、通透的立面构造使飞升的线条更显精确也更具速度感（图6-14）。日本建筑师坂茂设计建造的山梨县山中湖纸房以密集排列的纸筒构成立面的主要部分。110根直径280毫米，高2.7米的纸筒围合出开放型的居室空间，同时使建筑表皮充满线的构成韵律和纵向张力（图6-15）。

6.1.3.2　线的穿插

　　穿插使线的空间属性、张力属性和运动属性得以加强。表皮通过线状元素的穿插获得更为丰富的结构和肌理。日裔美籍建筑师雅马萨奇（Minoru Yamasaki）从哥特式尖拱形式中发展出具有线条穿插特征的网状结构，他设计的沙特阿拉伯达兰国际机场候机楼以立柱穿插、编织成的尖拱作为立面构造。达兰国际机场候机楼的主结构由钢筋混凝土主柱构成，每根方形钢筋混凝土立柱间隔12米，临近顶部向外分开形成四条枝肋。同一个主柱分出的4个枝肋构成一个倒四棱锥，相互连接的倒四棱锥过渡到建筑的屋盖结构。相邻主柱的枝肋交汇穿插，在立面上形成巨大的尖拱。每两根钢筋混凝土主柱之间有8股钢柱，每股钢柱分出4条枝肋。其中边上两条枝肋分别向外侧弯曲，并连接相向而来的相邻分支形成小尖拱。中间两条枝肋向上延伸，在钢筋混凝土主柱分叉的高度作平行于大尖拱拱弧的弯曲，形成与其他弯曲枝肋的穿插（图6-16）。线条穿插、编织而成的网架结构使表皮充满构成意味和肌理感。以"线条穿插"建构表皮的建筑还包括伦敦蛇形帐篷咖啡厅、伦敦瑞士再保险大厦、墨尔本联邦广场、东京PRADA青山旗舰店和北京奥运会主场馆"鸟巢"。

6.1.3.3　线的流动

　　在不同方向上自由延伸的线条更具动感。钢柱及其分支架起的尖拱构成1962年世界博览会美国联邦科学馆立面的网架体系，这栋充满现代性的钢结构建筑没有用极少主义手法压制形式表现。通过流动的线，雅马萨奇成功地将古典和地域特色引用到具有现代主义风格基调的建筑表皮中，使现代建筑摆脱千篇一律、刻板无味的面貌。这一布满流线的钢网结构后来被用于纽约世界贸易中心双子楼，整体性极佳的钢柱体系不仅形成牢固的承重结构，而且在外围织就一层包含细长窗和尖拱意象的精致表皮，充满流动感的柱网表皮使面积巨大的平坦立面显得活泼、轻盈（图6-17）。在欧莱雅斯德哥尔摩店的建筑立面中，LAMZ设计事务所以流动的线为基本元素塑造出充满女性气质的时尚表皮，流

图6-14 无锡大学城软件园写字楼
Fig.6-14 Office Building of Wuxi University of Science and Technology Park

Cognitive Approach and Construction Method of Modern Architectural Skin

图6-15　山梨县山中湖纸房
Fig.6-15　Paper house near Yamanashi Prefecture
mountain lake

图6-16　沙特达兰国际机场候机楼
Fig.6-16　Passenger terminal of Dhahran airport
in Saudi Arabia

图6-17　1962年世界博览会美国联邦科学馆立面
Fig.6-17　Facade of the United States Federal Science Museum
at the World Expo 1962

图6-18　欧莱雅斯德哥尔摩店
Fig.6-18　L'Oreal Stockholm shop

动的线条以舒展的姿态和有机的造型编织成通透的立面网架，同时以柔美的图案传达了清新优雅的自然气息，它在印有均匀图案的玻璃幕墙和垂直框架的陪衬下显得尤为活跃（图6-18）。

6.1.4　面的转折、起伏、组合、叠加

面在造型学范畴中具有特定的形状和轮廓，包括只具备长、宽两个维度的平面和拥有三维空间特征的曲面。不同性质的面呈现出感觉上的差异，典型的几何形面规则有序，具有理性、单纯的视觉特征，比如方形、三角形、菱形、

圆形等；自由几何形面比较活泼，但仍然具有几何特征和秩序感；直线型面显得强烈、果断、尖锐和迅速；曲线型面显得柔软、犹豫、温和和缓慢。偶然形面是在无意识状态下产生的，不具有规则的轮廓和明确的秩序。曲面具有起伏与转折，它的延展方式是三维的，犹如生物体的表面。通过面的转折、起伏、组合与叠加，建筑表皮获得雕塑般的形体美感。

6.1.4.1　面的转折

转折是指面的延伸产生显著的方向变化。在塑造空间和呈现结构的过程中，表皮必然要反映建筑的形体转折。罗马千禧教堂是为了纪念千禧年而建的社区活动中心，一组风帆造型的曲面外墙显示出教堂的独特性。体量饱满的弧形混凝土外墙不仅令人想起白色的风帆，而且还很像破裂的蛋壳，充满戏剧性地隐喻了未来和希望。理查德·迈耶把重点放在光线效果的表现上，具体手法是在表皮中塑造转折的面。为了体现微妙的光线变化，他用混凝土、石灰岩和玻璃建立了内外统一的白色基调。迈耶通过表皮的形体转折在建筑立面呈现了优雅的光线效果，营造出区别于一般教堂建筑的神圣氛围和纯净体验（图6-19）。

图6-19　罗马千禧教堂
Fig.6-19　Jubilee Church

地基面积不过30余平方米的"惬意"住宅坐落在东京涩谷区购物娱乐中心的狭小边缘地带，EDH远藤设计室用24个椭圆钢圈组成这栋私人住宅的表皮骨架。椭圆骨架呈环状排列，其长短轴之间的比例根据建筑形体和空间走向逐渐变化。特殊的构造消除了通常由支柱和横梁组成的立面框架，创建出内外沟通的连续表皮。玻璃钢被用做连接和填充钢圈骨架的表皮包覆材料。转折于椭圆骨架内外的表皮不但包裹了室内空间，而且围合出圆柱形的中央天井。向外辐射的半开放环状腔体很好地满足了自然采光和空气循环的需要。可塑性极佳的纤维增强聚合物通过面的转折为这栋特殊住宅创建了连续和无缝的平滑表皮（图6-20）。

6.1.4.2 面的起伏

　　起伏的表面具有自然、有机、动感的视觉特性。古典时期的曲面墙可见于巴洛克风格的波洛米尼设计的罗马圣卡罗教堂；高迪的居里公园和米拉公寓、门德尔松的爱因斯坦天文台、史代纳的歌德教堂、梅尔尼科夫的自建住宅、柯布西耶的朗香教堂、阿尔托的贝克学生宿舍等一系列近现代建筑均整体或者局部地在立面中采用了起伏造型；形体变化极为自由的后现代建筑更加普遍地在表皮界面制造起伏。位于巴黎普拉茨3号的德国DG银行包括一个会议中心和住宅，鉴于德国严谨的建筑设计规范，弗兰克·盖里将其一贯的狂放风格收敛于建筑内部会议中庭的装置设计，而在建筑外立面上有节制地制造了温和的起伏。石灰石板材立面在底部是平齐的，从二层开始即逐渐演化为微微后仰的连续柱面。六层以上立面逐层后退，加强了后仰的动态，同时使块面的起伏更富于节奏。镶以金属边框的深蓝色玻璃窗犹如嵌在柔软织物上的宝石，它们的位置变化加强了立面起伏的韵律（图6-21）。日本东京小守术后康复医院具有类似的起伏立面，表皮的温和起伏减弱了工业化材料的僵硬感和冷漠感，增加了建筑形象的人性化色彩（图6-22）。

　　通过表皮的块面起伏，新建的上环酒店和谐地融入香港老商业区商铺林立的街景氛围。设计师认为，40层高楼的平坦表皮将会破坏上环地区的固有文脉。酒店客

图6-20　"惬意"住宅
Fig.6-20　Comfortable house

图6-21　DG银行会议中心和住宅
Fig.6-21　Conference center and residence of DG bank

图6-22　小手术后康复医院
Fig.6-22　Mamo rehabilitation hospital

Cognitive Approach and Construction Method of Modern Architectural Skin

房的功能设施、家具配件整合进大小各异的基本模块，建筑立面即由数量
众多的基本模块组成，不同模块彼此连接但不处于同一平面，崎岖的表面
和凹凸的纹理赋予建筑特殊的外表和气质。起伏的表皮积极应对了建筑的
内外环境：既体现了建筑内部的功能构造，又平滑了它与周边景物的关系
（图6-23）。面的剧烈起伏使表皮呈现运动、冲突和不稳定感。弗兰克·盖
里惯于在文化性建筑中使用剧烈起伏的金属表皮。占地1.3万平方米、造价
2.4亿美元的西雅图"音乐体验"工程由微软联合创始人保罗艾伦出资，用
于纪念美国摇滚名人艾伦·吉米·亨德里克斯，盖里以类似于毕尔巴鄂古
根海姆博物馆和沃尔特·迪士尼音乐厅的建构方式用铝和不锈钢板塑造出
剧烈起伏的表皮形态。盖里在这些项目中使用功能强大的CATIA（Dassault
开发的起初用于战斗机设计的软件）软件控制复杂的空间结构和表皮形
态，他把吉他图像输入三维成像软件，通过计算机程序解构和重新编辑造
型，获得陌生而又充满视觉张力的构成形式。表皮由超过两万张形状和大
小各异的金属面板组成，金属面板被切割、弯曲，以适应特定的位置和起
伏的形体。像毕尔巴鄂古根海姆博物馆一样，呈现于外部的令人震撼的造
型起伏还直接决定了建筑内部的空间特征（图6-24）。

（a）　　　　　　　　（b）　　　　　　　　（c）

图6-23　上环酒店

（a）表皮与外部环境的关系　　（b）起伏的表面　　（c）内部功能模块

Fig.6-23　Sheung Wan Hotel

(a) The relationship between the facade and the external environment

(b) Ups and downs of the surface　　(c) The internal function module

图6-24　吉米·亨德里克斯纪念馆
Fig.6-24　Jimmy Hendrix memorial

图6-25　德索的联邦环境局建筑立面
Fig.6-25　Building facade of Federal Environment Ageency in
Dessau

6.1.4.3　面的组合

　　面的组合是指通过处理和组织相邻的表面，使表皮的各个部分在同一个平面或相对接近的空间层次上建立对比、呼应、协同、衬托等构成关系。德索的联邦环境局建筑平面呈动态的环状，蜿蜒长达460米，为800人提供工作空间。建筑外立面的选材和色彩充分考虑了面的组合效果。7组色系派生出33种分级色彩。落叶松护墙覆层的水平带环绕整座建筑，而各水平带之间便是成排的带有平接彩色印花玻璃镶板的隐蔽式窗户。通过面的组合处理，巨大的平坦立面消除了单调和刻板，呈现出肌理、质感和色彩的丰富变化（图6-25）。家具制造商Lensvelt B.V.在荷兰布雷达工业园区的Lensvelt大楼墙面显示了较为简洁的平面组合效果，该建筑由仓库、办公室、陈列室和装配车间组成。双层玻璃表皮入夜后发出明亮而又柔和的光线，附着于钢架的磨砂玻璃幕墙使大楼显得朴素、透明，容纳会议室的不透明金属箱形单元悬于大楼东侧离地2米处，西侧紧贴地面的类似箱形建筑物是正门和员工休息室。Lensvelt大楼的极简表皮中含有微妙的块面组合变化，通过玻璃与金属块面的组合以及光线的衬托，表皮呈现出单纯、明朗的构成美感（图6-26）。

　　位于美国俄亥俄州辛辛那提的洛伊斯罗森塔尔当代艺术中心犹如层层搭建在玻璃底座上的精巧方盒，哈迪德巧妙利用了街道转角的特殊位置，在建筑立面中重点表现三维立体构成和面的组合效果。水平贯通的长条形玻璃窗深深嵌入黑白搭配的混凝土表层，解构、分裂的造型使表皮呈现意欲摆脱结构束缚的

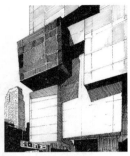

图6-26　Lensvelt大楼立面
Fig.6-26　Facade of Lensvelt building

图6-27　洛伊斯罗森塔尔当
代艺术中心
Fig.6-27　The Lois Rosenthal
Center for Contemporary Art

躁动感，立面好像被切割、打散后重新堆积组装起来。两个立面交汇处呈现互锁的立体结构，凹凸分明的形体加强了块面的组合效果。不稳定的块面组合象征了当代艺术的开放态度。洛伊斯罗森塔尔当代艺术中心因此而被喻为"开动的火车头"（图6-27）。

6.1.4.4　面的叠加

无论是立面还是顶面，表皮构造都有可能在不同的空间层次上包含多个块面。面的叠加是指非连续性的不同层次块面之间的交叉、叠合关系，它使建筑表皮的结构语言更为丰富。奥地利维也纳Coop Himmelb（L）au设计的德国德累斯顿市乌发电影中心剧场，具有混凝土和玻璃幕墙多层叠加的表皮构造，入口和剧场门厅是封闭在倾斜玻璃箱体中的混凝土体块。为了给城市中心注入活力，中心剧场以不寻常的建筑形态和表皮构造在彼得斯堡街和普拉格街连接处创建了一个充满动感的景观亮点。清水混凝土、玻璃幕墙、金属网架共同演绎了三维的打散构成，相互交错、叠加的斜线和不规则平面充满不确定性，该建筑延续了德国表现主义建筑的传统，又具有解构主义风格。其立面构成形式与电影艺术主题具有内在联系：从多个角度看，层叠的表皮犹如剪辑中的电影胶片，而玻璃幕墙的透明质感也加强了胶片的印象（图6-28）。

如波浪一般层层涌动的流线型叠加块面使"东海岸"咖啡厅建筑表皮呈现出丰富的光影变化，并与大海产生巧妙联系。与许多19世纪投资兴建的古老旅游城市一样，随着境外旅游的普及，英国利特尔汉普顿市对游客的吸引力逐渐减

Cognitive Approach and Construction Method
of Modern Architectural Skin

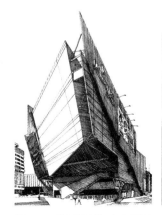

图6-28　德累斯顿的中心剧场
Fig.6-28　Center theatre In
　　　　　Dresden, Germany

图6-29　"东海岸"咖啡厅
Fig.6-29　East Beach Cafe

弱。"东海岸咖啡厅"以其独特的建筑理念和时尚外观为这一亟待振兴的滨海城市增添了景观亮点。该海岸并不具有金色的沙滩、明媚的阳光、蔚蓝的天空和纯净的水面，有的只是潮湿的老木屋、常见的卵石和海藻。设计师没有采用优雅唯美的休闲风格，而是根据略显沧桑的环境提炼出一种富于工业化色彩的文脉肌理，用多面叠加式的未经表面处理的金属表皮焊接成像飞机机舱那样的硬壳构造，表现利特尔汉普顿的富有和浪漫。绵长起伏的钢板犹如柔软的缎带包裹建筑的立面和顶面。叠加的立面钢板又好像快门机构的叶片一样，从建筑后部有序地排列，延伸到前部与面向大海的落地玻璃门窗连接。"东海岸"咖啡厅金属表皮以自然、有机的形态和多面叠加的构造创建了一个既封闭又开放、既浑厚又灵动的休闲空间，成为一道具有强烈吸引力的滨海景观（图6-29）。

6.1.5　摺叠构成

在高度动态的建筑环境中，高效能建筑空间应具有包容能力、纠错能力、敏感性能力，具有与环境变化等同或多于环境变化的能力，这就要求建筑表皮必须具备极强的灵活性、适应性与可扩展性。[①]20世纪90年代初以来，摺叠表皮作为一种前卫的建筑语言逐渐受到关注。作为一种动态结构背后的生发机

---

① 李滨泉，李桂文. 智能化拓扑动态表皮的研究[J]. 华中建筑，2006，24（7）：64-67.

制，"摺叠"可以为产品、服装、家具、纺织等领域的设计研究提供有益启示。"摺叠"的空间生成语法对当下建筑本体论的发展产生了较大影响。"摺叠"和"展开"这一组相辅相成的动作共同完成结构生发的表演过程，呈现造型运动时的节奏与定格时的形态。除了"展开"以外，建筑现象中与"摺叠"有关的概念还包括拓扑、动态轨迹、地形策略等。与形式美学的构成法则不同，"摺叠"不是对作为结果的形式特征的描述，而是对过程轨迹和演化步骤的呈现。摺叠形态中的每一个片段都可以追溯其发生的起源和动因。

褶子这一概念导致建筑本体理论的重大变化，建筑被看作向着环境的关联和应对。当代建筑师从德勒兹的著作《The Fold》中借用了许多用来描述巴洛克美学思想的术语和概念，比如从属关系、光滑空间、条状空间、摺叠以及柔韧。通过在基地上建立偶然的、即时的联系，"摺叠"设计可以促进表面与环境的平滑过渡和互动交流。建筑师通过具有各种厚度和纹理的纸张泡沫、橡胶、聚氯乙烯、聚丙烯、织物（经涂层强化）、石膏板、网片、皮革、金属（铜铝）或胶合板进行超表皮实验（图6-30）。通过分割、折痕、褶皱、扭曲、翻转、涡线、旋转、包裹、铰接、编织、压缩、拉伸、缠绕、展开等变形处理，初始的纸质平面出现一系列改变，最终呈现复杂的三维表面。[1]建筑必须具备基本的建造逻辑，褶皱是一种具有过程性、随机性、模糊性和不确定性的存在状态和结构形式，但它同时又可以用清晰的逻辑来描述和控制。能够被数字化和精确描述是"摺叠"从哲学概念转化为建筑形式的必要条件。凭借德勒兹提出的褶子理论，数字技术可以实现对连续、弯曲、平滑、分层等复杂空间形体结构的操纵。通过对节点位移轨迹的矢量计算，数字虚拟建造技术可以精确控制超级表皮复杂的摺叠形式。借助于CAD、CAM、CNC等软件，"摺叠"可以转化为表皮的全新建构模式。

希思瑞克从袈裟的起伏中获得启示，借助面料的丰富褶皱生成复杂的表皮结构。樱岛山寺庙位于鹿儿岛郊外，为纪念在此战死的西乡隆盛和他率领的两万勇士

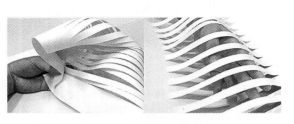

图6-30　纸张摺叠超表皮实验
Fig.6-30　Paper folding super skin experiment

① Sophia Vyzoviti. Supersufaces[M]. Amsterdam: BIS Publishers, 2006.7.

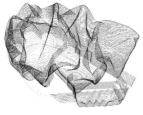
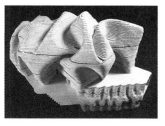

(a)　　　　　　　　　(b)　　　　　　　　(c)

图6-31　樱岛山寺庙

（a）材料摺叠　　（b）数字建模　　（c）3D模型

Fig.6-31　Sakurajima Temple

(a) Material folding　　(b) Digital modeling　　(c) 3D print model

而建。项目委托者是一个真言宗的住持，他要求建筑形态与传统寺庙有关，但不是复制它们。尝试了包括真丝在内的一系列纺织面料以后，设计师选定了橡胶泡沫片。这一材料的折痕和波动具有梦幻般的形态，而且可以合理地容纳佛堂、僧侣寝室、授课讲堂、逃生通道等功能空间。单张面料的摺叠构成了寺庙整体，柔软的形体还使住持想起了礼佛用的软垫。三维扫描仪将摺叠泡沫转化为数据，3D打印技术再根据这些数据生成精确的实物模型。摺叠结构表面的水平层叠可以转化为各层的楼梯和功能设施。摺叠表皮的外层为涂有防水膜的金属壳体，内层是较厚的木质墙壁。希思瑞克通过对橡胶泡沫的摺叠操作完成了樱岛山寺庙的表皮建构，将建筑的精神内涵熔铸于复杂的构成形式中（图6-31）。

　　当代建筑的"摺叠"理论认为，作为一种结果凝固下来的表皮形式不应被过多强调。表皮的形式语言一旦成为设计追求的目标，就会出现大量非自然的、过度描述的、刻意的"摺叠"动作。这非但不能平滑，而且还会加剧内外空间关系的断裂，形成与"摺叠"理论相悖的过度设计。在如何看待内外空间关系问题上，当代建筑中的"摺叠"概念和它的原型——褶子理论不完全一致。德勒兹谈论的具有褶子特征的巴洛克式建筑存在内外空间秩序的强烈对比，他认为这可以使建筑显示出活力。但当代"摺叠"建筑理论把取得协调和平滑的内外关系作为追求目标，越来越多采用曲线轮廓、曲面造型和可塑性材料的设计品进入我们的生活。例如时尚的车辆可以令人感受到身体和目光所接触到的方向盘、操控台、座椅，以及所有的内部空间界面都具有平滑优美的形状和富于亲和力的表面质感。赋予产品和建筑平滑表面的设计思想具有文化层面的意义，对技术和身体交接处的强调是当代消费品崇拜中的一个特征，人、道具、建筑、环境之间关系的断裂是设计面临的紧迫问题。借助于Alias、Maya等NURBS建模软件，设计师可以直接编辑表面，或建立表面之间的连接来创建一个物体，从而建构出平滑的表皮和放逸的造型，将类似于生命体的有机形态演化和突变的发展阶段凝固成特定的建筑形式。因此，用"摺叠"表皮来消除建筑与环境的断裂关系十分有效。

　　拥有复杂曲面的"摺叠"表皮比常规建筑立面更具生物皮肤的特征，因为它表现出自主生长的柔性结构。随着智能建筑技术的发展，现代建筑的形态类型也越来越复杂，低刚度、柔性结构的动态表皮在建筑中的应用也越来越广泛。[①]林恩在他的胚胎住房项目中，以钢架、网状铝合金支柱和镶嵌板构成壳式摺叠表皮（图6-32）。三维建模软件生成一个平滑、连续的表面，表皮网络中的3000多个块面紧密关联，参数变化使组件形态产生同胚演化：产生明显造型分化的同时保持整体秩序的协调一致。林恩认为，胚胎住房是一种针对家庭生活空间的创意策略，它能够以用户定制的方式来生产，可以像产品那样根据需要灵活组装，并且能以优异的审美品质形成足以吸引使用者和投资者的品牌效应。具有严密几何学逻辑的形体结构和连续摺叠的平滑表面超越平庸的外观变化，直击建筑本质。在林恩看来，计算机对当代建筑的首要意义不在于提供高效的技术手段，而在于明确了一种程序化的设计理念。理想的表皮构造应该是材料组件按照特定程序延展、摺叠的结果。胚胎建筑的每一个组件都有独特的形状和尺寸，它们的设计生产依赖于从军事、航空等高端制造领域引入的技术，用数控机械切割铣削加工成形。各个组件的初始形态是固定的，设计所要做的工作是决定这些组件的摺叠方式。

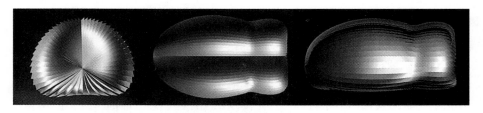

图6-32　林恩的胚胎住房模型
Fig.6-32　Lynn's embryonic housing model

① 李滨泉，李桂文. 智能化拓扑动态表皮的研究[J]. 华中建筑，2006，24（7）：64-67.

图6-33 横滨客运码头

Fig.6-33 The Yokohama ferry terminal

摺叠构成使FOA建筑事务所设计的日本横滨客运码头在整体形态和表皮构造上明显区别于同类建筑设施。FOA希望消除传统港口建筑的线性结构及交通模式，使大型建筑以摺叠的形式成为城市地表的延伸体。计算机生成的摺叠结构重新定义了建筑的秩序感和美观性，同时也创造了一种有着独特功效的空间类型。摺叠表皮的负载分布比传统线性结构立面更加均衡，因为形体在复杂的转折中能自发形成许多不同方向的支撑结构，其结构能有效抵抗地震产生的横向力，适合日本这样的多震地区。摺叠构成并未带来异化的空间感觉，相反，通过木质表皮和草坪的覆盖，这个与地貌融为一体的大型建筑营造出"人为的自然空间"（图6-33）。

"摺叠"具有类似基因遗传或变异的生长特性，它可以使本体的变化一方面保持初始原型特征的相对稳定，另一方面又体现出向各种情形自由演变的灵活性。通过对各种变量的调节实现表面形态的"系统生发"，"摺叠"产生以某种内在特性为基础的，形态各异但又存在相互关联性的复杂构造。从"容器"向"有机体"的转变意味着对空间特征的认识从独立性、单纯性和永恒性性向关联性、混合性和动态性的转变，它引导了一种全新角度的建筑探索。①摺叠

---

① 施国平. 动态建筑——多元时代的一种新型设计方向[J]. 时代建筑，2005（6）：126-132.

所产生的原发性图式不拘泥于常规建造逻辑和规范技术语言，而更具有随机性、偶发性、不确定性和非线性特征。以摺叠形式展开的超级表皮是对结构和空间潜能的自由释放，是建筑本体动机自我实现的过程图解和瞬间片段。由摺叠表皮生成的"组织结构"被图解或者抽象机器运作，成为参与社会组织结构的建筑事件。[1]"摺叠"能使表皮语言打破传统构成形式的刻板面目，但也易于导致"松散"的现象。因此，表皮的摺叠构成尤其需要理性的控制和引导，假如不顾及建造的内在逻辑和外部环境而一味追求形式层面的操作，"摺叠"表皮将陷入形式主义、相对主义或表现主义的误区。

6.2　表皮的材料表现

　　工业技术为现代建筑表皮材料的多元化发展奠定了基础。拉布鲁斯特（Henri Labrouste）在19世纪中叶提出了材料主义，他倡导将铁用做公共建筑的新型材料。1851年伦敦水晶宫充分展示了钢铁这种新型建筑材料的技术优势和形式魅力，并为大面积玻璃幕墙表皮的诞生埋下了伏笔。从早期现代主义开始，建筑师普遍利用表皮的材料语言展现设计理念。1905年，法国早期现代主义建筑师奥古斯都·佩雷提倡用现代工业化材料钢筋混凝土取代传统石材，他在雷诺汽车公司车间等工业建筑项目中采用了混凝土立面。一年后，同样运用钢筋混凝土，赖特首次通过现浇方式建造了著名的流水别墅。混凝土这种可塑而又坚硬的人造材料在山林和岩石的自然环境中赋予有机建筑极为感性的表皮语言。密斯在钢筋混凝土和钢结构外部覆以玻璃幕墙，用以创建光滑、连续的表皮界面和精确、极简的建筑外观。玻璃在起到隔断作用的同时沟通内外空间，赋予建筑表面透明性和反射、折射等视觉效应。阿尔托将自然材料和传统材料与现代主义形式融合，使用木材和砖、陶等烧土制品建构能够充分体现地域特色和传统文脉的建筑表皮。后现代主义思潮加剧了建筑表皮与本体构造的分离。以再现为目的的表皮材料无需与建筑内部结构和使用功能建立联系，仿造成为在外部添加装饰性元素的常用手法。外观仿造和形式再现使后现代建筑表皮不再拘泥于材料与结构的真实性。后现代主义对视觉感官特性和符号象征

---

① 冯路. 表皮的历史视野[J]. 建筑师，2004，110（8）：6-15.

作用的强调使表皮材料运用日益走向多元化和个性化。

　　在景观社会认知语境中，许多建筑以基于材料的表面效果为满足传播和审美需求的景观要素。正是通过与材料性质相适应的形式化表现，实现诗意的建造，才能使建筑最终上升到艺术层面。[①]表皮视觉效应的增强有赖于材料语言的创新，表皮功能拓展使材料组成趋向于多元和复杂。利用精密制造技术和小规模定制方式加工的特殊材料可以形成新颖别致的表皮构造。杜邦等一批跨国化学工业公司根据提升环境应变能力和视觉表现效果的需要，研发出具备各种功能用途和视觉特性的合成材料（例如隔热、隔水、防火的高分子材料特氟龙）用于建筑表皮。各种材料可以根据表现需要进一步处理，派生出具有不同质感、肌理、色彩的新类型。例如通过添加着色剂，混凝土可以呈现各种色彩，而表面加工技术的发展使新型金属表皮材料的观感变化无穷。

　　建筑师通过对天然材料、烧土制品、近代建筑材料、现代新型建筑材料的巧妙演绎，建构富于感染力的表皮语言。

6.2.1　天然材料的返璞归真

　　从原始社会的土、草、苇、泥、竹、木、石材等系列天然材料可以看出，建筑表皮材料具有自然性、地域性以及由此延伸出来的文化特性。[②]至今仍普遍应用的最具代表性的天然表皮材料是石材和木材。

6.2.1.1　自然与本真的石材表皮

　　石材从石器时代进入人类造物文化，成为制作工具、武器、饰品和建造居所的主要材料。古埃及、古希腊、古罗马缔造和传承了坚实、稳固、雄伟的石构建筑。古埃及的灵魂几乎只用一种直接的语言——石头来表达。[③]石材以其天然质地和雕刻纹理美化了西方古典和中世纪时期的建筑立面，它在现代建筑立面中仍广泛用作承重构件、围护材料、填充材料和装饰材料，石质表皮在工业材料泛滥的现代建筑环境中焕发出淳朴的自然气息和传统的人文色彩。现代主义大师赖特认为，石材有利于突出建筑的厚重造型。古希腊神庙、玛雅和古

Cognitive Approach and Construction Method of Modern Architectural Skin

---

① 卫大可，刘德明，郭春燕. 材料的意志与建筑的本质[J]. 建筑学报，2006（5）：55-57.
② 甘立娅. 认识建筑表皮的多种维度[J]. 高等建筑教育，2007，16（3）：39-43.
③ 斯宾格勒. 西方的没落[M]. 陈晓林译. 黑龙江：黑龙江教育出版社，1988. 135.

埃及金字塔所表现出的雄浑气魄与石质构件的材料特性不无关联。石材在东方古典建筑中的用量虽不多，但其自然属性得到完整表达，它的天然质感和朴实装饰甚至可以引发对自然哲理的冥想（图6-34）。受此启发，赖特在建筑立面中经常使用显露原始质地的岩石，避免对石材表面进行过于精细的加工。无论是用于墙体还是立柱，保持自然表面的石材均能以其粗犷的原始风貌和金属、玻璃、混凝土

图6-34　南京明故宫午门须弥座石雕
Fig.6-34　Stone carving on Xu Mizuo of Meridian Gate of the Imperial Palace of Ming Dynasty in Nanjing l

等精致、光滑、均匀的现代材料形成鲜明对比与巧妙呼应。在巴塞罗那世博会德国馆项目中，密斯以呈现自然纹理的整面石墙衬托出纯净的空间意境。

　　自然界的岩石共有5000种左右，根据成因分为火成岩、沉积岩、变质岩；根据抗压强度分为硬岩和软岩。不同种类的石材在抗压、抗弯、抗冻方面的物理性质差异很大，用于建筑表皮时需经过力学性能和材料稳定性方面的选择（表6-1）。石灰石、凝灰岩等软质石材只适合用作立面覆层；闪长石、花岗岩等硬质石料既可以用做覆面板材，也可以用做承重砌块。岩石在建筑中最早被用做兼具结构和围护作用的承重砌体。石料砌体同时也是极具表现力的厚重表皮。除了本身的质地，石材立面的表现力还受加工工艺和建造方式的影响。无论作为砌体还是面材，岩石都必须加工成一定的规格和形制。堑凿、劈裂、打磨、锯切等工艺不仅使石材在尺度和形状上适于建造，而且赋予其丰富的表面肌理。古埃及人利用青铜器加工石料，不仅能砌出精确、规整的巨型石墙，而且娴熟掌握了雕刻、打磨、上色等表面处理技术。他们还将壁画、雕刻等艺术形式融于石材表皮。古希腊建筑中，平整的、较薄的护壁板覆盖在结构砌体外部起到装饰美化作用。石材护壁板通常以凹凸起伏的浮雕图案和几何线条为装饰。古罗马时期，维特鲁威的《建筑十书》专门论述了石材切割法，成熟的加工技术使覆于建筑立面的石料更加精致工整。中世纪，用于砌筑教堂等大型建筑的石料借用了黏土砖形制。文艺复兴时期，精神表达的意图从教堂向宫殿等非宗教性建筑扩展。造价昂贵的、充满雕刻、绘画等表现性内容的石材立面发展为依附于主体结构的装饰性表皮。

石材性质及其对表皮构造的适应性　　　表6-1

Tab.6-1　Properties of different kinds of stones and their adaptabilities to skin structure

	砌体	覆面板	雕刻	密度/ (kg·m⁻²)	热导率/ (w·m⁻¹·k⁻¹)	抗压强度/ (N·mm⁻²)	拉弯强度/ (N·mm⁻²)
玄武岩	○	△	□	2700 ~ 3000	1.2 ~ 3.0	250 ~ 400	15 ~ 25
花岗石	●	●	●	2500 ~ 2700	1.6 ~ 3.4	130 ~ 270	5 ~ 18
大理石	□	○	○	2600 ~ 2900	2.0 ~ 2.6	80 ~ 240	3 ~ 19
板岩	△	○	△	2000 ~ 2600	1.2 ~ 2.1		50 ~ 80
砂岩	○	□	△	2000 ~ 2700	1.2 ~ 3.4	30 ~ 200	3 ~ 20
石灰石	●	○	□	2600 ~ 2900	2.0 ~ 3.4	75 ~ 240	3 ~ 19

注：●适合性好　○一般　□适合性较差　△适合性差

　　"层叠"和"覆面"是建构石材表皮的两种基本手法。哥特式建筑立面中的拱券结构和平缝砌筑都是较为成熟的层叠构造，它们以严格的材料尺寸和规范的砌体形状为基础，表现出富于秩序的构筑肌理和建造逻辑。阿尔托设计的芬兰议会大厅，采用层叠式石材表皮表现了北欧式的自然主义风格和淳朴厚重的美学意境。在著名的流水别墅中，赖特通过对不同规格石材错落有致的层叠，使建筑表皮对应了熊跑溪山谷岩石的自然构造，从而有效消解了另一部分混凝土表皮的机械表情，强化了建筑的有机特征。瑞士建筑师卒姆托在1996年建成的沃尔斯温泉浴场项目中，创造性地运用了层叠页岩表皮。页岩在表皮界面中既不是独立的墙垛，也不是专门的立柱，而是两者的结合与过渡。形体巨大的墩柱在起到承重和结构作用的同时凸显出页岩特有的材质感，页岩石墩上的小型开口让厚重的表皮界面避免了沉闷和单调，混凝土楼板直接架设于片岩墩柱并在立面上悬挑出来。过梁的省略使建筑结构更加整体，表皮材质更加统一。层叠页岩表皮使沃尔斯温泉浴场既在自然环境中突出了简洁稳健的建筑形态，又与所处的山川背景相互呼应，和谐地融为一体（图6-35）。建筑师Jensen和Skodvin利用板岩铺设的干砌石层叠

图6-35　沃尔斯温泉浴场
Fig.6-35　Thermal Baths of Vals

图6-36　奥斯陆Mortensrud教堂
Fig.6-36　Mortensrud Church in Oslo

结构和钢框架玻璃幕墙组成挪威奥斯陆Mortensrud教堂的复合表皮。双层玻璃幕墙内部的碎石板岩墙垛没有用砂浆粘接，而是以碎石堆叠的方式填充于由金属框架支撑的钢组合过梁和水平托板上。透过玻璃，内部板岩墙可以清晰呈现，并与玻璃幕墙上反射的自然景观相映成趣。幕墙外部的碎石板岩叠构造则与精确、平滑、光洁的金属框架玻璃幕墙形成鲜明的质感对比，形成了原始自然材料与现代技术美学的完美融合（图6-36）。

石材的结构作用和承重作用在现代建筑中已淡化，但是，具有自然气息和传统意蕴的石质覆面材料广泛应用于建筑表皮。用砂浆粘接的薄片状石材贴面早在西方古代石构建筑中就被大量使用，极薄的石板在玻璃普及以前还用于建筑采光。利用先进的石板加工工艺和安装技术，已经能够在兼顾经济性原则和材料表现力的基础上建造出符合现代风格的、连续匀质的石质幕墙表皮。数控机床已在覆面石板加工中普遍使用，这使石料切割的精度和效率大大提高，并且可以获得各种复杂形状。与砂浆粘贴的传统形式不同，新型石材覆面板通过栓、铆、箍等方式安装于金属框架或混凝土墙体外部。面板与内部支撑结构有数个对板材不造成约束应力的连接点，这些连接点可均衡转移面板所受的水平与垂直荷载。这种"干挂"的安装形式不但更加稳固、安全、便利，而且可在石材面板背后形成具有通风作用的空腔。

Anton Garcia与Madrid Javier Cuesta设计的圣地亚哥音乐学院，就像一个齐整垒砌的石堆屹立在小镇中心Vista Alegre公园的草坪缓坡上，这个有着粗糙花岗石表皮的立方体建筑无论在材质上还是造型上都具有极简、单纯的特征。花岗石立面看起来十分厚重，但它只是一层依附于承重结构的石材表皮。该建筑的承重结构是连接石质表皮内侧的钢框架，箱形型材构成的钢框架完全被表面的花岗石覆盖。石料表面保留着开采过程中形成的凿迹，显得粗犷、原始。选择这种简单、真实的自然质感不但节约了表面处理的工艺成本，而且利用其粗糙不平的肌理制造出了丰富的光影效果。表面的肌理起伏并非完全无序，深浅不一的凿痕使粗糙的花岗石表皮显现出纵向纹理。在保证立面整体平齐的同时，花岗石覆面石板在局部作轻微的凸起和凹入。每块石料通过显著的水平砌

Cognitive Approach and Construction Method of Modern Architectural Skin

缝和微妙的凹凸保留了自身的形体特征和构造上的独立性。窗的设置被纳入"堆叠"的空间秩序中，就如石料位移后自然形成的空隙。这样的开口设计不但能有效满足采光和通风需要，而且把功能部位的人工痕迹降到最低，实现了功能构造与修辞手法的融合，使充满自然风格的表皮语言显得一气呵成（图6-37）。

图6-37　圣地亚哥音乐学院
Fig.6-37　The Santiago School of music

　　马里奥·博塔（Mario Botta）设计的圣约翰浸信会教堂，位于瑞士提奇诺州罗加诺市附近。Mogno村在一场雪崩以后委托博塔设计这件作品作为17世纪教堂的替代。建筑形体类似于一个削去顶端的圆柱，顶部的椭圆形切面既是排水通畅的屋盖，又是可以引入充分阳光的天窗。虽然迥异于欧洲教堂建筑古典风格的抽象外观挑战了主流的传统形式，但取材于当地山谷的岩石表皮使人自然联想到罗马式的石构建筑。圣约翰浸信会教堂外立面由白色Peccia大理石和灰色Riveo花

图6-38　圣约翰浸信会教堂
Fig.6-38　St. John the Baptist Church

岗石交替覆盖，不同粗细的质感对比连同颜色的深浅变化使岩石表皮呈现出醒目的条状图案（图6-38）。

　　从石材坚固、耐久的天然属性可以引申出古朴、厚重、永恒等观感体验和文化意义（图6-39）。[1]除了将石材用作墙体的承重材料和面材，建筑师还以创新建构语汇为目标发展出石笼技术、透明石材技术。石头的质朴大方显示了无比的包容性，它可跨越传统与现代，却丝毫没有尴尬，相反在历史性的表现

[1]　张轲主持设计的尼洋河谷游客接待站借鉴西藏民居建造技术，利用当地石料构筑了与周围山川、谷地、滩涂等自然环境和谐相融的建筑表皮。屋架为木梁加檩条的传统结构，屋面覆以防水隔热的阿嘎土。立面采用毛石砌筑成60厘米厚的承重墙。毛石墙在门洞和窗洞开口处设有向内的扶壁，一方面增加门洞、窗洞的厚度以抵御寒冷气候的侵袭，另一方面提高立面刚度，同时减小屋顶木梁的跨度。毛石墙被统一涂成白色，这是藏族民居和宫殿的常用色彩，具有高尚圣洁的象征意义。经过色彩的统一，岩石的质感被抽象化，立面的构成效果得以加强。纯朴的岩石表皮在充满现代性的简约形式中融入当地传统建筑元素和自然环境特征，使这栋建筑成为米瑞公路观光线上的独特景观。

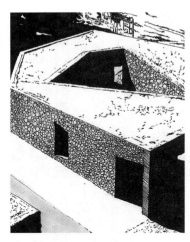

图6-39　尼洋河谷游客接待站
Fig.6-39　Tourist station in Niyang
　　　　　　River valley

上，它是怀旧的、深沉的、令人神往的；而在现实的表达中，它谦逊、朴实、典雅而大方。①

6.2.1.2　温和与质朴的木质表皮

空间围挡的原初形式是编织的树枝。木材是最早用于建造居所的自然材料之一。新石器时代以后，木制房屋框架开始出现。随着木材在围护、承重、结构方面的性能逐渐被开发，木构发展为东方民族的传统建筑形式。西方传统建筑虽然以石构为基础，但木材从未被石材完全取代，相反，它在传统建筑的许多关键部位发挥着不可替代的作用，木材曾被用于建造教堂等重要建筑的大跨度结构和轻质、坚固的穹顶。工业革命之后，在锯、刨等传统工艺基础上发展出的现代木材工程借助于机械化生产使木材在建筑中得到更广泛的应用。伦敦水晶宫是近代建筑有效利用木材的典型案例，通过金属连接件，木材辅助钢铁构成了屋顶等关键部位的框架结构。木质表皮在现代建筑立面中应用十分普遍。它不但可以标准化批量预制，而且能按设计需求定制出各种特殊形状。轻质和便于现场加工的特性使木质表皮的安装施工十分便利。立面木构件具有独特的表现力，赋予建筑表皮温和细腻的观感。

树脂、单宁酸、半纤维素和由淀粉转化而成的纤维素是木材的主要成分。呈径向排列的纤维细胞和脉管具有输送、储藏养料和水分的作用，同时汇集交织成具有承重能力的枝干。木材的强度和刚性是由细胞壁的多层结构决定的，细胞壁构造中的木质素和微纤维组合成具有抗压和抗拉作用的复合结构。细胞和脉管的分布状况决定了木材的纤维构造和年轮排列。由于细胞呈纵向排列，木材在抗拉、抗压、抗弯等受力状态下表现出各向异性。多孔结构使木材具有良好的隔热性能和较小的热膨胀率，因此温度变化对木材物理性质的影响较小。在雨雪浸泡、日光暴晒等外部恶劣气候条件下，未经处理的木材应用于建

---

① 王润生. 建筑界面表达的主角——材质[J]. 工业建筑，2005（S1）：53.

Cognitive Approach and Construction Method of Modern Architectural Skin

筑表皮时会因频繁的膨胀和收缩产生开裂和变形，遭受虫害的几率随之增大，材料强度和承受荷载的能力也大大降低。阳光中的紫外线加速其外层纤维和表面木质素的分解。开放的毛孔吸附降水和空气中的灰尘，滋生于浅表的细菌形成斑驳的污渍，这些因素都会使暴露于自然气候中的木质表皮迅速失去原有的表现力而变得黯淡无光。因此，只有经过材料的生物或化学处理，木质表皮才能增强耐候性，更稳定地发挥保温、隔热、隔声、防水等功能，浸渍、着色、上漆、涂油等工艺在维持材料稳定性的同时能在质感、色泽方面优化木质表皮的视觉观感。随着自然资源的减少和保护意识的增强，原生木材的使用越来越少，取而代之的是多层胶合板、有着清晰拼缝的木纹指接板，或是由木料和添加剂混合而成的工程木板。不同规格、不同品种的木材以及不同的建造方法所形成的肌理差别严重影响着建筑形式，因此建筑师要想做到得心应手就必须了解木材表皮的构造形式。[①]格栅、接搭、锁扣平接是常用的木板外墙构造形式（图6-40）。Snohetta设计的新西兰利勒哈默尔奥林匹克艺术博物馆采用企口落叶松竖向木板作为表皮材料，180毫米×180毫米中空方钢为立面结构框架，石膏板组成立面内部隔热层、隔气层。通过内部木立柱、木框架的固定，外部竖向排布28毫米×75毫米经过防水处理的落叶松板条，23毫米×98毫米落叶松板材水平贯通形成与锌铝合金盖帽板衔接的狭长檐部。深浅不一的板条包覆于倾斜立面的最外层，既具有齐整、均匀的秩序，又在明暗、色泽和纹理上形成微妙差异（图6-41）。勒哈默尔奥林匹克艺术博物馆木材表皮营造出具有地方特征的"船屋"的意象，同时在保持现代性的基调上赋予艺术博物馆浓郁的传统气息。

图6-40 木材表皮的构造形式
Fig.6-40 Structural form of wooden skin

① 季翔. 建筑表皮语言[M]. 北京：中国建筑工业出版社，2011：136.

图6-41　新西兰利勒哈默尔奥林匹克艺术博物馆
Fig.6-41　Lillehammer Olympic Art Museum, New Zealand

图6-42　横滨客运码头朴素的木质表皮
Fig.6-42　Plain wooden skin of the Yokohama ferry terminal

Cognitive Approach and Construction Method of Modern Architectural Skin

赖特评价道："木材是美丽的，人类喜欢木材在手中的感觉，这种感觉使他的触觉和视觉形成共鸣。"木材的色彩、质地、纹理图案以及气味均为表皮建构提供了语言要素和表现工具。温和的美感以及易于使用的特性使它始终引人注目。[1]许多当代公共建筑将木材大面积应用于开放性的表皮结构中，以其自然、温馨、质朴的感知特性加强建筑与周边环境的融合，创造内外贯通的、协调一致的城市空间环境。横滨客运码头的木质表皮与周边其他公共空间以及城市景观环境有机融合，构成了一个连贯、通畅的滨水公共空间。该建筑采取下沉式构造，在弱化立面的同时突出水平方向上的表皮"摺叠"。各层立面和地面均铺设硬质木材，顶部同样以硬木铺地为主，犹如局部点缀着绿化的巨大木甲板。这里既是平坦的游客通道，又是宜人的观景平台和休闲场所。在计算机生成的复杂曲面构造中，木材表皮成为呈现结构和定义空间的界面。虽然表皮的摺叠构造充满现代气息和前卫色彩，但自然、朴素的木质表面有效暗示了建筑的传统文脉和地域特征（图6-42）。

天然材料是对自然资源的直接应用，其取材和加工较少耗费能源、使用化学添加剂和产生毒害废弃物。天然材料不仅对人和自然环境友好，而且能提供优良的视觉、触觉感官体验，有利于建构人性化的表皮界面。

6.2.2　烧土制品的形色变幻

古埃及人在16000年前用自然干燥成型的土坯建造房屋，其他地区的许多

---

① 维多利亚·巴拉德·贝尔. 建筑设计的材料表达[M]. 朱蓉译. 北京：中国电力出版社，2008：106-107.

早期建筑遗迹中也普遍存在土坯这种最为原始的人工黏土砌块。由黏土和石英
砂混合后简单硬化而成的土坯在干燥条件下具有一定强度，适合于干旱少雨的
地区，例如我国西北地区至今还保留着大量的土坯村舍。但降水和湿气会降低
土坯强度，如果不采取保护措施抵御水分侵蚀，吸湿后的土坯墙承重能力大幅
下降，具有垮塌的危险。即便在干燥的情况下，土坯墙的结构功能和承重能力
也是相当有限的，它不但限制建筑的高度和跨度，而且使厚重的立面占据大量
室内空间。最早的应对方式包括以石质基座隔离来自地面的湿气，在向外挑出
的山崖下面使用土坯，以及在土坯外部覆盖石材或烧结黏土砖。烧结黏土砖大
约出现在距今7000年前。经过1000度高温烧结，黏土砖获得稳定的理化性质，
它不但能有效抵抗水分和恶劣气候的侵蚀，而且具有良好的刚性和强度，不易
受尘土和微生物污染。古罗马人发展了黏土砖烧制技术，用它建造具有承重功
能的墙体和立面石构之间的围护。中世纪以后直至现代主义崛起，烧结黏土砖
成为德、英、法等欧洲国家建筑表皮材料的首要类型。18世纪，借助于工业革
命的技术成果，烧结黏土砖的生产工艺取得较大发展：挤压式制坯技术增加了
土坯的密度；回转窑和隧道窑提高了黏土砖的生产效率。烧结黏土砖取材方
便，成本低廉，工艺简单，可以利用模具灵活塑造形状和通过添加矿物原料自
由改变色彩。

　　砖的砌筑肌理既规整精确，又富于变化，质感平整细腻，色彩单纯均匀。
烧结黏土砖不但是西方传统建筑立面中具有防水作用的通用材料，而且能以颇
具构成意味的砌筑方式和装饰手法构成二维或三维的表皮语言。在传统建筑
中，富于秩序感的砖砌墙肌理使北京四合院看起来更符合尊卑有序的礼制。在
德国汉堡，砖墙成为象征城市文脉和建筑历史的景观符号。受其独特表现力的
吸引，阿尔托、康、赖特等现代主义大师不约而同地以烧土材料表皮隐喻传统
精神和地方文脉。赖特认为，砖与土壤有色彩上的联系，这种人工材料犹如从
地面自然生长出来的一样。无论是灰色、青色、褐色还是棕色，砖的色彩使人
感到亲近和踏实，而它的砌筑工艺中蕴含着丰富的表现力和传统底蕴。阿尔托
的红砖墙将理性、简约的现代精神与朴素无华的传统工艺完美融合，他在芬兰
珊纳特塞罗市政厅立面中用红砖很好地匹配了石、木等自然材料。博塔善于用
空心砖覆盖在混凝土承重墙外部，通过粗犷而又富有节奏的砖墙表现古典气
质。除了朴素的单色砖，博塔还习惯在建筑立面中搭配使用颜色、质地不同的
空心砖，丰富砖墙的表面质感。

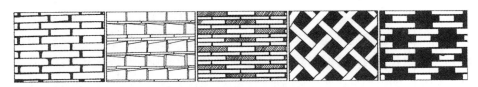

图6-43　不同砌筑方法形成的砖墙肌理

Fig.6-43　Brick wall textures formed by different masonry methods

　　胎料、釉料、着色剂、烧成温度以及氧化或者还原的窑内气氛均能影响烧结砖的观感。素胎烧土制品以其胎体本色呈现朴实、厚重、自然的质感。模具可以在煅烧之前影响烧结砖表面的平整度和光洁度，并能在砖体表面挤压出各种肌理图案。砖体在烧成后仍可通过打磨、抛光、开槽、切割等工艺取得形态和质感的变化。釉面砖的色彩语言更加丰富，平滑的表面有利于表皮的自洁。清水砖墙、砖拱券等砌筑工艺不但隐含与建筑模数有关的视觉秩序，而且从构成方式上决定表皮的肌理特征。砖墙的砌筑方法经过各代实践产生了很多式样，例如平砖丁砌错缝、平砖顺砌错缝、侧砖顺砌错缝、席纹式、空斗式和部分组合式。顺砌法有利于提高墙体结构强度，而角砌、单缀砌、侧砌等装饰性砌法能使墙面形成各种凹凸效果和肌理图案（图6-43）。通过色彩、宽度、深度的调整，砌缝能够形成细密的线条和富于节奏的网格。滨水的哥本哈根新皇家剧院立面主要采用了耐水性高温磨砂工程面砖，稍显粗涩的面砖与细腻、平滑的铜质框架、玻璃幕墙形成质感对比。细长的灰色面砖根据设计要求专门手工定制。垂直砌缝在每排面砖之间形成交错，贯通的水平砌缝较为突出。较高的烧成温度使这种以北欧黏土为原材料的面砖呈现出岩石一般的表面质感，适度的泥料色差加强了质朴、原始的感觉（图6-44）。

图6-44　哥本哈根新皇家剧院立面

Fig.6-44　Building facade of
Copenhagen New Royal Theatre

　　烧土制品通过砌体、粘接和挂板方式应用于建筑表皮，砌体类烧土制品用于承重立面或填充墙体，粘接类烧土制品通过砂浆与里层的承重立面或填充墙体连成整体。伦佐·皮亚诺质疑传统砖墙的厚重性与封闭性，希望赋之以

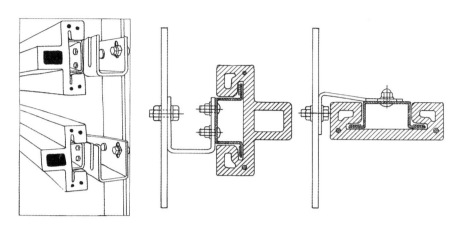

图6-45　悬挂式预制砖立面

Fig.6-45　Suspension facade formedby prefabricated brick

Cognitive Approach and Construction Method
of Modern Architectural Skin

空透的知觉感受。[①]他把经过矫正、修磨和添加了连接点的空心砖安装固定于以支撑支架连接结构墙体的钢框架内，发明了悬挂式的预制砖立面体系。挂板类烧土制品通过金属固定件和支撑构造将自身荷载和风荷载转移到过梁、楼板、立柱等承重结构上。与砂浆的固化粘结不同，节点固定具有一定结构弹性，它使内墙和墙板之间的连接不受材料变形的影响。新型陶瓷墙板在断面中加入嵌槽结构，墙板插入固定于支撑框架上的金属嵌条。这种活动的固定方式能有效避免结构对材料的约束应力（图6-45）。轻盈、空透的预制砖立面打破了传统砖墙的厚重表情，形成了类似于幕墙结构的分层表皮。

　　不同的砌筑工艺形成各异的图案和表面肌理。砖能被斜砌成一定角度，通过在起伏转折的建筑表面建立某种排列秩序，这种廉价的材料转化为沉稳、高雅的表皮语言。在光线的作用下，砖墙因其饱满的局部细节和丰富的层次感而比光滑立面更能留住视线。Office dA事务所在北京通州艺术中心项目中以特殊的手工砌筑方式突出了砖墙表皮肌理，一顺一丁的交错砌筑和具有退晕效果的渐次砌筑形成了奇特的表皮构思（图6-46）。与手工砌筑相比，借助于数字技术的自动机械砌砖不但具有极高的施工精度，而且可以塑造出造型、图案更为自由的三维结构。瑞士弗莱士甘腾拜因葡萄酒厂立面，体现了现代混凝土框架、传统谷仓结构和高精度定位透空砖墙的完美结合。借助于ETHZ提供的数

---

① 容丽嫦. 建筑表皮的变革——空透的砖墙[J]. 建材与装饰，2007（11）：69-71.

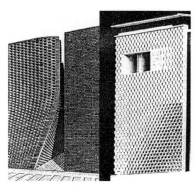

图6-46　退晕效果的手工砌筑砖墙，北京通州艺术中心
Fig.6-46　Manual masonry walls with retired halo effect, Tongzhou Art Center in Beijing

图6-47　数字成型砖墙表皮，甘腾拜因葡萄酒厂
Fig.6-47　Gantenbein winery

字成型先进技术，72个形态各异的立面部件在工厂用机械臂预制，然后在现场拼装成整体的透空砖墙。自动机械砌筑的砖墙不但具有利于葡萄酒生产和贮藏的良好通风效果，而且在阳光照射下形成精致的肌理图案和丰富的阴影变幻（图6-47）。

6.2.3　近代建材的自由塑形

工业革命后，高效率的机械化大生产和日臻成熟的制造技术不但有效提高了建筑材料的产量和质量，而且极大地丰富了建材种类，这使建筑师在表皮建构中能更自由地选择适宜的材料和建造技术。通过对混凝土、玻璃、钢铁、人造板等近代工业化建材塑形潜能的开发，建筑表皮语言不断走向丰富和多元。

6.2.3.1　混凝土表皮的形体塑造

古罗马人在采掘石灰石制作灰泥时发现了混凝土，他们发掘出一种含有硅石和矾土的矿石，它与石灰石混合并燃烧时形成了水泥，这种水泥就是现代硅酸盐水泥的早期形式。它的胶合力和快速熟化能力比古罗马人所见到的任何材料都强得多。它彻底改变了古罗马人的建造技术。[①]水泥混合碎石骨料形成的

---

① 维多利亚·巴拉德·贝尔. 建筑设计的材料表达[M]. 朱蓉译. 北京：中国电力出版社，2008：53.

混凝土被古罗马人用于建造万神庙这样的宏伟建筑。经过约翰·斯米顿和约瑟夫·阿斯普丁等近代工程师的改良，硅酸盐水泥成为混凝土制作过程中使用的主要水泥品种。制造成本、施工效率、材料特性方面的优势使混凝土自近代工业革命以来不断得到推广普及，混凝土广泛应用于所有类型的现代建筑中。如果缺乏表现方面的推敲，这种表面质地粗糙、颜色略显灰暗的"液体石头"很容易使建筑失去自身特色，它在许多建筑中麻木、冰冷、雷同的表情深刻影响了城市面貌和地球环境。混凝土在硬化前具有良好的可塑性，便于施工与成形。柯布西耶、赖特等现代主义大师通过一系列杰作证明了混凝土这种廉价建材的巨大表现潜能。作为现代建筑表皮的理想材料，混凝土的优点不仅在于耐久性和稳固性，还在于富于变化的表面处理。模板对其表面纹理产生影响，从而产生丰富的质感变化，例如木质模板的纹理可以使这种原本毫无表情的材料在表面拓印出年轮的自然印迹。

　　卓越的结构性能、雕塑般的肌体以及多样化的表面质地使混凝土成为一种重要的表皮建构工具，建筑师可根据设计意图使用模板对混凝土表皮进行自由的塑形。欧洲建筑普遍重视混凝土表皮的视觉处理，许多经过着色和特殊浇筑工艺修饰的水泥墙使人不易识别其混凝土的内在质地。通过与木、石、金属、玻璃的搭配，混凝土表皮能减弱单调、刻板的印象，以自身特有的肌理和色彩与其他表皮材质相互映衬，构成更具灵活性与层次感的表皮语言。例如在密斯的范斯沃斯住宅和世博会德国馆立面中，混凝土的密实、粗糙、厚重与玻璃的通透、平滑、轻质形成鲜明的质感对比。LOOK UP办事处，是安尼·杰罗明·菲特里兹合作公司为一家国际广告机构设计建造的位于德国盖尔森基辛的三层办公楼。建筑上两层的行政区是一个纯净的玻璃盒子，底层的设计区呈现为一个厚重的混凝土体块，立面上下的质感对比十分显著。现浇混凝土在模数为2米的黄松模板内形成连贯一致的表皮，西立面和所有内墙面、地板以及楼梯都有着光滑的水泥表面。立面内层是17厘米厚混凝土加劲承重墙，外层是10厘米厚钢筋混凝土墙板。两层之间用钢筋及金属系杆连接，暗榫埋入两侧墙体。暖通、空调、电气、卫生等管道系统被浇筑在混凝土墙体中，保证了表皮的整洁和单纯。混凝土在这一项目中不仅被用作承重结构和立面表层，而且还成为建筑物的热量与光照控制系统。10厘米×52厘米×571厘米的水平混凝土格栅为南立面的玻璃墙提供了遮阳挡板。这些混凝土预制件在夏季给建筑带来阴凉，冬季可向室内导入充分的阳光，同时在南立面上创造出富于节奏感的光影纹理（图6-48）。

　　为了突出建筑的体量感，柯布西耶侧重表现混凝土厚重、粗犷的一面。自20世纪70年代之后，日本著名建筑师安腾忠雄运用清水混凝土设计了一系列具有精致细部和鲜明几何特征的建筑，掀起了一股"清水混凝土"浪潮，使人们重新认识了混凝土表皮的魅力所在。不加修饰的清水混凝土墙既延续了密斯的极简法则，又蕴含了日本数寄屋的空间秩序。光洁的表面和精准的构成使安藤忠雄的清水混凝土墙兼具现代主义的理性法则和东方民族的感性体验，现代建筑精神与日本传统文化融汇于坚硬的水泥体块中。在讲求结构和效率的现代建筑语境中，安藤忠雄的清水混凝土表皮以其纯粹的特质传达着娴静的生活态度和清新的美学意境。他在"光之教堂"项目中用清水混凝土墙体营造出一个与外部世界隔离的密闭空间。建筑立面的整体形式十分简洁低调，但却隐含着摄人心魄的精彩之处——混凝土墙体中的十字形开口。从外部看，十字形在白天犹如两道深深的印痕刻入灰白色的混凝土体块中；晚间，它通过玻璃透出室内灯光，成为黑暗中的显眼符号。最佳的立面效果呈现于教堂内部，被混凝土阻隔、压抑的视线在十字形开口处得到集中释放，外部光线从切口穿透厚重的混凝土墙体射入内部。高亮的十字形成为视觉焦点，它在幽暗中发出的光辉唤起宗教情感，营造出圣洁、静谧的宗教氛围（图6-49）。安藤忠雄以清水混凝土

图6-48　LOOK UP办事处　　　　　　　图6-49　光之教堂
Fig.6-48　LOOK UP office　　　　　　Fig.6-49　The Church of the Light

Cognitive Approach and Construction Method of Modern Architectural Skin

建构出充满诗性和情感色彩的表皮语言。

　　园艺师莫尼埃发现加入铁丝可以大大提高混凝土强度，工程师怀特在此基础上通过对材料强度、结合力和耐火性能的优化研究出钢筋混凝土技术。圣地亚哥·卡拉特拉瓦设计的巴伦西亚天文馆和科学博物馆展现了当代钢筋混凝土表皮优异的造型能力。天文馆外观犹如巨眼，弯梁支撑起活动的半球圆顶。非对称重复树状结构表皮围合成科学博物馆长241米，面积41520平方米的巨大体量。天文馆用玻璃作为表皮面材，以引入充足的自然光线。透明的球面壳体显露出齐整排列的钢筋混凝土框架，这些钢筋混凝土框架既是主体承重结构，又是关键的表皮构造。动物骨骼般的外露结构赋予建筑外观显著的有机特征，使人将充满技术感和未来感的抽象造型与自然界的生命形态联想到一起（图6-50）。临近的巴伦西亚科学博物馆是一座更具视觉张力的钢筋混凝土巨构。具有模数化特征的钢筋混凝土桁架一字排开，构成能满足博物馆特殊空间需求的巨大体量。两个侧立面采取不同的承重结构，一侧用5个均匀排列的树状结构连成柱廊，柱廊以节奏性的构造容纳了纵向通道和各种功能管线，使建筑的外立面显得整体、匀质；另一侧自然暴露了向外倾斜的混凝土桁架底部，充满视觉张力的弧形桁架贯通整个截面并排列成格栅状的壳体构造。从建筑内部伸出的与桁架相反方向的一排混凝土悬臂在桁架以外形成挑檐，丰富了侧立面的空间构造。设在建筑轴线两端的博物馆出入口采用斜拉结构，特殊的三角造型对其作出了强调。借助于钢筋混凝土优异的造型能力，卡拉特拉瓦建构出大跨度和大悬挑的表皮。钢筋混凝土表皮构架成就了巴伦西亚天文馆和博物馆骨骼清晰、富于张力的建筑风貌（图6-51）。

　　混凝土既能是传统保守的，也能是时尚前卫的；既能用于建造普通的外立面，也能满足各种高

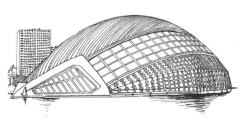

图6-50　巴伦西亚科学博物馆
Fig.6-50　Valencia Science Museum

图6-51　巴伦西亚天文馆
Fig.6-51　Valencia Planetarium

端项目对表皮建构的特殊要求；既可用于浇筑承重墙体、立面框架和平面屋顶，也可以塑造出基于数字技术的复杂曲面和壳体构造。材料学家和厂商不断推出混凝土新品和新工艺，而建筑师、工程师也乐于在表皮建构中尝试这些创新成果。经过对可塑性和观感属性的挖掘，这种历史悠久的通用建材能转化为时尚、流行的表皮语言。添加着色剂、处理模板、固化前洗刷出骨料、固化后施以凹版印刷或酸处理等手法可使混凝土表面呈现丰富的色彩和肌理变化。

6.2.3.2　玻璃表皮的多维视界

现代主义建筑风格产生以后，透明的玻璃材料随即成为其纯净手法的代言物。[①]人类制造和使用玻璃约有4000年历史。罗马人首先在建筑中利用玻璃窗采光和隔离外部气候影响。浇铸和轧制的玻璃生产工艺在18世纪趋于成熟，从19世纪开始，玻璃产量迅速扩大，趋于更薄、更透明。玻璃立面和顶面首先被用于温室。玻璃在熔融态下可塑性极佳，冷却固化后拥有理想的刚度和韧性。玻璃凭借其良好的耐候性在建筑立面和顶面建立稳定的隔层。园林设计师约瑟夫·帕克斯顿于1851年在伦敦海德公园建成"水晶宫"，这座几乎完全用玻璃建成的巨型展馆是建筑史中的重要里程碑。从此，玻璃成为近现代建筑立面中最重要的表皮材料之一，它以特殊的材料属性为近现代建筑带来全新的空间功能和感官体验。

从伦敦"水晶宫"开始，玻璃对于建筑的意义不再局限于用做透明窗户或起到反射作用的局部装饰件，它成为直接参与空间营造和表皮建构的关键材料。随着丝绸与平板玻璃的并置使用，一种非物质性美学（dematerialized aesthetic）便在透明材料与半透明材料的交相辉映之中油然而生，它反映出一次世界大战末期密斯与先锋派艺术家们十分关注的空间观念之间的千丝万缕的联系。[②]密斯在1951年设计建造了玻璃建筑中的杰作——范斯沃斯住宅，玻璃立面的钢结构建筑随后从伊利诺伊州等地普及开来。在钙华大理石和热带硬木的陪衬下，通透的钢架玻璃表皮使范斯沃斯住宅与周边自然环境和谐相融。透明是玻璃最重要的视觉属性，它使被隔断的空间维持视觉上的联系，同时使光线畅通（图

---

① 晁志鹏. 玻璃表皮在建筑中的发展与变化[J]. 青岛理工大学学报，2007，28（3）：42-45.
② 肯尼斯·弗兰姆普顿. 建构文化研究——论19世纪和20世纪建筑中的建造诗学[M]. 王骏阳译. 北京：中国建筑工业出版社，2007：176.

Cognitive Approach and Construction Method of Modern Architectural Skin

6-52）。①自从夹层玻璃的出现使建筑中的承重角色可以由玻璃构件来担当之后，如何将玻璃建筑中的金属连接杆件减至最少以获得最大的透明，就成了建筑师和工程师不断努力的方向。②在这一理念的指引下，玻璃表皮建筑从早期现代主义风格的钢框架玻璃盒演化出像日本箱根Pola美术馆

图6-52 蝴蝶住宅
Fig.6-52 Butterfly House

那样更加玲珑剔透的形式（图6-53、图6-54）。借助于材料和结构技术的突破，纯粹以玻璃建构的通透表皮赋予建筑全新的空间感受和视觉体验。

图6-53 Pola美术馆玻璃表皮
Fig.6-53 Glass skin of Pola Gallery

图6-54 Pola美术馆玻璃屋顶
Fig.6-54 Glass roof of Pola Gallery

　　玻璃也需通过技术手段克服材料局限：双层结构可以避免大面积幕墙导致的室内温度升高；施加涂层、蚀刻、喷砂、覆膜等表面处理可以消除玻璃幕墙对环境的光污染；能在受力瞬间粉碎解体的钢化玻璃在一些重要的立面

---

① Lippmann Associates在澳大利亚悉尼为华商设计建造的蝴蝶住宅拥有通透的玻璃立面。受《易经》学说影响，商人身份的业主认为该建筑不宜采用直线型设计，以避免"风水"的流逝。为此，设计师用铝和玻璃塑造了充满流动性的建筑造型。起居室面临西部的悉尼湾，而卧室朝向东部的太平洋。根据风水理论，水对商人来说象征财富和好运，所以建筑要尽可能向大海开放。超大面积的弧形无框玻璃墙极为通透，使居住者可以毫无阻挡地观看开阔的海景。
② 徐强. 玻璃在旧建筑改造和更新中的应用[J]. 世界建筑，2006（5）：40-43.

图6-55　沃尔芬玻璃屋
Fig.6-55　Wolfen glass house

图6-56　Mimetic屋
Fig.6-56　Mimetic house

部位提供安全保障。密斯在范斯沃斯住宅中探索了玻璃表皮及其支撑架构的建造工艺，建立了现代玻璃建筑的原型。随后，他又用镶包着铜条的琥珀色隔热玻璃为其现代主义经典之作——纽约曼哈顿花园街西格拉姆大厦建构出华美的幕墙表皮。随着玻璃幕墙在高层建筑中的普及，玻璃产业在其后的几十年间拓展了三个不同领域的应用：环境控制、结构使用、多种表面与色彩处理。[①]20世纪六七十年代，反射玻璃、染色玻璃、涂层玻璃，以及绝缘玻璃的陆续发明使设计师有能力控制玻璃表皮的热光量摄入。澳大利亚沃尔芬玻璃屋是传统建筑改扩建项目，它为亚热带植物提供了适宜的越冬场所。具有温控作用的立面用不同透明度的涂层玻璃板、冲孔聚碳酸酯板材和锈蚀钢板覆盖，冲孔板可以根据自然光照强度调整透光率，以保证恒定的进光量。它在白天看起来与普通钢板无异，到了夜晚，就使里层的涂层玻璃透出柔和的光亮和朦胧的内景（图6-55）。反射光线与影像的镜面玻璃在虚化立面实体和建筑体量的同时赋予表皮界面灵动、变幻的空间体验。多米尼克·斯蒂文为两位艺术家设计建造的Mimetic屋位于爱尔兰Dromaheir牧场的绿色田野中，入口和门厅位于地下，地上部分是玻璃立面的多功能厅。半反射玻璃可以通过动力装置调整角度使建筑完全透明，或是将周围景观反射到室内，在立面创造了一个流动的视界。随着观察角度的变化，周围景观在镜面中产生梦幻般的变形，乡村的自然风光重构成奇特的多维画面（图6-56）。

① 维多利亚·巴拉德·贝尔. 建筑设计的材料表达[M]. 朱蓉译. 北京：中国电力出版社，2008：14.

Cognitive Approach and Construction Method of Modern Architectural Skin

6.2.4　新型材料的诗意建构

第二次世界大战后，科技与制造业的发展加快了新型建筑材料的开发，建筑表皮的材料类型不断扩展。对材料和表面的探索是当代建筑创作中的重要主题。这成为一种能使人们认识自身和所处世界的思考方式。[①]新型合金、特种混凝土、特种玻璃、高分子聚合物及各种高科技环保材料、节能材料在提升表皮功能的同时赋予其日益多样化、个性化的构造特征和视觉效果。

6.2.4.1　新型金属表皮

金属表皮是使用金属材料替代传统材料建造的围护体系。耐候钢、铝、铜及各种合金的表现特质在新技术条件不断得以开发并被成功应用到建筑表皮中。金属表皮在材料制备、外形加工、表面处理等方面导入了丰富的工艺：钢质表皮通过上蜡、喷砂、激光等处理产生表面质感的微妙变化；冲孔赋予金属表皮透明性；金属板片和蜂窝状金属网冲压成具有塑性特征的三维造型；泡沫金属使金属表皮一改坚硬、冰冷的惯常表情呈现出前所未有的弹性和有机特征定制；模具满足小批量特殊形制金属表皮的铸造（图6-57）。金属具有优异的延展性，它既能制作密实的覆层，又可以编成透空的织物。起先在建筑中用做安全围栏的金属织物，在当代逐渐发展为一种时尚的新型表皮。金属织物通常用作附加于主体立面的外层表皮，它不会阻挡视线，能提供通透、轻盈的观感。Morphosis设计的韩国首尔时装学校大楼仿佛披上了一层半透明的薄纱，轻柔的冲孔铝合金"皮肤"在相距20厘米处遮盖着坚实的内层混凝土体块。外层表皮在白天是半透明的，而夜间被内部灯光照亮时则十分通透。类似的，金属织物围护使结构简单的柏林墙纪念馆观景塔具有雕塑般的吸引力。白天它犹如一层纱

图6-57　穿孔、冲压、编织的金属薄片材料

Fig.6-57　Sheet metal materials formed by punching, stamping and weaving processing

---

① Daniels, Klaus. The Technology of Ecological Building[M]. Basel: Basel Press, 1995. 39-40

 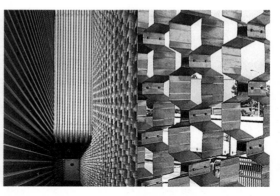

图6-58　柏林墙纪念馆观景塔　　　　图6-59　依那佩尔金属工业联盟公司大楼金属表皮
Fig.6-58　Scenery tower of the Berlin　　Fig.6-59　Metal skin of company building of Inapal Metal
wall Memorial　　　　　　　　　　　Industrial Unit

幕围拢在钢结构表面，夜晚它又像半透明灯罩一样反射光线，使塔楼通体发亮（图6-58）。

　　由"少与多"联合建筑事务所设计的依那佩尔金属工业联盟公司大楼，在立面的关键部位采用了由折线波状金属板拼装而成的镂空表皮。这是一座包含材料库、成品库和配送单元的工业建筑。在主体建筑的前部有一个相对独立的体块，用以容纳技术部门和形成风格显著的入口门厅。折线形波状金属板通过螺杆相连，组成蜂窝状的门厅正立面。这层具有功能主义理性风格的金属表皮蕴含着丰满的构造细节和透视效果。表皮肌理在不同的观察距离上产生微妙的连续变化。具有厚度的镂空结构使视觉可以随着观察角度的变化穿透金属表皮的不同区域，使内部空间隐现于移动的视线中。门厅空间显然只需要获得适度的封闭性，镂空的金属立面很好地满足了通风、遮阳和照明需求。蜂窝状金属表皮具有鲜明的技术特征，它以充满工业化色彩的标准模块隐喻了与汽车制造和空气动力学技术相关的建筑主题（图6-59）。

　　通过涂层、风化、抛光、蚀刻等各种表面处理，金属表皮能在视觉层面细致入微地实现设计师的表现意图。新型金属板材在欧、美、日发达国家的建筑表皮中已得到广泛应用，各种铝合金板、铜及铜合金板、镀层钢板、涂层钢板、搪瓷钢板、钛合金板、钛锌合金板的生产工艺与技术标准趋于成熟。国内建筑所使用的金属表皮材料主要集中于彩钢板、铝塑板和铝板等常见类型。为了克服新型金属材料的缺位对表皮建构的影响，一方面要积极推进新材料和相关建造技术开发，另一方面要加强对已有材料和加工技术的创新应用。

6.2.4.2　新型混凝土表皮

　　功能各异的混凝土新品不断被研发。在浇筑前预置塑料管或固化成形后进行机械加工均可制成穿孔混凝土墙板。利用计算机程序可以对孔洞的位置、形状、大小、角度、排列秩序进行优化设计，以使穿孔混凝土墙板符合力学和审美要求。数控机床使冲孔的精准度和效率大大提高（图6-60、图6-61）。匈牙利建筑师阿龙卢森斯基开启了透光混凝土材料的研究。95%的水泥和5%的光纤层交替镶嵌，导光材料使混凝土墙改变厚重、沉闷的表情，呈现出冰块或奶酪那样的可爱质感。透光混凝土不但带来全新的表皮质感，而且营造出奇妙的空间体验。上海世博会意大利馆采用了新型透明混凝土材料。通过对玻璃质地成分的控制，这种混凝土可以实现透明度的渐变。局部透明为建筑带来微妙的光影变化，使空间环境显得空灵、梦幻。LTC发光材料虽然还需要进一步小型化和智能化，但已显示出巨大的应用潜能（图6-62）。未来智能混凝土表皮材料甚至可以兼具普通混凝土的刚性和玻璃纤维的弹性。

图6-60　冲孔混凝土预制件
Fig.6-60　Precast concrete punched

图6-61　数控机床冲孔
Fig.6-61　CNC punch

图6-62　透光混凝土
Fig.6-62　The light transmitting concrete

　　乌德勒支体育园区Leidsche住宅的立面应用了一种喷涂黑色丙烯酸涂层的无瑕疵混凝土表皮，细腻光滑的混凝土表面凸起许多缺月形圆点。圆点直径从19毫米到84毫米不等，形成渐变纹理。这种特殊的混凝土装饰挂板通过聚酯铸件模具浇制，聚酯铸件模具通过铝制原始母模和CNC激光切割成型（图6-63）。圣奥尔本斯展览馆是一栋独立的公园景观建筑，其表皮使用了定制混凝土材料。混凝土中各种形状的贝壳既是一种骨料，又是立面上的装饰品。花冠形的开孔增强了表皮的装饰性，使坚硬的混凝土呈现出松软、温和

图6-63　丙烯酸涂层无瑕疵混凝土表皮
Fig.6-63　Flawless concrete skin
with acrylic coating

图6-64　圣奥尔本斯展览馆贝
壳骨料混凝土表皮
Fig.6-64　St Albans exhibition hall's
concrete skin with shell aggregate

的质感。在光线作用下，它连同纤细的砌缝和细微的表面凹凸，使灰色水泥墙板显现出普通混凝土所不具有的精致和优雅（图6-64）。

6.2.4.3　新型玻璃表皮

在为德国平板玻璃制造协会撰写的产品介绍中，密斯概括了玻璃对于框架立面表皮的建构意义：离开玻璃，钢和混凝土这两种材料的演绎空间都是极为有限的。玻璃表皮使钢和钢筋混凝土框架结构的形式特征得以显现。[1]现代玻璃工艺不断发展，它不但在创造开敞空间、融合环境景观方面完美配合了现代框架结构，而且能以质感、形态、结构、色彩等工艺变化赋予墙体、开口、隔断、遮阳、顶棚和门窗等表皮元素丰富多变的视觉效应。

由于原料组成、添加剂和表面处理手法的不同，玻璃在透明度、色彩和质感方面产生较大差异，形成功能各异的丰富品类。双色玻璃表面涂有非传导性涂层或金属氧化物薄层，根据观看位置的不同，它可以投射出一系列色彩。普拉·拜厄德·多维尔·怀特建筑事务所设计建造的新42大街工作室位于百老汇大街。他们利用双色玻璃表皮创造了一座能够日夜变化色彩和光线的建筑，象征了这个活跃街区的节奏和速度。通过各种光线来源和系统构件的配合，双色玻璃表皮使建筑立面产生变化无穷的灯光图案。这一项目显示了双色玻璃依靠对光线与表面相交角度的控制，将全光谱的自然光转变为红、蓝或黄色调的特殊功能。透明玻璃表皮成为展示灯光效果

---

[1] Mies van der Rohe. Address to the Union of German Plate Glass Manufacturers[Z] The Villas and Country Houses, Tegethoff, 1933: 66.

的防水"荧屏",和其他立面构件一起合成一种复杂、动态的拼贴效果(图6-65)。

图6-65 新42大街工作室双色玻璃表皮
Fig.6-65 Double color glass skin of the New 42 Street Studios

通过整体着色、丝网印刷、施加彩釉、酸蚀、喷砂、镀膜、层压等工艺处理,新型玻璃在色彩、肌理、透明度等方面更具表现力。路易斯·曼西利亚与埃米尔·图尼翁设计的西班牙莱昂现代美术馆,采用彩釉玻璃作为表皮材料。接在一起的独立空间既可以分别用于各种风格和规模的展览,又可以连成一体举办大型活动。如果缺少色彩的提示,外形十分相似的单元将难以区分。彩釉玻璃表皮使建筑空间具有良好的识别性,色彩还被用来诠释现代艺术的多样性,彩釉玻璃表皮就像是在建筑尺度上的色彩创作。与用保守形式强调艺术博物馆历史传统和经典收藏的一般做法不同,莱昂现代美术馆用充满时尚气息和现代技术特征的彩釉玻璃营造了一种热烈而又不失品位的大众风格。彩釉玻璃在转折的立面上连绵不断地铺展开来,它象征着莱昂现代美术馆是精彩纷呈的艺术舞台。色彩在表皮认知和建筑审美中发挥了关键作用,而玻璃的质感和光泽强化了色彩的影响力。在大片新型彩釉玻璃表皮的映衬下,莱昂现代美术馆沉浸于轻松愉悦的氛围中(图6-66、图6-67)。

图6-66 西班牙莱昂现代美术馆
Fig.6-66 Leon Museum of Contemporary Art,Spain

图6-67 西班牙莱昂现代美术馆立面
Fig.6-67 Façade of Leon Museum of Contemporary Art

除了自身的材质变化，新型玻璃表皮的发展还体现在结构技术的突破和向其他材料、构件的整合（图6-68）。[①]夹层玻璃采用胶粘剂在两层或多层平板玻璃之间夹入一层透明的聚合体，不仅具有持久、安全的特点，而且可以使光线发生折射。化学添加剂和中空结构可以优化玻璃表皮的隔热性能。在尺寸、形状、质地以及色彩等方面有极大选择范围的玻璃砖具备一定强度，这种浇铸成型的玻璃单元可以像普通砖那样砌筑。槽式玻璃构成具有纹理和半透明表面的自支撑U形玻璃系统，带来通畅的大面积光传导。点式玻璃表皮的各个单元通过

图6-68　第11大道100号，纽约
Fig.6-68　100　11th Avenue, New York

钢制爪件独立安装，它完全脱离结构框架，使支撑杆件的体面积降到最低，从而提供比框架式玻璃幕墙更为通透的视野，同时形成平滑、连续的无框表面。借助各种新型反射玻璃、镀膜玻璃、彩色玻璃、玻璃砖、U形玻璃、波纹玻璃、中空玻璃单元、玻璃砌体以及点式玻璃，建筑表皮不光具备采光和透明的基本功能，而是进一步演化成为一种现代技术的象征；一种具有纯净的审美标准的精神化要素。[②]

6.2.4.4　膜结构表皮

膜材料在机械强度、透光度、耐用性、阻燃性、隔热和声学性质，以及美观性方面，很好地符合了当代建筑表皮的使用要求。新型膜材料包括特氟龙（Teflon）、聚氯乙烯（PVC）、四氟乙烯（ETFE）、聚四氟乙烯（PTFE）、含氟三元共聚物（THV）等，现代高分子材料技术使膜材料在强度、阻燃、隔

---

① 经过光学设计和结构处理，具备反射和投影功能的新型玻璃表皮能捕捉和演绎建筑周边的环境元素。弗兰克·盖里设计的纽约第11大道100号大厦外形简单，却有着光彩夺目的表皮。1647块形状、大小、朝向、颜色、透明度各不相同的玻璃构成特殊的幕墙。由于所有玻璃的反射情况不同，从任何一个角度观察都能感受到宝石切面一般的明亮光泽。视线移动时，周边环境的景象在变化的光影中不断隐现闪动。
② 晁志鹏. 玻璃表皮在建筑中的发展与变化[J]. 青岛理工大学学报，2007，28（3）：42-45.

Cognitive Approach and Construction Method
of Modern Architectural Skin

热、透光、自洁、抗老化等方面具有优越性能。ETFE膜是含氟聚合物在液态下被挤成0.05毫米到0.25毫米厚时所形成的树脂薄膜。它在20世纪70年代被用于温室，是适用于大跨度建筑并可直接暴露于室外的膜材料。号称"软玻璃"的ETFE膜机械强度高，耐腐蚀、延展性大，加工性能好，不易撕裂，具有抗黏着的光滑表面，便于雨水冲刷灰尘。它具有良好的透光性（最大透光率为95%），防火等级为一级（可耐700℃高温），使用寿命在25到35年间，可以循环利用。它还可以通过遮光涂层控制光传输，限制太阳能吸收水平。许多大型建筑用ETFE气囊代替玻璃幕墙建造更为便利、经济、安全的轻型表皮。

国家体育场"鸟巢"填充顶部结构的膜分为内外两层，外层为ETFE膜，内层为PTFE膜。形状各异的ETFE张拉在主桁架上弦与顶面次结构之间，每块面积从5平方米到250平方米不等，面积总和在4万平方米左右。顶部的ETFE膜被印上银色的圆点图案，使它反射一部分阳光，更好地起到隔热作用。PTFE膜是微孔疏水性材料，它耐高温、抗腐蚀、防结露，不易老化，具有良好的透气性和防水性。PTFE膜呈半透明，在弱化钢结构阴影的同时使光线形成柔和均匀的漫反射。它还在鸟巢顶盖底部充当吸音膜，被称为"PTFE声学吊顶"，有效降低噪声，优化场馆的声学环境。

索膜结构的建筑形式约有50年历史，在近30年中迅速推广。索膜结构建筑的重量可降到普通建筑的数十分之一，其材料和构件的工业化程度高，易于生产、安装和更新，具有轻质、防火、安全、不易老化、节能环保的优点，它能根据场地和功能需要灵活变化结构。其充满张力、动感和时代气息的造型十分适合于体育馆、博览会等标志性公共建筑（图6-69）。膜通过悬索或网格的张拉传递压力和生成几何形状，用于张拉膜结构的线缆——多股钢索扭成的螺旋形高强度钢缆或轻型环氧树脂高强复合线缆通过钢套管连接其他构件，张拉线缆形成的膜的边缘或转折决定着表皮的形态。Teflon、PVC张拉膜表面光滑致密，不易渗透灰尘和污渍，可以通过雨水冲刷有效自洁，能防紫外线，具有很好的透光性。它在白天向室内导入柔和均匀的漫射光线，晚间利用室内灯光使建筑通体发亮。

图6-69　双威剧场索膜结构表皮
Fig.6-69　Sunway Theatre's cable
membrane epidermis

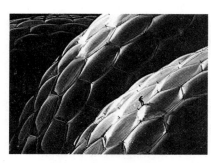

图6-70　"伊甸园"植物围场的充气膜表皮
Fig.6-70　Inflatable membrane skin of Eden plant paddock

1970年大阪世博会展示了充气膜对于当代建筑的意义。大卫·盖格（David Geiger）设计的美国馆和川口卫设计的富士馆证明了用充气膜结构建造永久性建筑的可行性，开启了一种全新的建筑模式。有学者甚至将大阪世博会的充气膜建筑与1851年伦敦博览会"水晶宫"和1889年巴黎博览会埃菲尔铁塔相提并论，认为它可以成为适合现代社会的"最美也是最经济的建筑形式"。膜结构建筑和传统建筑区别很大，由于受力情况复杂，设计施工精度要求高，需借助CAD、CAM计算机辅助设计与制造才能建成。不仅边缘形状和内部结构需事先通过程序计算，而且网格元件刚度、网状节点变形、热负荷、动态风荷载等各种参数也需用软件进行分析。充气膜结构建筑还需一整套支持维护系统：融雪热气系统及时融化积雪，减轻其顶部荷载；空气压缩控制系统自动调节薄膜腔体内的空气压力，保持其正常形态；低辐射涂层和多层气囊结构提升膜表皮的保温隔热效果，能使u值降到1W/mK左右。由格雷姆肖与合伙人事务所（Nicholas Grimshaw &Partners）设计的"伊甸园"利用了一个60米深的陶土矿坑，通过8个互相连接的ETFE膜圆顶围合成总面积为23000平方米的大温室。[①]穹顶为轻钢结构，覆面材料为轻质透明的ETFE膨胀膜。ETFE膨胀膜构建了一个坚固、轻型、抗静电、适合内部植物生长需要的、可循环复用的表皮组织。体形各异的圆顶紧贴地面，透明、光洁的表面和富于有机特征的造型使人联想到肥皂泡或生物体（图6-70）。

6.2.4.5　亚克力表皮

　　杜邦公司在1967推出的亚克力材料"可丽耐"，拥有致密、无孔的表面，强

---

① "伊甸园"于2001年在英国康沃尔农村圣奥斯特尔建成，是"全球生物多样性千年计划"中的一个项目，也是世界上最大的植物围场。由于配备了气候控制系统，世界各地的植物均可在此落户。多个适合不同生物群落生长的巨型透明"胶囊"相互连接成壮丽的人造景观。最大跨度达100米。直径5米到11米的六边形钢模块在地面预先装配，铸钢连接件栓接相邻单元并沟通内外两层六边形钢模块组成圆顶结构。透明的ETFE膨胀膜向室内引入充足的自然光线，其重量只有普通玻璃的1%。

度高且便于切割、铣削、研磨、喷砂、压光等加工处理。由于不易受细菌和灰尘污染，使用寿命长，无毒无害，亚克力首先被用于室内装饰、家具和商店标识。随着承重、阻燃、自洁、抗老化等性能的改良，设计师将它应用于建筑外立面，以取得平滑细腻、颜色亮丽且易于维护的无缝表皮。建筑师Atelier King Kong采用白色可丽耐，设计建造了波尔多Seeko'o酒店主立面，这身亮丽时装使Seeko'o酒店在历史街区和古典建筑背景中显得尤为突出（图6-71）。

图6-71　Seeko'o酒店亚克力立面
Fig.6-71　Acrylic facade of Seeko 'O Hotel

　　上海世博会英国馆别出心裁的外观来源于其特殊的亚克力表皮材料。希思瑞克将含有植物种子的6万根透明亚克力杆聚集在一起包裹出一个"种子的殿堂"，这层表皮不但形态奇特，而且体现节能环保理念。透明亚克力杆件可以将白天的自然光转换为太阳能储存，同时将自然光引入室内，在建筑内部形成繁星闪烁一般的装饰照明效果。到了夜晚，室内灯光通过透明亚克力杆传出，在其外部末梢形成光点，并由计算机程序控制丰富的光色变化。光点跟着富有弹性的亚克力杆件随风起舞，通体发光的表皮赋予建筑摇曳多姿的奇妙外观（图6-72）。

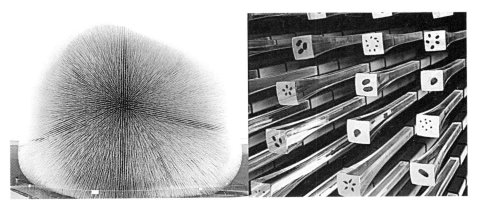

图6-72　上海世博会英国馆及其表层的亚克力杆件
Fig.6-72　UK Pavilion at the Shanghai World Expo and the external acrylic rods

6.2.4.6　媒体化表皮

基于现代传媒技术的发展和经济全球化的影响，传媒文化的多元互动性空前凸显，它构筑了一种新生的文化氛围，成就了一种新型的文化环境，也为人们塑造了一种全新的生活方式。①具有媒体化特征的建筑表皮在现代传播技术问世之前早已出现。阳光透过中世纪教堂的彩色玻璃窗形成绚丽图案，形成极具视觉效应的背投影立面。从传播角度看，它与把电子屏幕作为建筑组件置入外墙的实质是一样的，现代意义上的媒体化表皮是将通信植入表皮构架。1971年，伦佐·皮阿诺和理查德·罗杰斯为法国蓬皮杜艺术文化中心的建筑立面设计了一个计划用于播报新闻的巨大电子屏幕。普格里西（Luig Prestinenza Puglisi）在《超级建筑——空间电子时代》中指出，蓬皮杜艺术文化中心将是首个具有信息交互特征的公共空间。在LED发光二极管屏幕问世以前，纽约时代广场和东京银座的建筑物用大尺寸电视机组成大屏幕。詹姆斯·P·米切尔和阿纳海姆于20世纪80年代后期研发出发光二极管显示器和LED电视屏幕。在LED平板显示器获得美国行业协会和政府部门认证后不久，A LCD液晶显示器技术问世。20世纪90年，能够完整呈现RGB色彩的高亮度LED显示屏趋于成熟，成为适于当代建筑物和公共空间使用的、低成本、高效率的信息媒材。这种材料不但能制成独立的户外标志和显像看板，而且能与建筑立面融合成连续的媒体化表皮。

不断的变化对建筑立面所产生的强烈效果是城市魅力产生的主要原因。②日本建筑师伊东丰雄的作品"风之塔"（Tower of Winds）是横滨火车站附近环形岛中央的一道靓丽景观，它既是楼房水箱，又是横滨火车站地下购物中心的通风设施。"风之塔"高21米，外部覆盖镜面材料，被包裹在一个椭圆形铝制圆柱体内。白天，外层铝制网板概括地反映出金属质感的简朴外表；夜间，位于两层表皮之间的泛光灯使这座塔变成一个巨型万花筒。"风之塔"包含1280个迷你灯、12个垂直排列的白色霓虹灯环、30个由电脑控制的泛光灯（24个在内部，其他在外部），程控照明系统将活跃的媒体属性赋予具有特殊光反射能力的金属表皮，这些照明装置在一天中的各个时间点形成不同的灯光模式，噪声、风速、风向等环境要素的变化会影响泛光灯的亮度。"风之塔"在日落后隐去其建筑实体，变成了光的舞蹈。媒体化表皮使"风之塔"突破建筑的凝固

---

① 蒋晓丽. 奇观与全景——传媒文化新论[M]. 北京：中国社会科学出版社，2010：312.
② 赫尔佐格，克里普纳. 立面构造手册[M]. 袁海贝贝译. 大连：大连理工大学出版社，2006：5.

形式，如生命体一般在流动的时空中与环境产生互动。随着泛光灯亮度和色彩的变化，外层穿孔铝板在视觉中不再静止，犹如薄纱一般在塔身周围轻盈飘舞（图6-73、图6-74）。

右侧标注（自上而下）：
包以抛光亚克力覆层的混凝土墙体
白色霓虹灯环
白天显现，夜间消失的外层穿孔铝板
固定件将外部表层连接在中心结构上
支撑灯环的钢柱
用于附着迷你灯的圆环

图6-73 "风之塔"
Fig.6-73 Tower of Winds

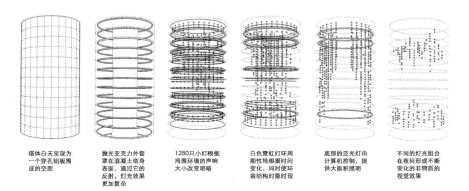

塔体白天呈现为一个穿孔铝板围成的空腔

抛光亚克力外套罩在混凝土塔身表面，通过它的反射，灯光效果更加复杂

1280只小灯根据周围环境的声响大小改变明暗

白色霓虹灯环周期性地根据时间变化，同时使环装结构时隐时现

底部的泛光灯由计算机控制，提供大面积照明

不同的灯光组合在夜间形成不断变化的非物质的视觉效果

图6-74 "风之塔"表皮构造
Fig.6-74 Epidermal structure of Tower of Winds

伴随着传播技术的巨大进步，各种媒介形式层出不穷，不同的媒介形式通过竞争与革新发挥各自的技术特长和传播特点。媒体化立面包含复杂的技术成分，不同的技术逻辑造成了其基本功能的差异。①媒体化表皮因材料和技术差

---

① M.Hank Haeusler, Media Facades, History, Technology, Content[M]. Ludwigsburg: GmbH, 2009: 14.

Cognitive Approach and Construction Method
of Modern Architectural Skin

异形成两大类型：机械媒体表皮和电子媒体表皮。两者的共性是具有应变能力和交互性。除了呈现虚拟图文的电子媒介，各种包含动力设备和控制系统的机械装置也能成为媒体化的表皮构件，机械媒体表皮通过动力的控制改变构件在表皮界面的姿态。由WHITE void交互艺术设计机构设计的"张开式立面"（FLARE facade）是一种借助气泵的驱动改变立面外观的机械表皮，可动的模块是一系列由气泵单独控制的金属的"张开单元"。它们实现了表皮与环境的交互，就如一层具有生命和反应能力的皮肤。通过转动每个金属模块，控制其反射光线的角度，这一系统在表皮界面创造出动态的"立体像素"和丰富的明暗变化。计算机处理传感器从环境中收集到的信息并控制整个系统，使动态的表皮服务于信息交流。与虚拟影像相比，实物更具有真实感和吸引力。"张开式立面"赋予表皮不断变化的三维特征和新奇的视觉体验，突破了媒体化表皮虚拟化、平面化、图像化的一般模式（图6-75）。类似的例子还包括阿拉伯文化中心装有复杂传动装置的金属快门立面。

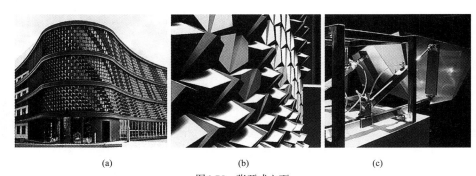

(a)	(b)	(c)

图6-75　张开式立面
（a）应用案例　　（b）立面细节　　（c）控制机制
Fig.6-75　FLARE facade
(a) Application　　(b) Facade detail　　(c) Control mechanism

　　无论建筑师和艺术家自觉与否，今天的建筑和艺术作品已经是大众传媒的组成部分。[1]蓬皮杜中心开创了在建筑表皮中嵌入电子媒体的思路；"风之塔"通过电子组件在表皮界面营造出全新的视觉体验。随着电子媒材的发展，LED大型显示屏、射灯、泛光灯、洗墙灯、投影机使建筑表皮成为满足景观社

---

① 何智勤，郑志. 浅谈建筑表皮图像化[J]. 福建建筑，2012，166（4）：22-24.

会视觉消费的绝佳载体。由于成本和
技术原因，电子媒体表皮应用更为广
泛。目前的电子媒体表皮主要通过三
条技术途径在表皮界面传输光色和图
像：投影技术（如激光投影机）、照明
技术（如荧光灯、卤素灯）和显像技
术（如LED屏、TFT液晶等离子屏）。
功能各异的新型投影膜被不断开发，
极大提升了投影技术的成像效果和视
觉表现力。采用SI光学技术和溅射涂
层的镜面投影膜、采用抗紫外线和红
外线特殊复合材料代替喷镀层的魔镜

图6-76　超薄透明的全息投影膜
Fig.6-76　Ultrathin and transparent
film used in front-projected
holographic display

投影膜、采用纳米光学组件的灰色投影膜和幻影成像膜均能呈现逼真、细腻
的动态影像。镜面外观的航天感光材料SOB不但兼有近乎100%的透光率和极
高的反射率，而且还能再现逼真的三维立体感和空间纵深感。基于综合衍射图
（hologram）技术的全息投影膜，不但可以在正反两面赋予超薄透明体100%清
晰亮丽的画质，而且能够突破视场角限制，在任何光源条件下呈现动态影像和
提供触控交互（图6-76）。这些新型投影膜目前主要用于橱窗展示、互动展示
和独立展示。可以预计，它们将很快向建筑立面渗透，催生出具备强大视觉表
现力和信息交互功能的新型媒体化表皮。建筑物、广场、交通枢纽需要大量数
字媒体。电子媒体表皮成为现代都市公共领域的交互平台。①媒体化表皮的恰
当运用有助于城市空间视觉信息界面的系统整合。

6.2.4.7　混合材料表皮

借助于现代技术，通过复合与重组，传统表皮材料获得全新的结构功能和
视觉表现。层压技术和新型连接件使跨度和强度原本十分有限的木材合成大型
表皮构件，例如位于日本本州岛乡村的日本大馆圆顶体育馆用两组层压秋田杉
木弧形拱跨垂直相交编织成蛋壳状圆顶结构。层压木构件和半透明氟乙烯树脂
玻璃纤维相结合的轻质表皮围合了面积超过11万平方米的大跨度空间，在田野

---

① M.Hank Haeusler, Media Facades, History, Technology, Content[M]. Ludwigsburg: GmbH, 2009: 6.

和山川背景中建起优美的巨型穹窿（图6-77）。又如坚固的混凝土吊块和柔软的弹性纤维构成特殊混合材料MEMUX，在柔性的结构网中，混凝土的刚性被消解了，成为可在多个维度上产生自由形变的帘幕。与一般的混凝土墙相比，它能适度阻隔光线和风，调节热量，但不会对声波传递产生明显影响。无论在何种光线下，它都具有脉络清晰的骨架和微妙起伏的构成肌理（图6-78）。

　　薄型石材复合板以3～12毫米厚的石材层和约20毫米厚的增强板相互粘接复合而成，较薄的石材层可以降低石料消耗，减少板材重量。以铝塑板、硅钙板、胶合板、蜂窝铝板、浸渍树脂纸板为原材料的增强板能有效弥补石材天然瑕疵带来的强度缺陷，使其显露自然纹理的同时保证板材的牢度。与天然石板相比，石材复合板具有轻质、抗折、低成本和易施工的优点，成为迅速普及的新型幕墙材料。经过精细加工的石材和玻璃能复合成富于表现力的新颖材料。日本东京LVMN大厦是路易威登在日本的专卖店和办公机构，9层高的沿街立面交替排列着中间夹有天然巴基斯坦玛瑙石的夹层玻璃和PET覆膜玻璃，覆膜玻璃的面积大约为夹层玻璃的二分之一，PET膜上印有与天然玛瑙石相仿的图案。通过天然材料和人造材料的结合，有着精致金属框架的玻璃幕墙显出宝石一般的质感和色泽。具有光线折射作用的玛瑙被切割成0.15英寸、1.18英寸和3英寸三种厚度以呈现不同的透明度，在透明性和图案肌理上有着微妙差异的两种玻璃面板构成了通透、轻盈的连续表皮。室内地板也大胆使用了这种由石头和玻璃构成的复合材料，使这座时尚建筑看起来更像半透明的发光石盒。当建筑物被贴上品牌的标签，建筑师便无法回避商业诉求，LVMN大厦用新型混合表皮材料在建筑立面营造出品牌所希望呈现的靓丽外表和优雅气质（图6-79）。

图6-77　大馆JUKAI圆顶公园　　　图6-78　混凝土帘　　　图6-79　东京LVMN大厦
Fig.6-77　ODATE JUKAI DOME　　　　　MEMUX　　　Fig.6-79　LVMN building,
　　　　　PARK　　　　　　Fig.6-78 Concretecurtain　　　　　Tokyo
　　　　　　　　　　　　　named MEMUX

6.2.4.8　表皮材料的多元化

当代建筑表皮的材料语言逐渐走向多元和开放，材料多元化是审美多样化的物质基础，也是现代社会审美形态发展的必然趋势。德国当代艺术家博伊斯和意大利"贫困艺术小组"在艺术领域对超常规材料的探索，启发了以赫尔佐格和德梅隆和卒姆托为代表的瑞士学派，以及托马斯·希什维克、伊东丰雄、坂茂等先锋建筑师对建筑表皮材料的敏感性。从20世纪80年代开始，他们通过对材料的特殊关注使当代建筑表皮走出一条新的建构之路。尽管表皮建构不可能像艺术创作那样自由，但这些建筑师不断尝试超越常规的材料表现和多元搭配，使表皮语言不断推陈出新。

各种工业制品、日常物件甚至废弃物等传统意义上的非建筑材料，经过巧妙构思能形成个性化、风格化的表皮语言。随着"可适性"建筑概念日益普及，在非住宅建筑方面，以"灵活性"原则设计的商业性建筑对表皮材料的选用趋于开放。这类建筑似乎淡化了建筑与土地的所有权：建筑可被视作独立于其临时所占土地的装置而不是固定不变的地产。开放建筑的各个部分具有不同程度的"灵活性"和"可适性"：基础设施相对稳定，建筑框架比较固定但也可以更换，建筑表层取材独特且易于修改。圣地亚哥·西鲁赫达在马德里设计建造的"城市处方"项目是一处临时性的工作场所，建筑结构由临时稳定立面和挡土墙的标准构件组成，用于浇筑混凝土排水沟的塑料模具被用来制造立面。特殊的表皮材料显示，该建筑的目的并非占有土地，而只是对它进行暂时性的使用。塑料模具转化而来的可适性表皮表现出临时性、过程性、个性化和大众化色彩（图6-80）。

在瑞士交通博物馆综合楼和公路交通馆立面中，设计师用契合建筑主题的实物符号完成了表皮的个性化建构。综合接待楼立面就像巨大的透明玻璃橱窗：各种式样的车轮、轮毂、齿轮、涡轮、方向盘等圆形机械部件组成一面气势浩大的展示墙。金属机件悬挂于立面绝缘层上，一些在阳光下闪亮，一些能旋转，外部遮以玻璃幕墙。通过机件的植入，建筑师用表皮传达了交通工具

图6-80　"城市处方"临时建筑的塑料模具立面
Fig.6-80　Plastic mold facade of a temporary construction named Urban Prescription

图6-81　瑞士交通博物馆新接待楼
Fig.6-81　The new entrance building of the
Swiss Transport Museum

图6-82　瑞士交通博物馆公路交通馆
Fig.6-82　The Road Transport Hall of the
Swiss Transport Museum

的运动本质（图6-81）。公路交通馆共两层，建筑形式类似车库。除了内部的自动泊车系统，建筑表皮也突出了公路交通的主题。立面没有采用常规金属板型材，也未按最初方案使用汽车金属外壳，而是将大量形状和色彩各异的交通信息指示牌拼装在一起——说明符号、警示符号、禁止符号、地名符号唤醒游客参与交通的过往体验。这些标牌还显示了许多由公路网连接的地点，游客或许可以从中找到自己的家乡和曾经的旅行线路。标牌拼成的表皮以特殊的方式象征了公路交通主题，唤起与之相关的交通经验。它把与建筑主题相关的日常现象浓缩为一种符号，引发人们对交通活动的深思。在另一立面中，交通标牌背面朝外安装。这样的设置描述了公路交通中的另一种真实体验——除了看到印有信息的正面，人们还时常看到来车道标牌未经处理的反面（图6-82）。和钢铁、混凝土、砖石等传统建材相比，合金、塑料、纸等材料与建筑的距离显得相对遥远。然而在科技高度发达和文化日益多元的今天，应用这些非传统建材的新颖表皮已赫然展现在我们面前。

　　纸在东方木构建筑的室内空间中常被用做隔断材料。日本建筑师坂茂挖掘了纸的材料特性，将之应用于建筑的表皮构造。他在法国勃艮第运河演出中心博物馆船库顶面，使用了有压铸模铝质连接构件、木质榫钉、聚碳酸酯压型镶板等多种材料组成的纸管结构轻型表皮。另一作品"纸房"建造于山梨县山中湖附近，是日本第一个利用可回收纸管作为永久性立面材料的建筑项目。110根直径280毫米，高2.7米的纸管呈"S"形排列，主体建在10米见方的平台上。80根纸管围合的较大的环形空间构成一个能够从其敞开部位眺望周围森林的大型开放居室。较小的环形空间用作盥洗室，其立面与居室立面以方向相反的两段弧线平滑相接（图6-15）。坂茂还用纸材结构设计建造过小田原节的主会场和阪神地震难民的纸教堂、纸木屋。当代建筑师利用大量非正式的、临时性的、轻质的材料探索新颖的表皮语言。不定型、多元化的表皮材料使建筑形态不再拘泥于永恒、稳定、优雅等传统审美范式。非常规材料表现潜能的发挥能带来全新的视觉认知和心理体验，从而丰富建筑表皮的文化属性。它所带来的认知体验和文化气息是偏向直觉、感性的，以日本建筑师伊东丰雄提出的"轻盈"、"临时性"、"短暂性"为特质。

6.3　表皮的图形演绎

现代建筑被柯林·罗指责为"失去了脸面"和缺乏人文主义。后工业时代的社会形态、生活方式以及思想领域的变革使人们对建筑提出多元化的价值诉求。建筑设计开始采用历史元素、装饰和图像，因为这些信息携带着文化意义，促进建筑与普通大众之间的交流。建筑表皮经历了现代主义、后现代主义一系列发展之后逐渐获得了独立。表皮语言不再受制于建筑结构，环境条件对表皮形态的影响也极易用技术手段克服。从建筑结构和所处环境的双重束缚中完全解脱后，表皮的形式感不断加强，设计语言转向感性的图式表达，呈现出"图形化"的趋势。进入20世纪，审美活动与现实活动之间的距离进一步被消解。[①]表皮"图形化"的深层原因是大众审美意识的觉醒和读图时代视觉传播的强化。经由后现代主义和波普等一系列艺术领域的观念革新，艺术已走下神殿进入普通大众的生活、消费和娱乐。社会经济和文化的发展使人更加注重精神上的追求。产品、道具、环境均需通过显在形象传达审美体验和情感诉求。建筑同样要有一个符合大众审美需求的外表。表皮成为建筑的包装，它需要通过图形语言的感染力赋予建筑独特的体验魅力。传统阅读模式已不适合"读图时代"信息过剩的传播环境。看图是直觉的、快感的和当下的。[②]在媒体高度发达的信息社会，人们接受信息的方式已经改变。在现今通行全球的将眼目作为最重要的感觉器官的文明中，当各类社会集体尝试用文化感知和回忆进行自我认同时，图像已成为开启认知世界的"钥匙"。[③]直接观看图像不仅在信息摄入的效率上具有优势，而且能获得生动的认知体验。在信息走向表象化的过程中，建筑表露出大众传媒的某些特征：人们不再深究建筑的内在含义和空间

① 潘知常. 美学的边缘[M]. 上海：上海人民出版社，1998：339.
② 周宪. 视觉文化的转向[M]. 北京：北京大学出版社，2008：9.
③ 肖伟胜. 视觉文化与图像意识研究[M]. 北京：北京大学出版社，2011：16-17.

结构，而把注意力放在捕捉和体验外在的视觉印象上。图片日益成为媒介的主导。这更有利于展现建筑的表皮而非其功能空间。[①]表皮界面的图形语言成为认知和体验建筑的主要线索，功利性的商业运作加剧了建筑表皮的"图形化"趋势。"图形化"的表皮很容易被赋予某种诱惑性风格或功利性象征，成为驱动大众消费的运作手段。在商业运作中，它所承载的附加价值大大超过了建筑的实体部分。

人性化的建筑需要提供完整的身心体验，关注认知主体的价值认同和情感归属。诗意栖居、审美消费等观念使建筑的观感品质与精神内涵越来越受关注。图形能够利用形式的感染力唤起审美意象，强化建筑表皮的视觉认知。相比于材料语言和造型语言，图形更适合于审美立场和文化观念的直观表达。随着信息传播的强化和环境认知需求的提高，当代设计师普遍地通过各种技术手段在建筑表皮中施加图形元素。"图形化"表皮在各类建筑中担负起主题展示、信息交互、形象识别、品牌传播、商业宣传、环境美化和氛围渲染等职能。

6.3.1   符号象征

建筑表皮是由众多语言要素构成的信息界面，信息需要通过符号化才能得以传达。因为具有直观、可感的特征，图形符号的能指形式与所指意义之间易于建立联系，具有认知和传播上的优势。表皮界面存在大量以形状、材质、色彩等抽象元素构成的外界依存型符号，也存在许多由意义明确的象征图形构成的自立型符号。这些象征符号通常是大众十分熟悉的具象造型、传统构件或包括文字在内的特指符号，例如在中国古典建筑的外檐装修中，万字纹多用于栏杆槅条，它沿纵横方向连续展开，形成绵延不断的"万字锦"图案，取意"富贵不断头"。全球化浪潮带来的风格趋同使建筑的民族性、地域性等文化特征日益丧失。作为对情感缺失和审美疲劳的回应，后现代主义以来，越来越多的设计师开始注重对历史文脉和多元文化的表达，肯定隐喻和象征，充分利用符号化的表皮建构传达建筑的精神内涵。

20世纪60年代兴起的波普运动，将大众化、流行化的视觉符号带入建筑、产品、服饰等领域。建筑形象参与到充满视觉刺激和语言游戏的后现代场景

---

① 陈志毅. 表皮在解构中觉醒[J]. 建筑师，2004，110（8）：16-19.

Cognitive Approach and Construction Method of Modern Architectural Skin

中，例如饱含传统文化意蕴的古典柱式通常在建筑立面中表达历史情怀。但在后现代这场反映城市中产阶级流行趣味和反叛意识的文化变革中，柱式已突破严肃、经典的传统形式而演化为一种具有活泼姿态甚至戏谑表情的流行符号。日本建筑师隈研吾设计的马自达公司办公大楼，是通过柱式符号对古典建筑语汇进行后现代演绎的典型案例。这栋建筑将各中历史风格混杂在一起，就像是一个堆积着不同时期建筑构件的巨大废墟。柱式的身份在这里发生了转换：它从古典建筑立面的功能构件演变为图形化、符号化的表皮构造。超尺度的体量与戏剧性的身份转换制造出视觉冲击和心理悬念。在多释义的后现代语境中，蕴含久远历史的爱奥尼亚柱式

图6-83　马自达公司办公大楼
Fig.6-83　Mazda office building

图6-84　上海世博会韩国馆
Fig.6-84　Korea Pavilion at the Shanghai World Expo

成为在表皮界面营造大众情趣的象征符号（图6-83）。

　　表皮界面的图形符号可对建筑的文化内涵和地域传统作出象征性表达。2010年上海世博会中国国家馆以斗栱形态作为象征符号，传达了丰富、深刻的精神内涵。厚重的巨柱从中央拔地而起，华美的构件沿四周层层出挑。24根方形钢筋混凝土柱从4个混凝土筒体的外立面斜向张开形成一个倒置的梯台。对称的表皮构造包含中庸思想，56根横梁层层叠加象征多民族团结。这个完全由现代材料和结构技术打造的"东方之冠"，通过最具传统特色的建筑符号——斗栱图形（仅仅是图形，而非真实结构），象征了博大精深的中华文化。上海世博会韩国馆则以造型独特的文字符号作为象征，清晰传达其民族文化特色。凹凸有致的文字浮雕和彩色像素文字图案布满所有立面，展馆的总体造型犹如从韩文符号引申出的形态奇异的立体构成。无论远近，文字符号的意象在表皮界面都显得十分强烈（图6-84）。符号象征所要达到的目的是使体验者从建筑

表皮的图形语言中发现一种似曾相识的信息，而这一信息所采取的信文形式又是陌生的。体验者通过发现这种似曾相识、同时又陌生的建筑语汇完成对建筑的解读。^①

6.3.2　表面装饰

从原始洞窟岩画开始，人类就用图形装饰美化环境。由彩绘、雕塑、大理石与马赛克拼贴镶嵌等手法形成的平面或立体的图形装饰，大量应用于西方古典建筑的立面、地面和穹顶。巴洛克建筑继承并发展了文艺复兴和中世纪的装饰手法，雕刻、绘画、工艺美术与建筑立面完美结合，建筑外立面的图形装饰达到高峰。在随后的新古典主义风格、浪漫主义风格、工艺美术运动、新艺术运动风格的建筑立面中，装饰语言均得到不同程度的发扬。

在功能至上教条的影响下，立面装饰曾受到现代主义思潮的排斥和抑制。后现代建筑拼贴历史词汇与组合象征符号的手法中包含着装饰的精神。20世纪六七十年代，装饰性的图形和字体以巨大的体量出现在建筑物表面，形成"超图形设计"（Super Graphic Design）建筑装饰风格。装饰图形设计与建筑外观设计开始出现方法上的交叉和语言上的融合。后现代建筑设计师查尔斯·摩尔和图形设计师巴巴拉·所罗门合作，将抽象的几何装饰图形和强烈的色彩融入建筑表皮。除了美化以外，装饰图形还具备表达空间内涵和营造环境氛围的功能。富于表面装饰的建筑表皮适合于当代的多元文化语境和大众审美需求。

古埃及的立面装饰浓重、饱满；哥特式教堂的立面装饰与墙体构造完美融合；文艺复兴时期的立面装饰注重人文内涵。从巴洛克建筑开始，表皮装饰走向华丽和奔放。展现自然生机的装饰图形则大量出现在新艺术运动时期的建筑立面中。马加里卡住宅的浅色陶砖立面上绘有充满流动感的非对称花卉图案，自然的构图、活泼的色彩和灵动的造型既延续了传统审美习惯，又展现出区别于古典模式的清新风格（图6-85）。现代主义运动之前，森佩尔的助手威尔士曼·欧文·琼斯（Welshman Owen Jones）对阿尔罕布拉宫的装饰展开研究，于1836年和1865年先后出版《阿尔罕布拉宫的平面、立面、剖面与细部》（Plans, Elevationa, Sections and Details of Alhambra）和《装饰的法则》（The Grammar of

---

① 纪峥. 建筑的非象征性意义表达[J]. 建筑学报，2006（5）：39-42.

Cognitive Approach and Construction Method of Modern Architectural Skin

Ornament)。通过对伊斯兰、印度等非欧文明装饰现象的描绘和分析，琼斯开启了装饰的跨文化研究。受其观念影响，弗兰克·傅尼斯（Frank Furness）和沙利文开始大胆采用色彩斑斓的表皮装饰，宾夕法尼亚美术学院的立面装饰反映了傅尼斯颇具东方色彩的哥特建筑思想（图6-86）。职业生涯晚期，沙利文将从自然形式中抽象出来的图案在美国中西部地区一系列银行建筑的表皮装饰中发挥到极致，建筑立面几乎全部被色彩丰富、质地粗糙的压制面砖覆盖。这种设计手法没有让装饰显得肤浅，相反让它成为立面整体的一个有机组成部分。[①]沙利文在1924年出版的著作《一种建立在人类力量哲学基础之上的建筑装饰体系》（A System of Architectural Ornament According with a Philosophy of Man's Powers）中，深入阐述和继续发展了琼斯的装饰思想。其方法是通过一系列形态学和几何学变异，将芽孢分解为可以用方、圆、三角等简单元素来构造的有机形式，再将这些基本形式转化为复杂的无机多面体，最终演变出诸如沙利文1904年完成的施莱辛格——迈耶商店沿街立面底部出现的漩涡状花饰（图6-87）。

图6-85 马加里卡住宅立面装饰
Fig.6-85 Facade decoration of Majialika house

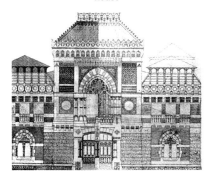

图6-86 宾夕法尼亚美术学院立面装饰
Fig.6-86 Facade decoration onthe building of Academy of Fine Arts in Pennsylvania

刺激视觉快感和营造愉悦体验的功能在后现代风格的表皮装饰中得到充分体现。在后现代风格与波普思潮的影响下，产品、服装中普遍糅入反映流行文化的装饰元素，许多当代建筑也随之过渡到更具观赏性和装饰性的、轻松活泼的

---

① 克里斯丁·史蒂西. 建筑表皮[M]. 贾子光译. 大连：大连理工大学出版社，2008：12.

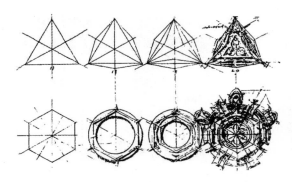

图6-87　漩涡状花饰的演变

Fig.6-87　Evolution of whirlpool pattern

风格上来。大众化的、轻松活泼的装饰手法更具人性化和情感色彩，它使建筑表皮成为营造娱乐体验的活跃舞台。由于更多考虑迎合普通人的喜好，表皮装饰往往采取易于理解和具有鲜明视觉特征的形式。以中产阶级为主体的城市人群，在消费和审美方面提出享乐化和个性化的需求。当部分后现代的设计语言成为制造时尚的工具时，它便极其自然地与商业娱乐世界结成联姻。[①]格雷夫斯通过建筑外表的装饰使迪士尼天鹅旅馆拥有亲切愉快的表情。略带弧线的顶部设置了一对巨型天鹅雕塑，主楼前面的两栋副楼则以贝壳雕塑装饰。该建筑位于湖边，主楼和副楼的正立面均饰以卷曲的海浪纹样，其装饰元素不仅生动地传达了主题，还很好地呼应了环境。大楼的屋顶山墙上模拟雅典卫城女像柱设置了白雪公主故事中的7个小矮人。借助于建筑表皮，充满节奏感的装饰图案和富有童趣的装饰雕塑为天鹅饭店营造出迪士尼王国特有的欢快气氛（图6-88）。

　　材料建构可以直接生成装饰性的表皮语言。与后现代的拼贴、再现历史元素的装饰手法不同，当代建筑表皮的装饰语言大多是"非再现"的。森佩尔在19世纪提出"衣饰"理论，认为建筑外表起源于织物艺术。森佩尔颠倒了文艺复兴以来结构与装饰的关系，把构造性的织物看成是空间的组织者，织物作为装饰的源头起初并不是再现性的。建筑表皮的装饰美感可以不依赖于外部元素的添加，而主要来源于自身的材料建构和工艺手段。Masahiro Harada+Mao/Mount Fuji Architects Studio作品"东京樱住宅"的立面由厚度为3毫米的冲孔

① 罗小未. 外国近现代建筑史[M]. 北京：中国建筑工业出版社，2004：347-348.

图6-88　迪士尼天鹅与海豚旅馆
Fig.6-88　Walt Disney World Swan and Dolphin

钢板建成，钢板上布满
樱花形状的孔隙，具有
日本传统图案的装饰风
格。白色的冲孔钢板表
皮使人仿佛置身于樱花
林中，它一方面将城市
的喧嚣隔离在外，另一
方面以透空的形式建立
内外空间的沟通。夜
晚，细密的孔隙透出星

图6-89　东京樱住宅
Fig.6-89　Sakura house, Tokyo

星点点的光亮，营造出温馨浪漫的气氛（图6-89）。阿拉伯世界文化中心的金
属表皮是材料语言、技术语言、装饰语言完美融合的典范。该建筑的立方体造
型十分简洁，但其金属表皮具有特殊的功能和复杂的结构。表皮分为两层，里
层是透明玻璃幕墙，外层是由27000个铝制金属快门组成的屏障。金属屏障可
以通过自动感应系统和机械传动系统控制快门装置，以孔径的缩放调节光线和
热量的摄入。由于快门式构件能像眼睛虹膜一样开合自如，这栋建筑被誉为

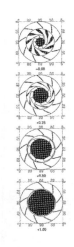

图6-90　阿拉伯世界文化中心金属快门立面

Fig.6-90　Metal shutter façade of Institut de Monde Arabe

"世界之眼"。让·努维尔以精密的机件拼合成规整的几何图形，形成充满马什拉比亚地域风格的细格栅窗花图案，表现了阿拉伯传统文化特色。阿拉伯世界文化中心的金属表皮是装饰语言与技术语言高度融合的典范（图6-90）。

从古罗马的立面美化到巴洛克的戏剧效果；从森佩尔的"衣饰"理论到阿道夫·路斯的反装饰格言，可以看出建筑史中充满了对于表皮装饰的不同观点。森帕认为建筑的外在"衣饰"重于其结构；而路斯认为装饰是一种犯罪行为，指出纹饰在强调理性和效率的现代社会已失去文化意义；罗伯特·文丘里和丹尼斯·斯科特·布朗则谴责沉闷的现代主义风格忽略公众交流和文脉延续，提出建筑外表与其功能、空间、结构分离，表面装饰是建筑表皮的重要职能。然而，语境的转换使继承性的装饰符号很难真正触动公众。面对社会文化和建筑审美的变化，装饰必然在表皮界面勃发生机，前提是通过材料建构和技术手段实现设计语言的创新而不能堆砌已有形式。在表皮建构中善于运用新颖、感性的装饰语言是赫尔佐格和德梅隆等先锋设计师的共同特征。通过全新的表皮装饰，他们将建筑呈现为一种交流行为，传达变动的感知而不是固定的形式。①

---

① Zurcher, Christoph, und Frank, Thomas. Bau und Energie[J]. Leitfaden fur Planung und Praxis, Stuttgart, 1998(6): 15.

6.3.3　肌理图案

作为描述物体表面视觉属性的设计语言，肌理既可以直接来源于材料本身的质感，也可以间接形成于材料的加工方法和组织形式。压制面砖因其显著的肌理效应被沙利文描述为一种织物材料（textile）：经过钢丝线切割，砖的表面形成有趣的肌理，就如毛茸茸的安纳托利亚地毯。[①]现代主义大师赖特的建筑思想中始终贯穿"织理"概念，他这样夸赞织理性的砌块体系：工厂预制的建筑材料就像东方的地毯一样，由某种材料编织成特定的图案，这是一个伟大的创举。[②]赖特认为不具肌理的现浇混凝土表皮不是一种理想的建构形式，理由是这种无特点的塑性材料不但不能表现构件的交接关系，而且表面不具备任何美学品

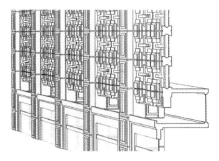

图6-91　富于表面肌理的加筋混凝土砌块立面，米拉德住宅

Fig.6-91　Reinforced concrete block facade with surface texture, Millard house

图6-92　慕尼黑停车场屏障钢表皮的等离子切割

Fig.6-92　Plasma cutting of steel barrier surface of Munich parking lot

质。他说："混凝土是建筑工业的垃圾，但我们可以让它像树木一样充满肌理，以此挖掘它的活力与美丽。"赖特将自己比喻为"织造者"（weaver），他用富于表面肌理的加筋混凝土砌块建造了著名的米拉德住宅，彰显了表皮的"织理"特征（图6-91）。

建构新颖的表皮肌理成为当下建筑创作的一股潮流。玻璃幕墙、金属立面、索膜结构等轻型表皮不受建筑承重结构的束缚，在肌理表现方面自由度很大。Maya、Rhino等强大的计算机软件可以对复杂构造进行精确操控，使表皮获得在传统技术条件下难以企及的肌理效果（图6-92）。弗朗西斯·索勒在法国文化交流部大楼的3个立面最外层应用了激光数字

Cognitive Approach and Construction Method of Modern Architectural Skin

---

① Louis Sullivan. Suggestions in Artistic Brickwork[Z]. Prairie School Review 4 (Second Quarter), 1967: 24.
② Frederick Gutheim. Essays by Frank Lloyd Wright for Architectural Record, 1908—1952[J]. In the Cause of Architecture, 1975 (11): 146.

图6-93　法国文化交流部大楼的激光数字切割金属网片立面

Fig.6-93　Digital laser cutting metal mesh facade of the French Ministry of culture and communication

切割成型的金属网片。建筑师在表皮界面用一种不具明确风格指向的装饰肌理，隐喻文化艺术交流的包容性特征。充满动感的线条构成抽象的肌理图案。自由延展的肌理使人既难以觉察出其构成规律，又能感受到某种潜在秩序。文化交流部大楼处于17世纪的传统石构建筑群中，满布花纹的不锈钢表皮对周边装饰意味浓重的古典建筑作出形式上的呼应。金属网格以一种兼具现代风格和传统特征的陌生肌理营造出建筑的浪漫诗性和审美意象。镂空金属表皮为这一行政机构提供了必要的安全防护，并通过对视线的控制保证了建筑内部空间的私密性。剪纸图案一般的金属表皮笼罩在原本十分寻常的框架结构和玻璃幕墙外部，使建筑显得轻盈、通透。它顺应"文化交流"的建筑主题，体现出沟通、开放的特征。这层表面肌理还决定了室内空间的视觉效应：经过镂空肌理图案的"切割"，日光在楼板和墙面形成富有装饰效果的投影，而室外景物被金属网格分隔成有趣的画面（图6-93）。

建筑材料的发展为表皮的肌理塑造创造了条件。除了砖石、玻璃、混凝土、钢材、木材、陶瓷等传统材料，当代建筑表皮还大胆采用各种合金、塑料、膜、织物、纸等新型材料，不断变化的材料品种和建造工艺使建筑表皮的肌理素材日益丰富。当代建筑表皮的图形应用以建构新意象和创造新体验为目标，借助于不断发展的可视化技术，种种源于新型材料的抽象图案逐渐成为表皮肌理的形式来源。无论是用壳状构造包裹空间，还是在建筑外部蒙上薄纱般的织物，或是在表面雕刻凹凸有致的图案，各种形式的肌理组织对表皮形态均产生关键作用。瑞士再保险总部大楼内含通风系统的双层表皮以斜肋构架和双色玻璃构成螺旋形肌理；东京Prada青山旗舰店立面采用了具有衍射效应的凹凸玻璃面板，含有变形内景的菱形网格肌理使透明表皮发出钻石般的光彩（图6-94）。大都会建筑事务所设计的福冈Nexus屋采用印有石墙纹理的混凝土预制件作为外墙挂板，基于现代技术的框架式立面通过肌理模仿表达了日本传统建筑的意蕴（图6-95）。由挂板、网架、网板、CNC切割片、有色玻璃、砌体、

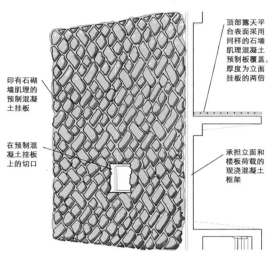

印有石砌墙肌理的预制混凝土挂板

在预制混凝土挂板上的切口

顶部露天平台表面采用同样的石墙肌理混凝土预制板覆盖，厚度为立面挂板的两倍

承担立面和楼板荷载的现浇混凝土框架

图6-94　东京Prada青山旗舰店立面的菱
　　　　形网格肌理

Fig.6-94　Diamond mesh fabric of Prada
　　　　Tokyo Aoyama flagship store's facade

图6-95　福冈Nexus屋的石墙纹理混凝土预制挂板立面
Fig.6-95　Precast concrete slab facade with stone texture,
　　　　Nexus house, Fukuoka

面砖组成的各色抽象图案使当代建筑表皮呈现出多变的肌理，这些肌理对建筑立面和城市环境产生重要影响。

　　表皮肌理不但营造视觉效应，而且蕴含文化信息。安迪·沃霍尔以图形复制和拼贴开启了意义深远的波普艺术形式。赫尔佐格采用了与安迪·沃霍尔如出一辙的手法，把图像作为一种元素，用重复的方法使之转化为建筑表皮的肌理。[1]他和德梅隆通过丝网印刷将图形复制于玻璃、混凝土、金属和石材表面。德国Ebersealde科技学校图书馆立面通过丝网印形成"花纹混凝土表皮"。石材、金属和窗玻璃表面也印有类似的肌理。以历史图片拼成的表皮肌理不但提供了视觉上的秩序和美感，而且隐含着与图书、文献有关的建筑主题和文化信息。每个单元都是一幅单独图形，以此排列而成的肌理在加强建筑外观整体性和秩序感的同时生成了精彩的局部细节，赋予工业建材人性化、艺术化的色彩（图6-96）。表皮中的肌理图案甚至还能成为时尚文化的代言物。时装品牌Miss Sixty的第一家酒店要求建筑外观必须具备两个功

---

① 何智勤，郑志. 浅谈建筑表皮图像化[J]. 福建建筑，2012，166（4）：22-24.

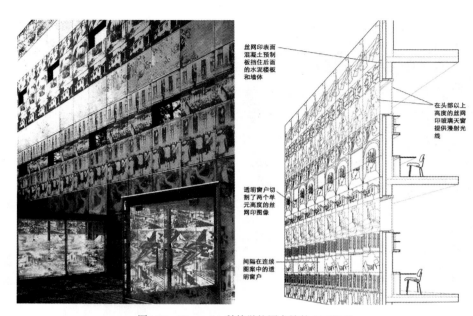

Cognitive Approach and Construction Method
of Modern Architectural Skin

丝网印表面
混凝土预制
板挡住后面
的水泥楼板
和墙体

在头部以上
高度的丝网
印玻璃天窗
提供漫射光
线

透明窗户切
割了两个单
元高度的丝
网印图像

间隔在连续
图案中的透
明窗户

图6-96   Ebersealde科技学校图书馆的立面肌理
Fig.6-96   Facade texture of Ebersealde Technology School Library

能：第一，要像漂亮的广告一样具有吸引路人关注的视觉冲击力；第二，营造轻松、优雅的气质和时尚品位，传达品牌体验。为此，该建筑在面向大海的正立面采用了类似于时装面料的肌理图案，使酒店外观呈现年轻、明朗的流行风格。矩形立面布满方向不一的、排列网格比较隐蔽的椭圆开口作为窗户，构成形似奶酪的有机图形。路人对这一体量巨大、特征清晰的肌理图案和它所传达的时尚表情必然留下深刻印象（图6-97）。瓦勒里欧·奥加提设计的Bardill音乐家工作室位于瑞士格里松省阿尔比斯村庄。借助"母题重复"这一传统家具常用的装饰手法，设计师用圆环花形图案在棕色清水混凝土表面创造了带有抽象特征的表皮肌理，既充分表现了当地手工艺传统和田园风格，又避免了过于具象的模仿和再现。阿尔比斯村的工匠在当地冷杉木做成的60块模板上手工雕刻出150个尺寸不同的花形图案。经过多次浇筑，混凝土表面呈现出550个由花形图案随机排列出的微凸肌理。雕刻图案和冷杉木模板留下的自然纹理将注重手工装饰和材料真实性的传统建造理念融入坚硬的混凝土表皮（图6-98）。

图6-97　Miss Sixty酒店的表皮肌理
Fig.6-97　Skin texture of Miss Sixty Hotel

图6-98　杉木模板形成的表皮肌理，Bardill音乐家工作室
Fig.6-98　Skin texture formed by fir template,Bardill musicians studio

6.3.4　动态图像

在当代社会的各个领域，快速变化的观念正逐步取代稳定的观念。速度告诉人类的不再是朝向目的的运动，而是过程本身。①变化的观念不仅引发了对传统的虚无感，而且刺激着对过程性体验的追求。当代人接受各种转瞬即逝的印象。这些印象从四面八方袭来，犹如无数微粒构成的大雨倾盆而降。②电子文化正在重构着人类的审美观念，激增的媒体产生的大量视觉图像逐渐改变着人们接受信息的方式。数字技术、媒体技术丰富了图形语言的形式风格，并且对它的传达方式产生深刻影响。图形设计突破了平面维度和印刷载体的限制，传播媒介呈现多样化。动态图像更能够吸引视觉注意，刺激视觉快感，满足快速消费的需要。表皮界面的动态图像不但提供高效的视觉传达，而且还能渲染环境氛围。电子表皮能连续显像，具有互动性、虚拟性和多媒体特征，能扩大建筑场所认知中的多维感受。③借助于传播技术的发展，能够呈现动态图形的媒体化表皮成为景象社会中最为活跃的环境要素之一。

针对信息化时代的感知方式，城市公共空间的信息传播以大量闪烁的、多彩的图像为标志。媒体技术和数字技术成为当今建筑表皮设计的热门语汇，发光二极管屏幕上的动态图文信息掩盖了建筑的本来面目，数字终端控制的视频等动态电子图像成为现代都市舞台的主角，表皮媒体化是建筑主动应对当代社

---

① 潘知常. 反美学——在阐释中理解当代审美文化[M]. 上海：学林出版社，1995：204.
② 汪培基. 英国作家论文学[M]. 上海：三联书店，1985：435.
③ 王育林. 轻薄表皮建筑的设计理念及技术分析[J]. 建筑师，2005，116（8）：65-70.

Cognitive Approach and Construction Method of Modern Architectural Skin

会复杂环境要素的重要途径。罗伯特·文丘里在其《向拉斯维加斯学习》一书中指出，广告、霓虹等商业元素反映大众喜好，建筑师要以此建立与大众的沟通，表现大众的兴趣和价值观。以动态图像为主要内容的媒体化表皮使建筑向信息领域积极拓展，从而能够继续活跃于都市繁华场景的前台。宝马汽车博物馆的媒体化表皮通过影像技术与交互技术表演了精彩的"视觉交响"。博物馆外表整面覆盖玻璃板，700万个白色发光二极管位于玻璃板后面，700平方米的连续表皮由此转化为可以呈现动态影像的巨型屏幕。显现于平滑表皮的动态影像使游客完全意识不到技术装置的存在，这些动态图像既包括事先录制的内容，也包括根据实时跟踪游客行为的各种传感器指令所作出的积极互动（图6-99）。

建筑形象的创作无需再刻板地寻求牵强的理性依据，重要的是接受者能否从中体验到愉悦与快感。[①]包含象征符号、局部装饰、肌理图案、动态图像等图形元素的表皮语言，能充分调动对于建筑的感官体验。日益活跃的图形元素可能会消解建筑立面的传统格局，亦或在复制和泛化中继续削弱现代主义的理性原则，但借助于表皮界面的图形演绎，读图时代的建筑语言无疑将在融通图像文化的过程中获得新的生机。

图6-99　宝马汽车博物馆的媒体化表皮
Fig.6-99　The media surface of BMW Museum

---

① 赵前. 图像时代的建筑发展[J]. 山西建筑，2008，34（2）：46-47.

本章小结

海因果希·玻拜恩认为，一旦审美取代实用成为确定工艺产品的标准，那么艺术史研究就将"建构"作为一个审美问题来对待。文化是一个宏大的概念，文化层面的表皮建构主要依托于实体性的符号研究而非宽泛、空疏的文化学讨论。建筑表皮的表现性特质和文化内涵需要依靠特定的视觉形式来展现。无论表皮形态如何复杂，它都由一系列基本的几何形体组合而成。表皮元素基本形通过接触、分离、融合、重叠、透叠、剪切、交叉、重合等形式建立空间关系，生成视觉张力。表皮元素之间的视觉关系符合重复、近似、渐变、突变、发射、密集、对比等构成法则，从点的变异、组合、聚散到线的张力、穿插、流动，再到面的转折、起伏、组合、叠加，构成语言赋予建筑表皮最显著的视觉特征。"摺叠"是一种能够在表皮和环境之间建立平滑关系的全新构成形式。当围绕我们的种种物品、建筑和人为环境在体验和认知层面不断走向异化，平滑的外形和界面可以有效消除技术发展带来的冷漠感和迷失感。

建筑表皮形式和功能的多元化离不开其材料的丰富性。天然材料、烧土制品、近代建材和现代新型建材的选择与处理是表皮建构的关键环节。表皮材料语言可在"创新应用传统建筑材料"、"开发、探索新型表皮材料"和"尝试运用传统意义上的非建筑材料"三个方向上进行拓展，在赋予建筑功能和环境可适性的同时营造丰富的认知体验。追求"材料的真实性表达"成为当代先锋建筑师普遍持有的表皮设计理念。"材料的真实性表达"有两重含义：首先是客观呈现建筑表皮的功能组织，而不是掩盖和屏蔽其真实构造；其次是表现材质本身的美，而不是在其表面附加饰物。顺应读图时代的认知方式，建筑师的关注重点逐渐从功能、空间、结构等本体元素转移到表皮这一更适合于图形化操作的外层界面。借助于符号象征、局部装饰、肌理图案、动态图像等图形语言，表皮可以更有效地对包含于建筑功能及内涵之中的各种社会文化（如地域文化、大众文化、流行文化、传统文化、商业文化、亚文化等）和审美观念作出生动演绎。

结论与展望

本文针对现代建筑表皮认知途径和建构方法的研究得到以下结论：

1. 现代建筑表皮的功能和形态受到生物表皮的启发。现代建筑表皮已发展为"相对独立的表层构造"、"综合性的功能界面"和"表现性的视觉界面"。建筑表皮的符号系统具有特殊的构成要素和传达机制。

2. 建筑表皮视觉认知的复杂性在于认知主体"认知意识"的多元构成。特定的"认知意向"和它所对应的"意向对象"共同构成建筑表皮的认知途径。依照建筑现象学方法推导出的"直观表象"、"建筑样式"、"场所文脉"、"社会景观"四条认知途径对表皮信息的反映是有选择、有针对性的，眼动实验证明了不同途径认知结果的差异。表皮的综合认知体验是多条认知途径共同作用的结果。

3. 提出两个层面的表皮建构方法："营造与技术"层面的建构侧重于"直观表象"和"建筑样式"途径的认知；"视觉与文化"层面的建构侧重于"场所文脉"和"社会景观"途径的认知。

4. 复杂多变的表皮形态借助类型学方法形成分类网架。"面罩"、"显露"、"复合"三种表皮类型通过"演化"、"并置"、"穿插"、"合成"的转换模式生成形态各异的营造样式。现代建筑表皮通过"墙的分解"、"柱的变形"、"立面开口的演化"、"顶面的重构"实现"构成元素的技术转型"。技术层面的建构策略包括"适宜技术"、"高技术"、"生态技术"的合理运用。

5. 将"视觉与文化"层面的建构方法归纳为"构成文法"、"材料表现"、"图形演绎"。现代建筑表皮的"构成文法"包括"点的变异、组合、聚散"、"线的张力、穿插、流动"、"面的转折、起伏、组合、叠加"和"摺叠"；材料的表现手法包括"返璞归真"、"形色变幻"、"自由塑形"和"诗意建构"；图形的演绎手法包括"符号象征"、"表面装饰"、"肌理图案"和"动态图像"。

本文存在的不足和后续研究的可能：

1. 本文在建筑表皮认知研究中虽然强调了认知主体——人的因素，但这只是抽象和一般意义上的人。认知主体身份、年龄、性别、文化等属性可能对建筑表皮的认知结果产生影响。

2．人的"认知意识"是十分复杂的，各认知途径之间的相互作用有待后续研究补充。

3．在本文的建构方法研究中，"视觉"和"文化"是作为同一个层面的诉求来设定的，后续研究可在这两个方向上分别完善。

对建筑表皮相关问题研究的展望：

历史上出现过的所有建筑语言都有其客观成因和构成规律。藤森照信将人类建筑史归纳为6个步骤：第一步全球皆同，都是内立柱子的房屋式样。第二步青铜时代的四大文明使世界各地的建筑逐渐分化。分化在第三步的四大宗教时代最为明显，世界各地的建筑文化百花齐放。但进入第四步大航海时代，由非洲、美洲伊始，各地特有的建筑文化逐渐消亡，世界建筑的多样性开始减退。第五步工业革命后，这种个别性衰退的倾向已经不可阻止地由非洲、美洲蔓延至亚洲诸国。行至第六步，20世纪的现代主义运动让最后的根据地欧洲也丧失了建筑的固有特色，如此世界又归了大同。[①]建筑在经历了第二、三、四、五步的文化、宗教、互融、工业化等外部因素的支配以后，似乎又回归其单纯本质——通过"表皮的围护"建构空间。当代设计师一方面致力于在意识的深层探索新的造型起源，另一方面积极利用空间的围护层——表皮，对建筑功能和造型意识作出表征。诺伯舒兹在其《场所精神：迈向建筑现象学》中指出：建筑发生在空间内部与外部力量的交汇处。作为连接和定义内外空间的界面，建筑表皮日益受到重视。

以现象学理论为指引，当今关于建筑认知和体验的前沿研究已把全部的身体感觉确立为理解建筑的原点。通过身体参与，所有感官综合地感知建筑的意义。《肌肤之目》的作者帕拉斯玛认为，传统的建筑评论和设计思维片面强调了视觉而忽略了人的其他感觉。他的有关"将身体作为知觉、思想和意识中心"的假设，以及感觉在表达、存贮和处理感观反应和思想上的重要性也已经得到肯定。一些秉承现象学思考方式的建筑师通过对身体综合感官体验的挖掘成功地建构出新型表皮。在丹尼尔·里伯斯金、卒姆托、阿尔瓦罗·西扎等建

---

① 藤森照幸. 人类与建筑的历史[M]. 范一琦译. 北京：中信出版社，2012：169.

Cognitive Approach and Construction Method
of Modern Architectural Skin

筑师的作品中，触觉等更具个人化和私密性的感知体验开始在表皮界面显示出与视觉等同的感染力。NOX力图营造"沉浸"的建筑体验，这意味着对建筑的认知不仅要依靠双眼，而且要通过建立多感官、全方位的体验以求得从身体知觉到心理层面的完整融入。本文对表皮认知的研究尚限于视觉范畴。一些前卫的新型表皮所展现出的包括触觉、听觉、味觉等在内的多感观体验模式和交互型体验模式具有更为复杂的认知途径，有待于综合建筑学、人因工学、认知心理学及交互设计理论作进一步探索。

表皮建构能有效提升建筑界面和城市环境的品质，或巧妙介入旧建筑改造，在激活其历史价值的过程中避免大规模拆建和重复建设带来的巨大浪费。但表皮的自由在一定程度上消解积淀数千年而成的建筑传统，使建筑文化的有序传承和多元生态受到挑战。基因错乱的变异物种会对自然生态系统形成威胁，建筑领域存在类似的危机。从外部强加的形式或意义会使建筑丧失真实性和"尊严"，从而伤害到建筑的文化生态。当代建筑在普遍利用表皮拓展功能与强化表现力的同时，极易走向"极端表皮化"的误区。过多的、游离整体的形式演绎尤其容易使表皮语言丧失客观性，这些游离的描述包括时尚化、媒体化、图像化的流行元素在表皮界面的不当应用。艺术审美、视觉文化和大众传播的认知规律并不完全适用于建筑表皮。仅仅从视觉消费和图像文化角度支配立面和表皮，必将导致建筑本体价值（缔造空间和满足功能性需求）的瓦解和精神内涵的迷失。

建筑表皮的系统研究还应涉及文化学、社会学甚至哲学层面的审慎思考。科幻电影《星际迷航》中的混合物种具有强大的人造神经系统和光滑的半透明皮肤，这层皮肤具有不确定的形质，允许机械装置自由地出入身体。幻想中的"异形"引发了对人工智能技术失控的担忧，高科技、智能化的人工表皮既可以为各个领域提供诱人的界面，也可能滋生出一些异己的东西。例如在满足视觉享受的同时，建筑表皮无形之中加速了景象对人性的异化。费尔茨和贝斯特将景象定义为，"少数人演出，多数人默默观赏的某种表演"。所谓少数人，是指制造了充斥当今全部生活的景观性演出的幕后操控者；而多数人是指那些被支配的观众。这种被泡影、幻象所异化、所奴役而难以自拔的境况是可悲的，无论这些泡影和幻象何等华美。过度视觉化、景观化的建筑表皮无疑是一种充斥于公共空间的、控制性的景象符号，连同其他的异化景象，它很容易使大众沦为麻木的被催眠者和受视像幻觉操控的奴隶，使他们在娱乐和审美的迷惑下逐渐丧失创造本能和批判精神。

　　从资源利用的角度看，技术伦理始终应该被放在社会效能总体损益的大背景中系统考量。建筑是最消耗资源的人类活动之一，现代大型公共建筑的造价更是动辄数千万甚至上亿。在对建筑表皮展开积极研究的同时，我们是否应该对它有可能为了迎合贪婪的功利需求正借助"高技术"、"多功能"、"视觉化"、"媒体化"、"时装化"的方式日益滑向奢华浮夸的现状保持一份清醒？对照当下国情，"时装化"建筑自有其存在理由，而"工作服式"表皮更不可缺。"并非所有的建筑都是大教堂"，密斯的这句反讽格言提示我们需要根据建筑的功能诉求和社会意义理性地建构表皮。优异的建筑功能、丰富的建筑内涵完全可以通过含蓄、素朴的外在形式来表达。表皮建构不能脱离国情之下的冷静思考，即统筹兼顾建筑的服务功能、经济效益、社会效益、环境效益，做到理性设计，审慎决策。朝着这一方向推进建筑表皮研究，对于资源有限的发展中国家来说尤为重要。

　　将人造物的表层构造问题整合在表皮概念下作系统思考，符合当前技术发展、学科交叉和文化转型条件下的全新设计语境。如果将表皮理解为"承载特定功能和意义的表层外壳"，那么所有设计对象（包括有形的器具、服装、建筑、环境以及无形的虚拟产品）都存在表皮建构问题。本文在前人研究基础上对建筑表皮的认知途径和建构方法作出探索，同时也涉及人造物表层设计一般方法的思考。表层界面在当代设计中的重要性正日渐凸显，表皮的认知与建构研究有待于在各个设计门类中全面展开。

本文创新点

    1．以跨学科的方法对现代建筑表皮的属性、功能、形态展开较为全面、系统的研究。

    通过认知心理学、美学、生物学、建筑学、设计学视角的综合研究，深化了对现代建筑表皮设计理念和表现策略的系统思考。

    2．借助设计符号学、建筑现象学理论和实证方法探明建筑表皮的认知途径。

    从"表皮元素的符号特征"和"认知系统的构成要素"两方面入手，解析建筑表皮的符号系统。依据建筑现象学"意识结构"理论，归纳出"直观表象"、"建筑样式"、"场所文脉"、"社会景观"四条认知途径，通过眼动实验探明其对认知结果的影响。

    3．提出"类型转换"等"营造与技术"层面的表皮建构方法和"图形演绎"等"视觉与文化"层面的表皮建构方法。

    借助于建筑类型学理论归纳出"面罩"、"显露"、"复合"等表皮类型。提出"演化"、"并置"、"穿插"、"合成"等基于"类型转换原理"的建构方法；从"构成文法"、"材料表现"、"图形演绎"三方面入手凝练了"视觉与文化"层面的表皮建构方法。

致　谢

光阴似箭，博士研究生阶段的学习即将结束。在论文完成之际，我首先要向导师过伟敏教授致以深深的感谢和由衷的敬意!感谢他给予我的谆谆教诲和无微不至的关怀。导师以渊博的专业学识、勤勉的工作精神和严谨的治学态度为我树立了为师的楷模和治学的榜样。

江南大学所提供的综合性、系统化、多学科交叉的研究平台是本课题得以顺利完成的基本条件。母校浓厚的学术氛围，活跃的学术思想，以及设计学院多年积淀的"大设计"理念和"系统创新"思想始终给予我最有益的熏陶和启发。感谢学校的培养和领导的关心。感谢刘玉老师、黄壮霞老师、朱静老师、熊微老师一直以来的鼓励、鞭策和研究生处王俊老师的耐心指导，他们使我坚定了战胜困难的决心。

感谢张福昌教授、李彬彬教授、顾平教授、王安霞教授、王强教授、张凌浩教授、吴尧副教授、朱蓉副教授在课程学习和课题研究过程中给予的指导和帮助。尽管教学、科研工作十分繁忙，但他们都耐心细致地传授知识、给予建议。感谢刘佳博士、谢伟博士毫无保留地传授经验，并针对研究方法和论文撰写提出许多宝贵意见。我的昔日同窗，英国BENOY建筑设计事务所资深建筑师蒋毅先生一直饶有兴趣地关心课题进展，不时向我推介建筑表皮设计实践领域的最新资讯和前沿思想。

本文参阅、引用了许多国内外专家、学者、建筑师、设计家的著作、文献或实践案例，从中受益匪浅。感谢所有对论文提出宝贵意见和中肯批评的专家与师长。由于自身才学的不足，论文尚不能将导师的精深思想融会贯通，期待在今后的学习研究中能继续在导师的指引和各方的建议下加以完善。

感谢教育部人文社会科学研究项目"建筑表皮的视觉认知途径和建构方法"（项目编号：12YJ760017）的资助。感谢我的学生牺牲大量休息时间，辅助我完成资料收集、图例整理、论文排版等工作。在此期间，家人尽力为我排除各种生活上的干扰，为了使我能在工作之余腾出更多时间用于学业，我的妻子和父母付出很多，特别感谢他们。

我将铭记学校、师长、同事、家人的关心支持和殷殷希望，以此激励自己在未来的学习研究中更加发奋努力。

参考文献

［1］ 刘叔成，夏之放，楼昔勇. 美学基本原理［M］. 上海：上海人民出版社，1987.

［2］ 俞天琦. 当代建筑表皮信息传播研究［D］：［博士学位论文］. 哈尔滨：哈尔滨工业大学建筑学院，2011.

［3］ 卜骁骏. 视觉文化介入当代建筑的阐述［D］：［硕士学位论文］. 北京：清华大学建筑学院，2005.

［4］ 赫尔佐格，克里普纳. 立面构造手册［M］. 袁海贝贝译. 大连：大连理工大学出版社，2006.

［5］ Ellen Lupton. Skin［M］. London : Smithsonian Institution, 2002.

［6］ 俞天琦，梅洪元，费腾. 生态建筑的表皮软化研究［J］. 工业建，2010，40(10）.

［7］ 陈志毅. 表皮在解构中觉醒［J］. 建筑师，2004，110(8）.

［8］ Frank Gehry. Bentwood furniture［J］.Folding in architecture, 2004, 17(1）.

［9］ 施国平. 动态建筑——多元时代的一种新型设计方向［J］. 时代建筑，2005(6）.

［10］ 海鲁尔. 自然、建筑和外表：生态建筑设计［M］. 武汉：华中科技大学出版社，2009.

［11］ Zevi, Bruno. Towards an Organic Architecture［M］. London: Faber & Faber, 1947.

［12］ Edward Ford. The Details of Moden Architecture［M］. Cambridge: MIT Press, 1990.

［13］ Gregory Turner. Construction Economics and Building Design: A Historical Approsch［M］. New York: Van Nostrand Reinhold, 1986.

［14］ 阿尔温·托夫勒，海蒂·托夫勒. 创造一个新的文明［M］. 陈峰译. 上海：上海三联书店，1996.

［15］ Banham, Reyner.Theory and Design in the First Machine Age［M］.New York: Praeger, 1960.

［16］ K·弗兰姆普顿.20世纪建筑学的演变：一个概要陈述［M］. 张钦楠译. 北京：中国建筑工业出版社，2007.

［17］ Pierre Bourdieu. Distinction: A Social Critique of the Judgement of Taste［M］. Boston: Harvard University Press, 1984.

［18］ 冯路. 表皮的历史视野［J］. 建筑师，2004, 110（8）.

［19］ Mark Poster. Jean Baudrillard: Selected Writings［M］. Standford: Standford University Press, 1988.

［20］ David Farrell.Basic Writings from Being and Time［M］.New York: Harper & Row, 1977.

［21］ 王育林，王丽君. 从玻璃幕墙到媒介空间的建筑设计演进——论轻薄表皮建筑［J］. 辽宁工学院学报，2005，25（6）.

［22］ 邓位. 景观的感知：走向景观符号学［J］. 世界建筑，2006（7）.

［23］ 乐国安，韩振华. 认知心理学［M］. 天津：南开大学出版社，2011.

［24］ 郑少鹏. 时尚文化逻辑下的建筑观察［J］. 建筑论坛，2007（9）.

［25］ 丁锦红，张钦，郭春彦. 认知心理学［M］. 北京：中国人民大学出版社，2010.

［26］ Bruno Reichlin. The Pros and Cons of the Horizontal Window: The Perrt-Le Corbusier Controversy［J］. Architecher Daidalos, 1984（6）.

［27］ 罗杰·斯克鲁顿. 建筑美学［M］. 刘先觉等译. 北京：中国建筑工业出版，2003.

［28］ 汪克艾林. 当代建筑语言［M］. 北京：机械工业出版社，2007.

［29］ Alec Tiranti.Alvar Aalto［M］.London:Phaidon Press, 1963.81.

［30］ 邓涛. 从现象到本义——界面的象征语境［J］. 四川建筑，2003，23（8）.

［31］ Thomas Heatherwick. Thomas Heatherwick Making［M］.London: Thames & Hudson, 2012.

［32］ 吴明. 从"水立方"看膜材料的非凡表现力——观国家游泳中心中标方案随笔［J］. 房材与应用，2003（5）.

［33］ 胡塞尔. 逻辑研究第二卷［M］. 倪梁康译. 上海：上海译文出版社，1998.

［34］ 海德格尔. 演讲与论文集［M］. 孙周兴译. 北京：三联书店，2005.

［35］ 海德格尔. 存在与时间［M］. 陈嘉映，王庆节译. 北京：三联书店，2006.

［36］ 倪梁康. 现象学的观念［M］. 上海：上海译文出版社，1986.

［37］ 倪梁康. 胡塞尔现象学概念通译［M］. 北京：三联书店，1999.

［38］ Bernard Tschumi. Architecture and Disjunction［M］.Cambridge:The MIT Press, 1996.

［39］ 蔡国刚，彭小娟.Norberg-schulz场所理论的现象学分析［J］. 山西，2008,34（2）.

［40］ 肖伟胜. 视觉文化与图像意识研究［M］. 北京：北京大学出版社，2011.

［41］ 翁剑青. 城市公共艺术［M］. 南京：东南大学出版社，2004.

［42］ Leonardo Benevolo, History of Modern Architecture［M］. Cambridge: MIT Press, 1971.

［43］ 王建国. 城市设计［M］. 南京：东南大学出版社，2004.

［44］ 陈洁萍. 地形学刍议——第九届威尼斯建筑双年展回顾［J］. 新建筑，2007（4）.

［45］ 让·波德里亚. 消费社会［M］. 刘成富译. 南京：南京大学出版社，2000.

［46］ 蒋晓丽. 奇观与全景——传媒文化新论［M］. 北京：中国社会科学出版，2010.

［47］ 罗伯特·文丘里. 向拉斯维加斯学习［M］. 徐怡芳，王健译. 北京：知识产权出版社，2006.

［48］ 刘先觉. 现代建筑理论［M］. 北京：中国建筑工业出版社，2008.

［49］ M.Hank Haeusler. Media Facades, History, Technology, Content［M］. Ludwigsburg: GmbH Publishers for Architecture and Design, 2009.

［50］ David Leatherbarrow, Mohsen Mos afavi. Surface Architecture［M］.Cambridge: MIT Press, 2002.

［51］ 王昭凤. 景观社会［M］. 南京：南京大学出版社，2006.

［52］ 诺伯舒兹. 场所精神：迈向建筑现象学［M］. 施植明译. 武汉：华中科技大学出版社，2010.

［53］ 阿诺德·伯林特. 环境美学［M］. 张敏译. 长沙：湖南科学技术出版社，2006.

［54］ 凯文·林奇. 城市意象［M］. 方益萍译. 华夏出版社，2001.

［55］ 王育林. 轻薄表皮建筑的设计理念及技术分析［J］. 建筑师，2005，116（8）.

［56］ 安东尼·C·安东尼亚德斯. 建筑诗学——设计理论［M］. 周玉鹏译. 北京：中国建筑工业出版社，2006.

［57］ 李滨泉，李桂文. 建筑形态的拓扑同胚演化［J］. 建筑学报，2006（5）.

［58］ 朱光潜. 朱光潜全集第六卷［M］. 合肥：安徽教育出版社，1990.

［59］ 季翔. 建筑表皮语言［M］. 北京：中国建筑工业出版社，2011.

［60］ Martin Bechthold. Innovative Surface Structures, Technologies and Applications［M］. Abingdon:Taylor & Francis, 2008.

［61］ 柯林·罗，罗伯特·斯拉茨基. 透明性［M］. 金秋野译. 北京：中国建筑工业出版社，2008.

［62］ Colin Rowe. Neoclassicism and Moden Architecture［J］. Oppositions, 1973（9）.

［63］ 侯幼彬. 中国建筑美学［M］. 北京：中国建筑工业出版社，2009.

［64］ 沈福煦. 建筑美学［M］. 北京：中国建筑工业出版社，2007.

[65] 周曦，李湛东. 生态设计新论：对生态设计的反思和再认识［M］. 南京：东南大学出版社，2003.

[66] 藤森照信. 人类与建筑的历史［M］. 范一琦译. 北京：中信出版社，2012.

[67] Sophia Vyzoviti. Supersufaces［M］.Amsterdam: BIS Publishers, 2006.

[68] Gerg Lynn. Folding In Architectue［M］. Chichester: John Wiley & Sons, 2004.

[69] 彼得·绍拉帕耶. 当代建筑与数字化设计［M］. 吴晓译. 北京：中国建筑工业出版社，2007.

[70] 苏英姿. 表皮，NURB与建筑技术［J］. 建筑师，2004，110（8）.

[71] 马平，石孟良. 建筑界面的生态语言［J］. 中外建筑，2008（3）.

[72] 国家质检总局.GB/T 50378-2006. 绿色建筑评价标准［S］. 北京：国家质检总局，2006.

[73] 黄丹麾，生态建筑［M］. 济南：山东美术出版社，2006.

[74] 过伟敏，史明. 城市景观艺术设计［M］. 南京：东南大学出版社，2011.

[75] 彭飞. 建筑表皮的思考［D］:［硕士学位论文］. 合肥：合肥工业大学建筑系，2004.

[76] Adolf Heinrich Borbein. Tektonik, zur Geschichte eines Begriffs der Archaologie［J］. Archiv fur Begriffsgeschichte, 1982（1）.

[77] Farshid Moussavi, Michael Kubo.The Function of Ornament［M］.Barcelona: Actar, 2008.

[78] 甘立娅. 认识建筑表皮的多种维度［J］. 高等建筑教育，2007，16（3）.

[79] 边颖. 建筑外立面设计［M］. 北京：机械工业出版社，2008.

[80] Stephen Bann.The Tradition of Constructivism［M］.New York: Viking Press, 1975.

[81] 李滨泉，李桂文. 智能化拓扑动态表皮的研究［J］. 华中建筑，2006，24（7）.

[82] 施国平. 动态建筑——多元时代的一种新型设计方向［J］. 时代建筑，2005（6）.

[83] 卫大可，刘德明，郭春燕. 材料的意志与建筑的本质［J］. 建筑学报，2006（5）.

[84] 斯宾格勒. 西方的没落［M］. 陈晓林译. 黑龙江：黑龙江教育出版社，1988.

[85] 王润生. 建筑界面表达的主角——材质［J］. 工业建筑，2005（S1）.

[86] 维多利亚·巴拉德·贝尔. 建筑设计的材料表达［M］. 朱蓉译. 北京：中国电力出版社，2008.

[87] 晁志鹏. 玻璃表皮在建筑中的发展与变化［J］. 青岛理工大学学报，2007，28（3）.

［88］ 肯尼斯·弗兰姆普顿. 建构文化研究——论19世纪和20世纪建筑中的建造诗学［M］. 王骏阳译. 北京：中国建筑工业出版社，2007.

［89］ 徐强. 玻璃在旧建筑改造和更新中的应用［J］. 世界建筑，2006（5）.

［90］ Daniels, Klaus.The Technology of Ecological Building［M］.Basel:Basel Press, 1995.

［91］ Mies van der Rohe. Address to the Union of German Plate Glass Manufacturers［Z］. The Villas and Country Houses, Tegethoff, 1933.

［92］ 晁志鹏. 玻璃表皮在建筑中的发展与变化［J］. 青岛理工大学学报，2007，28（3）.

［93］ 何智勤，郑志. 浅谈建筑表皮图像化［J］. 福建建筑，2012，166（4）.

［94］ 潘知常. 美学的边缘［M］. 上海：上海人民出版社，1998.

［95］ 周宪. 视觉文化的转向［M］. 北京：北京大学出版社，2008.

［96］ 肖伟胜. 视觉文化与图像意识研究［M］. 北京：北京大学出版社，2011.

［97］ 纪峥. 建筑的非象征性意义表达［J］. 建筑学报，2006（5）.

［98］ 克里斯汀·史蒂西. 建筑表皮［M］. 贾子光译. 大连：大连理工大学出版，2008.

［99］ 罗小未. 外国近现代建筑史［M］. 北京：中国建筑工业出版社，2004.

［100］ Louis Sullivan. Suggestions in Artistic Brickwork［Z］.Prairie School Review 4（Second Quarter），1967.

［101］ Zurcher, Christoph, und Frank, Thomas. Bau und Energie［J］. Leitfaden fur Planung und Praxis, Stuttgart, 1998（6）.

［102］ Frederick Gutheim. Essays by Frank Lloyd Wright for Architectural Record, 1908-1952［J］. In the Cause of Architecture, 1975（11）.

［103］ 潘知常. 反美学——在阐释中理解当代审美文化［M］. 上海：学林出版社，1995.

［104］ 汪培基. 英国作家论文学［M］. 上海：三联书店，1985.

［105］ 王育林. 轻薄表皮建筑的设计理念及技术分析［J］. 建筑师，2005，116（8）.

［106］ 赵前. 图像时代的建筑发展［J］. 山西建筑，2008，34（2）.

附录A：图片与表格来源

图1-1　图片来源　作者自绘

图2-1　图片来源　作者自绘

图2-2~图2-9　图片来源　Ellen Lupton. Skin

图2-10　图片来源　Gerg Lynn. Folding In Architectue

图2-11　图片来源　Ellen Lupton. Skin

图2-12　图片来源　Ellen Lupton. Skin

图2-13　图片来源　Thomas Heatherwick. Thomas Heatherwick Making

图2-14　图片来源　Pageone. Skin Architecture & Volume

图2-15　图片来源　Philip Jodidio.100 Contemporary Architects J-Z

图2-16　图片来源　作者自摄

图2-17　图片来源　作者自摄

图2-18　图片来源　作者自摄

图2-19　图片来源　M.Hank Haeusler. Media Facades, History, Technology, Content

图2-20　图片来源　Ellen Lupton. Skin

图2-21　图片来源　Ellen Lupton. Skin

图2-22　图片来源　Ellen Lupton. Skin

图2-23　图片来源　http://www.90tiyu.com

图2-24　图片来源　M.Hank Haeusler. Media Facades, History, Technology, Content

图2-25　图片来源　www.cqpa.org

图2-26　图片来源　Thomas Heatherwick. Thomas Heatherwick Making

图3-1　图片来源　作者自绘

图3-2　图片来源　www.chinasus.org

图3-3　图片来源　作者自摄

图3-4　图片来源　王其钧. 后现代建筑语言

图3-5　图片来源　作者自绘

图3-6　图片来源　作者自摄

图3-7　图片来源　作者自摄

图3-8　图片来源　www.gzhaoming.cn

图3-9　图片来源　www.nipic.com

图3-10   图片来源   http://baike.baidu.com

图3-11   图片来源   http://www.zougt.blog.sohu.com

图3-12   图片来源   www.paoshouji.com

图3-13   图片来源   作者自摄

图3-14   图片来源   Thomas Heatherwick. Thomas Heatherwick Making

图3-15   图片来源   Thomas Heatherwick. Thomas Heatherwick Making

图3-16   图片来源   www.jjyshfzyj.org.cn

图3-17   图片来源   作者自摄

图4-1   图片来源   作者自绘

图4-2   图片来源   建筑细部——表皮 2009（2）

图4-3   图片来源   建筑细部——表皮 2009（2）

图4-4   图片来源   建筑细部——生态住宅 2008（2）

图4-5   图片来源   http://www.idmen.cn

图4-6   图片来源   建筑细部——表皮 2009（2）

图4-7   图片来源   建筑细部——表皮 2009（2）

图4-8   图片来源   M.Hank Haeusler. Media Facades, History, Technology, Content

图4-9   图片来源   www.shi-nei-she-ji.px020.com.com

图4-10   图片来源   Jung Chae. Mini Building

图4-11   图片来源   作者自摄

图4-12   图片来源   建筑细部——表皮 2009（2）

图4-13   图片来源   建筑细部——表皮 2009（2）

图4-14   图片来源   作者自绘

图4-15   图片来源   www.travel.fengniao.com

图4-16   图片来源   作者自绘

图4-17   图片来源   作者自绘

图4-18   图片来源   作者自绘

图4-19   图片来源   作者自绘

图4-20   图片来源   作者自绘

图4-21   图片来源   作者自绘

图4-22   图片来源   作者自绘

图4-23   图片来源   作者自绘

图6-4　图片来源　作者自绘

图6-5　图片来源　赫尔佐格. 立面构造手册

图6-6　图片来源　http://www.collection.sina.com.cn

图6-7　图片来源　Gigon, Guyer. Elcroquis

图6-8　图片来源　Gigon, Guyer. Elcroquis

图6-9　图片来源　Pageone. Skin Architecture & Volume

图6-10　图片来源　克里斯汀・史蒂西. 建筑表皮；Farshid Moussavi, Michael Kubo. The Function of Ornament

图6-11　图片来源　金属表皮专辑. 建筑与都市2007（10）

图6-12　图片来源　建筑细部——生态住宅 2008（2）

图6-13　图片来源　罗伯特・克罗恩伯格. 可适性——回应变化的建筑

图6-14　图片来源　作者自摄

图6-15　图片来源　作者自绘

图6-16　图片来源　作者自绘

图6-17　图片来源　作者自绘

图6-18　图片来源　中国住宅设施 2012（11）

图6-19　图片来源　作者自绘

图6-20　图片来源　Philip Jodidio.100 Contemporary Architects A-I

图6-21　图片来源　Philip Jodidio.100 Contemporary Architects A-I

图6-22　图片来源　作者自摄

图6-23　图片来源　Thomas Heatherwick. Thomas Heatherwick Making

图6-24　图片来源　Philip Jodidio.100 Contemporary Architects A-I

图6-25　图片来源　克里斯汀・史蒂西. 建筑表皮

图6-26　图片来源　Philip Jodidio.100 Contemporary Architects A-I

图6-27　图片来源　作者自绘

图6-28　图片来源　作者自绘

图6-29　图片来源　Thomas Heatherwick. Thomas Heatherwick Making

图6-30　图片来源　作者自摄

图6-31　图片来源　Thomas Heatherwick. Thomas Heatherwick Making

图6-32　图片来源　Philip Jodidio.100 Contemporary Architects J-Z

图6-33　图片来源　克里斯汀・史蒂西. 建筑表皮

图6-34　图片来源　作者自摄

图6-35　图片来源　http://www.art.china.cn

图6-36　图片来源　赫尔佐格．立面构造手册

图6-37　图片来源　克里斯汀·史蒂西．建筑表皮

图6-38　图片来源　作者自绘

图6-39　图片来源　作者自绘

图6-40　图片来源　赫尔佐格．立面构造手册

图6-41　图片来源　赫尔佐格．立面构造手册

图6-42　图片来源　克里斯汀·史蒂西．建筑表皮

图6-43　图片来源　作者自绘

图6-44　图片来源　建筑细部——表皮 2009（2）

图6-45　图片来源　作者自绘

图6-46　图片来源　时代建筑2005（1）

图6-47　图片来源　作者自绘

图6-48　图片来源　维多利亚·巴拉德·贝尔．建筑设计的材料表达

图6-49　图片来源　www.watermelon.lofter.com

图6-50　图片来源　作者自绘

图6-51　图片来源　作者自绘

图6-52　图片来源　Simone Schleifer. Architecture Materials Glass Verre Glas

图6-53　图片来源　作者自摄

图6-54　图片来源　作者自摄

图6-55　图片来源　Simone Schleifer. Architecture Materials Glass Verre Glas

图6-56　图片来源　Simone Schleifer. Architecture Materials Glass Verre Glas

图6-57　图片来源　赫尔佐格．立面构造手册

图6-58　图片来源　建筑细部——绿色办公 2008（1）

图6-59　图片来源　金属表皮专辑．建筑与都市2007（10）

图6-60　图片来源　Joachim Fischer.Beton Concrete

图6-61　图片来源　Joachim Fischer.Beton Concrete

图6-62　图片来源　Joachim Fischer.Beton Concrete

图6-63　图片来源　建筑细部——材料与面饰 2009（5）

图6-64　图片来源　Joachim Fischer.Beton Concrete

图6-65	图片来源	维多利亚·巴拉德·贝尔. 建筑设计的材料表达
图6-66	图片来源	http://www.soufun.com
图6-67	图片来源	http://www.soufun.com
图6-68	图片来源	http://www.sakosolar.com
图6-69	图片来源	http://www.gps.co188.com
图6-70	图片来源	克里斯汀·史蒂西. 建筑表皮
图6-71	图片来源	建筑细部——材料与面饰 2009（5）
图6-72	图片来源	作者自摄
图6-73	图片来源	Farshid Moussavi, Michael Kubo.The Function of Ornament
图6-74	图片来源	Farshid Moussavi, Michael Kubo.The Function of Ornament
图6-75	图片来源	M.Hank Haeusler. Media Facades, History, Technology, Content
图6-76	图片来源	www.tieba.baidu.com
图6-77	图片来源	作者自绘
图6-78	图片来源	Joachim Fischer.Beton Concrete
图6-79	图片来源	Pageone. Skin Architecture & Volume
图6-80	图片来源	罗伯特·克罗恩伯格. 可适性——回应变化的建筑
图6-81	图片来源	Gigon, Guyer. Elcroquis
图6-82	图片来源	Gigon, Guyer. Elcroquis
图6-83	图片来源	作者自绘
图6-84	图片来源	作者自摄
图6-85	图片来源	建筑细部——表皮 2009（2）
图6-86	图片来源	肯尼斯·弗兰姆普顿. 建构文化研究
图6-87	图片来源	肯尼斯·弗兰姆普顿. 建构文化研究
图6-88	图片来源	www.gzstb.com
图6-89	图片来源	建筑细部——表皮 2009（2）
图6-90	图片来源	Farshid Moussavi, Michael Kubo.The Function of Ornament
图6-91	图片来源	Farshid Moussavi, Michael Kubo.The Function of Ornament
图6-92	图片来源	建筑细部——表皮 2009（2）
图6-93	图片来源	金属表皮专辑. 建筑与都市2007（10）
图6-94	图片来源	克里斯汀·史蒂西. 建筑表皮
图6-95	图片来源	Farshid Moussavi, Michael Kubo.The Function of Ornament

图6-96　图片来源　克里斯汀·史蒂西. 建筑表皮；Farshid Moussavi, Michael Kubo.The Function of Ornament

图6-97　图片来源　Pageone. Skin Architecture & Volume

图6-98　图片来源　建筑细部——表皮 2009（2）

图6-99　图片来源　M.Hank Haeusler. Media Facades, History, Technology, Content

表6.1　表格来源　赫尔佐格. 立面构造手册

附录B：在学期间发表的与学位论文相关的研究成果清单

1. 发表论文

［1］ Guo Honglei. On construction of National Industrial DesignInnovation System［C］. Proceeding 2009 IEEE 10th International Conference on Computer-Aided Industrial Design and Conceptual Design: E-Business, Creative Design, Manufacturing-CAID and CD' 2009, ISBN, 2009.57-61

［2］ Guo Honglei. On structure of corporate and brand identity［C］.Proceeding 2009 IEEE 10th International Conference on Computer-Aided Industrial Design and Conceptual Design: E-Business, Creative Design, Manufacturing –CAID and CD' 2009, ISBN, 2009. 1976-1978

［3］ Guo Honglei，Guo Weiming. On Application of Graphic Language in Architectural Skin［C］.Lecture Notes on Software Engineering ISSN, 2013.370-375

［4］ 过宏雷，过伟敏. 建筑表皮的认知途径［J］. 创意设计，2013，29（6）

［5］ 过宏雷. 全球化经济与国家设计战略［J］. 艺术百家，2009，106（1）

2. 研究项目

［1］ 教育部人文社会科学研究项目"建筑表皮的视觉认知途径和建构方法"项目编号：12YJA760017

［2］ 江苏省教育厅高校哲学社会科学研究项目"室外视觉识别系统设计"项目编号：07SJD760014

3. 设计项目

[1] 无锡太湖大道建筑表皮整治与媒体规划

[2] 无锡二泉中路沿街建筑立面改造设计

[3] 无锡学前东路户外媒体整治与建筑立面改造

[4] 无锡华夏北路沿街建筑立面改造与整治